Josef Riederer

Kunstwerke
chemisch betrachtet

Materialien Analysen Altersbestimmung

Mit 35 Abbildungen und 50 Tabellen

Springer-Verlag
Berlin Heidelberg New York 1981

Professor Dr. rer. nat. Josef Riederer
Staatliche Museen Preußischer Kulturbesitz
Rathgen-Forschungslabor
Schloßstr. 1a, D-1000 Berlin 19

Die Abbildung auf dem Umschlag entspricht der Abbildung 16: Gefälschte etruskische Goldfibel.

ISBN-13: 978-3-540-10552-7 e-ISBN-13: 978-3-642-81588-1
DOI: 10.1007/978-3-642-81588-1

CIP-Kurztitelaufnahme der Deutschen Bibliothek
Riederer, Josef: Kunstwerke chemisch betrachtet: Materialien, Analysen, Altersbestimmung / Josef Riederer. – Berlin; Heidelberg; New York: Springer, 1981.

Das Werk ist urheberrechtlich geschützt. Die dadurch begründeten Rechte, insbesondere die der Übersetzung, des Nachdruckes, der Entnahme von Abbildungen, der Funksendung, der Wiedergabe auf photomechanischem oder ähnlichem Wege und der Speicherung in Datenverarbeitungsanlagen bleiben, auch bei nur auszugsweiser Verwertung, vorbehalten. Die Vergütungsansprüche des § 54, Abs. 2 UrhG werden durch die „Verwertungsgesellschaft Wort", München, wahrgenommen.

© by Springer-Verlag Berlin Heidelberg 1981
Softcover reprint of the hardcover 1st edition 1981

Die Wiedergabe von Gebrauchsnamen, Handelsnamen, Warenbezeichnungen usw. in diesem Werk berechtigt auch ohne besondere Kennzeichnung nicht zu der Annahme, daß solche Namen im Sinne der Warenzeichen- und Markenschutz-Gesetzgebung als frei zu betrachten wären und daher von jedermann benutzt werden dürften.

Satz und Bindearbeiten: Appl, Wemding. Druck: aprinta, Wemding
2152/3140-543210

Vorwort

Naturwissenschaftliche Untersuchungsmethoden gewinnen in der kulturgeschichtlichen Forschung steigende Bedeutung: Neue analytische Verfahren, die mit geringsten Probenmengen auskommen, die Automatisierung des Analysenvorganges und die Möglichkeit, große Datenmengen mit Rechenprogrammen zu verarbeiten, haben zur Vermehrung unserer Kenntnisse über Materialien und Herstellungstechniken kulturgeschichtlicher Objekte beträchtlich beigetragen. Die Einsicht hat sich durchgesetzt, daß zur Beschreibung historischer Objekte korrekte technologische Angaben ebenso aussagekräftig sein können wie stilistische Merkmale.

Es liegt nicht zuletzt an der Zurückhaltung der kulturgeschichtlichen Fachrichtungen den scheinbar komplizierten naturwissenschaftlichen Arbeitstechniken gegenüber, wenn Materialanalysen in kunstgeschichtliche und archäologische Arbeiten bisher selten einbezogen worden sind. Indessen kommt es bei der „Archäometrie" gar nicht darauf an, das Funktionieren von Analysenverfahren im Detail zu verstehen, so wie es auch beim Photographieren nicht darauf ankommt, die optischen Details zu kennen – es genügt, die Grundlagen der Verfahren zu kennen, um diese der eigenen Forschung nutzbar machen zu können.

Dieses Buch spricht daher den Kunsthistoriker, den Archäologen und Ethnologen an, denen ein Zugang zu den Arbeitsweisen eröffnet werden soll, die ihrer Arbeit nützen können; es wendet sich an den Restaurator, dem gegenwärtig eine vermittelnde Stellung zwischen Geisteswissenschaften und Naturwissenschaften zukommt, da er sich mit Werkstoff-Fragen, Herstellungstechniken, dem Erhaltungszustand und der Echtheit von Kunstwerken auseinandersetzen muß; und nicht zuletzt soll dem kulturgeschichtlich interessierten Naturwissenschaftler, insbesondere dem Chemiker gezeigt werden, in welchem Umfang analytische Techniken zur Lösung kulturgeschichtlicher Probleme beitragen können, und welche reizvollen Aufgaben sich der naturwissenschaftlichen Forschung hier bieten.

Ein Anhang gibt über den einführenden Charakter des Werkes hinaus weiterführende Hinweise auf Archäometrielaboratorien und wichtige Literatur.

Berlin, im März 1981 J. Riederer

Inhaltsverzeichnis

Historischer Rückblick 1

Die Aufgabe der Archäometrie 8

Die Ergebnisse der Archäometrie 11

Gold 11
Platin 21
Silber 22
Kupfer, Bronze, Messing 26
Eisen 44
Blei 50
Zinn 52
Zink 53
Stein 54
Edelsteine und Halbedelsteine 58
Glas 60
Keramik 65
Malerei 78
Holz 85
Papier, Papyrus, Pergament 87
Textilien 88
Wachs 89
Ostasiatischer Lack 90
Bernstein 91
Elfenbein 91
Knochen 92
Bestimmung von Knochen und Pflanzenresten 93
Organische Gefäßinhalte 95
Die Phosphat-Analyse 95

Erkennen von Fälschungen 96

Die Methoden der Materialanalyse 107

Untersuchung im sichtbaren Licht 107
Untersuchung im infraroten Licht 108
Untersuchung im ultravioletten Licht 110
Das Lichtmikroskop 111
Elektronenmikroskopie 112
Rasterelektronenmikroskopie 113
Durchstrahlungstechniken 113
Neutronen-Autoradiographie 118
Chemische Analyse 119
Die naßchemische Analyse 120
Die Ultramikroanalyse 120
Spektralphotometrie 121
Flammenphotometrie 121
Atomabsorptions-Spektralanalyse 121
Emissionsspektralanalyse 123
Röntgenfluoreszenz-Analyse 125
Die elektroanalytischen Methoden 128
Die Mikrosonde 128
Die Aktivierungsanalysen 129
Röntgenfeinstrukturanalyse 129
Infrarotspektrographie 132
Die magnetische Resonanzspektroskopie 132
Chromatographie 134
Massenspektrometrie 134
Thermoanalyse 136
Mößbauer-Spektroskopie 136
Radiometrische Analyse 139
Bestimmung physikalischer Eigenschaften 139
Die Aminosäure-Analyse 141
Photographie 142
Photogrammetrie 143

Verfahren der absoluten Altersbestimmung 144

Radiokohlenstoff-Methode 145
Fluor-Stickstoff-Methode 146
Dendrochronologie 147
Thermolumineszenz-Analyse 148
Archäomagnetismus 151

Inhaltsverzeichnis   IX

Spaltspuren-Methode 151
Alpha-Recoil-Technik 152
Zählung von Glasschichten 152
Messung der Obsidian-Rinden 153
Uran-Thorium-Methode 153
Blei-210-Methode 154
Mößbauer-Spektroskopie 156
Pollenanalyse 156
Warven-Methode 156
Seriation 157

Methoden der archäologischen Prospektion 158

Luftbildarchäologie 158
Magnetometrie 159
Widerstandsmessung 160
Elektromagnetische Methoden 160
Prospektionsmethoden der Unterwasserarchäologie 161

Archäometrie-Laboratorien 162

Fachzeitschriften 163

Literatur 164

Sachregister 184

Ortsregister 190

Historischer Rückblick

Die naturwissenschaftliche Untersuchung von Kunstwerken geht bis in das 18. Jahrhundert zurück. In dieser Zeit trafen Umstände zusammen, die die Zusammenarbeit von Geisteswissenschaftlern und Naturwissenschaftlern sehr begünstigten. Einerseits war seit dem 15. Jahrhundert ein gewaltiges archäologisches und kunsthandwerkliches Material gesammelt, inventarisiert und beschrieben worden und andererseits hatte sich die chemische Analytik so entwikkelt, daß beinahe begierig nach Analysenobjekten Ausschau gehalten wurde. Die in diese Zeit fallende Gründung von Akademien, Universitäten und wissenschaftlichen Gesellschaften führte zu einem regen Austausch von Gedanken, Erfahrungen und ersten Erkenntnissen, so daß um 1800 die Analyse von Kunstwerken zu einem oft behandelten Thema der Fachliteratur wurde.

Das Ausmaß archäologischer Dokumentation im 18. Jahrhundert belegen Werke wie „L'antiquité expliqué et representée en figure" des französischen Bernhardiner-Paters Bernard de Montfaucon, das 1719/24 erschien und 40000 Abbildungen enthält oder die 25 Folianten des „Thesaurus antiquitatum Graecarum" und des „Thesaurus antiquitatum Romanorum", die 1719 von Jac. Grovinius und G. Graevius herausgegeben wurden. Während Werke dieser Art auf der Fülle von Einzeldarstellungen aufbauten, die seit der Renaissance in den Bibliotheken angesammelt wurden, erschienen kurz darauf umfassende Aufnahmen archäologischer Gebiete in der Art der von N. Revett und J. Stuart 1751–1754 herausgegebenen Darstellung der Baudenkmäler Athens, die zur breiten Objektdokumentation an Ort und Stelle überleiten.

Beispiele solcher frühen archäologischen Feldarbeiten sind die Ausgrabungen in Herkulaneum und Pompeji, die einen entscheidenden Einfluß auf den Einsatz naturwissenschaftlicher Techniken bei der Fundbeschreibung hatten, da die genaue Identifizierung der Werkstoffe und Handelswaren, die in diesen Städten gefunden wurden, als eine vorrangige Aufgabe betrachtet wurde. Die ersten Grabungen dort waren noch zufällig und unsystematisch. Sie erfolgten in Herkulaneum von 1738 bis 1766, weil die sächsische Prinzessin Maria Amalia, die Gattin des Bourbonen Karl III., das Schloß von Portia genau dort errichten ließ, wo 1711 die Reste von Herkulaneum entdeckt worden waren. Doch schon 1755 wurde die Academia degli Ercolanei gegründet, die genaue Fundjournale bei den

Ausgrabungen führte und sie 1757–1792 in 7 Bänden publizierte. 1748 wurde Pompeji wiederentdeckt, 1766 wurde nur noch dort gegraben, die archäologische Aufnahme erfolgte unter König Murat in den Jahren 1808–1815. In Agrigent begannen die Grabungen 1804, in Selinunt 1822. 1828 wurden große Mengen etruskischer Vasen in Vulci gefunden. 1827 entdeckte man die Wandmalereien in den Kammergräbern Tarquinias. Die ersten wissenschaftlichen Grabungen auf dem Forum Romanum wurden 1803–1817 durchgeführt. Auch in Griechenland wurde um diese Zeit gegraben. 1799 beschäftigte Lord Elgin 400 Arbeiter auf der Akropolis und 1803–1812 erfolgten die umfangreichen Sendungen antiker Objekte nach London. In Ägypten war 1798/99 Napoleon erschienen, der, von den bedeutendsten Wissenschaftlern der Academie de France begleitet, die Denkmäler der Antike systematisch aufnehmen ließ. Die nicht minder bedeutende Preussische Expedition nach Ägypten unter Lepsius fand 1842/45 statt.

Diese Beispiele sollen zeigen, wie ab 1800 die Menge an wissenschaftlich zu bearbeitendem Fundmaterial sprunghaft wuchs.

Einen ähnlich grundlegenden Fortschritt erlebte in dieser Zeit die Chemie. Nachdem die Chemie des 17. und der Beginn des 18. Jahrhunderts noch durch alchimistisches Experimentieren geprägt war, wurden um 1800 wichtige chemische Gesetze entdeckt. Lavoisier fand 1789 das Gesetz der Erhaltung der Massen, Richter entdeckte 1791 das Gesetz von der Konstanz des Äquivalentgewichts, Proust erkannte 1797 das Gesetz der konstanten Proportionen und Dalton beschrieb 1803 das Gesetz der multiplen Proportionen. Nun konnten chemische Reaktionen beschrieben werden und es konnte analytisch festgestellt werden, in welchen Anteilen die verschiedenen chemischen Elemente in chemischen Verbindungen enthalten sind. Der Beginn der quantitativen chemischen Analytik fiel damit in die Zeit um 1800 und die folgenden Jahre waren durch eine unbeschreibliche Fülle analytischer Untersuchungen gekennzeichnet. Die gesamte unbelebte Natur, das Mineralreich, die Metalle, aber auch Produkte technologischer Prozesse wurden untersucht und beschrieben.

Diese Entwicklung allein wäre vielleicht noch immer kein Anlaß für eine eingehendere Beschäftigung der naturwissenschaftlichen Analytiker mit den Funden der Antike gewesen, doch es kam die Gründung der Akademien, der wissenschaftlichen Gesellschaften und die Aufnahme der Archäologie als Lehrfach an den Universitäten hinzu. Sie brachten Naturwissenschaftler und Geisteswissenschaftler zum gemeinsamen Gespräch und zur Zusammenarbeit an einen Tisch.

Die erste wissenschaftliche Gesellschaft, die sich mit der Archäologie befaßte, war die 1733 gegründete Society of Dilettanti in England. 1804 wurde in Paris die Societé des Antiquitaires gegründet, aus der die Societé Francaise d'Archéologie hervorging. Vor allem der Society of Dilettanti, die großzügig For-

Historischer Rückblick

schungsreisen förderte, ist es zu danken, daß am Ende des 18. Jahrhunderts von vielen archäologischen Plätzen topographische Bearbeitungen vorlagen, etwa von Sizilien durch Giuseppe Pancrazi (1751/55), Paestum durch Graf Gazzola (1754), Palmyra und Baalbeck durch James Dawkins, und Robert Wood (1757) oder Athen durch Stuart (1761/64). So hatte sich durch diese aus verschiedenen Richtungen kommenden starken Anregungen im 18. Jahrhundert die Archäologie aus der Archivbeschäftigung zu einer vielseitigen Wissenschaft entwickelt, deren Fundament die „Geschichte der Kunst des Altertums" darstellt, die Winkelmann 1764 verfaßte. Die intensive Beschäftigung mit den antiken Kulturen erforderte nun auch eine Forschung an den antiken Stätten, die zu dieser Zeit an allen bekannten Orten einsetzte und auf Winkelmanns Grundsätzen aufbauend, nicht mehr allein das Aufsammeln, sondern die wissenschaftliche Aufnahme der Fundplätze zur Beschreibung der vergangenen Kulturen zum Ziel hatte.

In Deutschland entstanden die *ersten Lehrstühle* für Archäologie in Leipzig (Joh. Friedr. Christ), 1767 in Göttingen (Christian Gottlob Hegne), 1802 in Kiel (Georg Zoega), 1809 in Gießen (Friedrich Gottlieb Welker) und 1820 in Bonn (Friedrich Gottlieb Welker).

Schließlich trug auch die Öffnung fürstlicher Kunstsammlungen für die Öffentlichkeit dazu bei, ein breiteres Interesse an den Objekten der Kulturgeschichte zu wecken. Eine eingehendere Auseinandersetzung mit den Materialien und den Herstellungstechniken war die Folge. Wieder ist es die Zeit um 1800, in der sich diese Entwicklung vollzog: 1759 wurde das British Museum in London eröffnet, 1765 die Erimitage in Leningrad, 1778 das Fridericianum in Kassel, 1779 das Landesmuseum in Darmstadt, 1791 der Louvre in Paris, 1794 die Sammlungen in Stockholm, 1799 die Brüsseler Museen, 1808 das Rijksmuseum in Amsterdam, 1819 der Prado in Madrid, 1829 das griechische Nationalmuseum auf Ägina, 1830 das Alte Museum in Berlin und die Glyptothek in München, 1836 die Alte Pinakothek in München.

Nicht zuletzt war es die umfassende allgemeine Bildung der Gelehrten jener Zeit, die entscheidend dazu beitrug, die Notwendigkeit der naturwissenschaftlichen Erforschungen von Kunstwerken zu begreifen. Während sich heute noch mancher Historiker gegen die Mitarbeit des Naturwissenschaftlers an der Untersuchung von Objekten der Kulturgeschichte sperrt, weil ihm grundlegende Kenntnisse fehlen, hielt es der Historiker des 18./19. Jahrhunderts für notwendig, Kunstwerke aus eigener Auseinandersetzung mit Chemie und Physik zu betrachten, wie andererseits der Analytiker Kunstgegenstände sammelte, um die analytischen Erkenntnisse mit dem kulturgeschichtlichen Zusammenhang zu vereinen.

Unter diesem Gesichtspunkt sind Aufzeichnungen Goethes zu verstehen, der in seinen Reisebeschreibungen nicht nur Form und Inhalt von Kunstwerken, sondern auch die Werkstoffe, die Herstellungstechnik und den Zustand schildert. Da behandelt er z. B. die von den Barbaren abgefeilte Vergoldung der Pferde von St. Markus in Venedig, deren Verlust Ursache des fleckigen, teils metallisch glänzenden, teils kupfergrünlichen Aussehens sei. In seiner Farbenlehre untersucht er den Zusammenhang von physikalischen Eigenschaften mit den Farbtönen der unterschiedlichen Farbstoffe. Wenn Goethe von Fälschungen spricht oder wenn er Stücke seiner eigenen Sammlung antiker Gegenstände beschreibt, so erscheinen immer wieder Hinweise auf das Material und die Art der Verarbeitung. Doch auch Naturwissenschaftler sammelten ehedem Objekte der Antike als Belege früher Materialien und Techniken. Martin Heinrich Klaproth (1743–1817) besaß eine solche Sammlung antiker und völkerkundlicher Gegenstände, die er zusammen mit anderen Stücken analysierte. Von Klaproth stammen folgende archäometrische Veröffentlichungen, die er vor der Berliner Akademie der Wissenschaften vorgetragen hatte:

1. Neue Erfindung über die Kunst in Glas und Porzellan zu ätzen. Monatsschr. Berl. Acad. d. Künste 1788.
2. Über antike Glaspasten. Abh. Berl. Acad. 1798–1800.
3. Die Metallmassen antiker Waffen und Geräte. Gehlens Journ. f. Chem. u. Phys. I, 1807.
4. Chinesische Münzen. Gehlens Journ. f. Chem. u. Phys. I, 1807.
5. Einige alte Metallmassen aus Goslar. Gehlens Journ. f. Chem. u. Phys. ZX, 1810.
6. Die chinesischen Gong-Gongs. Gehlens Journ. f. Chem. u. Phys. IX, 1810.
7. Beitrag zur numismatischen Dokimasie. Gehlens Journ. f. Chem. u. Phys. IX, 1810.
8. Analyse der Bildsäule des Götzen Pusterich. Schweigg. Journ. I, 1811.

Auch an anderen Hochschulen und Akademien forschte man über alles, was aus antiken und prähistorischen Gräbern an Materialien geborgen wurde. Reges Interesse fanden vor allem die Farbstoffe, da sich die reichen Farbfunde aus den Läden Pompejis und einigen römischen Gräbern Malern aus Frankreich und Belgien direkt zur Analyse anboten. Chaptal veröffentlichte 1809 die ersten *Analysen von Farben* aus Pompeji. Davy berichtete 1815 über die Untersuchung verschiedener Pigmente, die in einem Gefäß in den Titus-Thermen in Rom gefunden worden waren. Davy führte 1815 auch Pigmentuntersuchungen an Gemälden durch, z. B. an der Aldobrandinischen Hochzeit, die sich jetzt in den Vatikanischen Museen befindet. Davy betont, daß er mit geringsten Probenmengen auskam – *without having injured any of the precious remains of antiquity*. Ausführlich geht er auf die Angaben bei Plinius, Vitruv, Dioscorides und Theophrast ein, die er kritisch mit seinem analytischen Befund vergleicht.

Johann Friedrich John in Berlin und Karl Fr. E. von Schafhäutl in München befaßten sich in der 1. Hälfte des 19. Jahrhunderts neben den Pigmenten der antiken Wandmalereien auch mit deren Herstellungstechnik, wobei bald der erbitterte Streit entbrannte, ob in der Antike *al fresco* oder enkaustisch gemalt wurde, wodurch die maltechnische und analytische Forschung beträchtlich intensiviert wurde.

Historischer Rückblick

Weitere Arbeiten über antike Pigmente aus dieser Zeit liegen in großer Zahl vor. Die Kenntnis der in der Antike verwendeten Farben wurde 1847 wesentlich erweitert, als in Frankreich bei der Ausgrabung einer römischen Villa bei St. Médard des Prés eine 6 × 4 m große Grabkammer entdeckt wurde, in der sich neben dem Skelett etwa 50 Gefäße aus Glas und gebranntem Ton befanden, die mit Farben gefüllt waren. Weiter war reichlich Malerwerkzeug vorhanden. Insgesamt konnten 80 Farbproben geborgen werden, die Chevreul analysierte. Von gleicher Bedeutung war 1898 ein Fund von über 100 Farbwürfeln in einem Grab bei Herne-St. Hubert in Belgien (Prov. Limburg), der von F. Schoof in Lüttich und G. Buchner in München untersucht wurde.

Diese Beispiele zeigen, daß einzelne Gebiete der Archäometrie bereits vor 100 Jahren umfassend bearbeitet waren und daß die Kenntnis dieser frühen Arbeiten eine Voraussetzung für fundierte neuere Arbeiten sein muß.

Auch auf dem Gebiet der *Metalluntersuchung* lag 1860 schon ein so umfangreiches Material von 82 Analytikern vor, so daß Bibra ein zusammenfassendes, 1250 Metallanalysen enthaltendes Werk „Die Metalle der alten und ältesten Völker" veröffentlichen konnte.

Nicht anders verhält es sich beim *Glas*. Hier ist es wieder Klaproth, der am 4. Oktober 1798 auf einer Sitzung der Königlichen Akademie der Wissenschaften in Berlin über die Analysen römischer Mosaiken von der Villa des Tiberius auf Capri vorträgt. Brandes, der in seiner Arbeit „Chemische Untersuchung einiger in der Gegend von Brool am Rhein gefundener Alterthümer", (Jh. Chem. u. Phys. *10*, 304–309, 1824), Archäometrie bereits so betrieb, wie es sich die Vorgeschichtsforschung heute wünscht, führt qualitative Glasanalysen auf. Minutoli (1836), Schüler (1851), Hausmann (1856), Pettenkofer (1857) liefern weitere Analysen von Gläsern der verschiedenen Gattungen. Glas aus Pompeji und Gläser aus römischen Siedlungen in Deutschland wurden besonders häufig analysiert. Dann beginnt die Phase der Serienanalysen, die ständig vermehrt werden, so daß auch bei den Glasanalysen der Wunsch nach einer zentralen Dokumentation berechtigt ist.

Auch bei den übrigen Materialien erfolgten die ersten Analysen in der ersten Hälfte des 19. Jahrhunderts. Um 1900 wurden die ersten zusammenfassenden Werke herausgegeben. Die vergangenen Jahrzehnte sind durch Serienanalysen gekennzeichnet, die teilweise in solchen Mengen publiziert wurden, daß nur relativ eng begrenzte Gebiete überschaubar sind.

Während bei der Metall-, Glas- oder Keramikanalyse in den vergangenen 50 Jahren nach der herkömmlichen klassischen Analysentechnik beträchtliche Erfahrungen über die Zusammensetzung antiker Objekte gesammelt wurden, war die Entwicklung bei der *Gemäldeuntersuchung* vor allem auf eine Verbesserung der Analysenverfahren gerichtet. Die Gemäldeuntersuchung gestattet nur die Entnahme winziger Probenmengen, wofür als erster Raehlmann um 1900 geeignete Verfahren entwickelte. 1910 veröffentlichte er in einer gründlichen Arbeit „Über die Maltechnik der Alten" seine „Ausführliche Anleitung zur mikroskopischen Untersuchung der Kunstwerke". 1914 konnte Raehlmann die erste, auf einer fundierten Untersuchung einer großen Zahl verschieden alter Objekte aufgebaute Pigmentgeschichte „Über die Farbstoffe der Malerei in den verschiedenen Kunstperioden" vorlegen.

De Wild untersuchte 1929 im Rahmen einer Dissertation an der Technischen Universität in Delft eine große Zahl niederländischer Bilder. Nach Pigmenten geordnet ist darin verzeichnet, auf welchen Bildern diese vorkommen, so daß sich nun zeitliche und räumliche Unterschiede ihrer Verwendung deutlich abzeichnen.

Seit 1896 Röntgen die Absorption von *Röntgenstrahlen* an Bleiweiß erkannt hatte und 1897 ein Gemälde Dürers mit dem Befund geröntgt worden war, daß dieses Verfahren zur Erkennung von Fälschungen wohl geeignet sei, setzten sich solche Verfahren der Untersuchung mit Strahlungen der verschiedenen Wellenlängen als Möglichkeit „zerstörungsfreier" Prüfungen rasch durch.

Ein Zweig archäometrischer Forschung soll nicht unerwähnt bleiben: die *Konservierungsforschung*. Der Botaniker Radlkofer und der Hygieniker Pettenkofer hatten um 1850 die Schäden an den Gemälden der fürstlichen Galerien in der Münchener Residenz und im Schloß Schleißheim zu begutachten. Der beklagenswerte Zustand der Gemälde veranlaßte Pettenkofer sich Gedanken über die Pflege von Gemälden zu machen, die er in seinem Buch „Über Ölfarbe und Konservierung durch das Regenerationsverfahren" zusammenfaßte.

Solche *Schäden an Museumsobjekten* und die großen Mengen antiker Gegenstände von Ausgrabungen, die konserviert und gepflegt werden mußten, führten 1888 in Berlin zur Gründung des „Chemischen Laboratoriums" der Staatlichen Museen, der ersten naturwissenschaftlichen Forschungsstelle der Museen in aller Welt überhaupt, die Vorbild für ähnliche Laboratorien an allen anderen großen Museen wurde. Rathgen hat an diesem Labor die Konservierungsforschung begründet; seine Bücher sind bis heute grundlegend.

Die beinahe unüberschaubare Menge von Ergebnissen, die sich seit 1800 bis 1950 angesammelt hatte, war zum größten Teil an Hochschulen erarbeitet worden. Eigene Museumslaboratorien gab es nur an wenigen großen Museen. Um 1950 setzte eine für den weiteren Weg der Archäometrie überaus bedeutungsvolle Trennung in zwei gut zusammenarbeitende Richtungen, nämlich in die Museumsarchäometrie und die Forschungsarchäometrie ein. Anlaß dieser Trennung war die Erkenntnis, daß

erstens zur wissenschaftlichen Bearbeitung von Museumsobjekten die genaue Beschreibung des Materials unerläßlich ist und

zweitens die Erhaltung der Museumsobjekte verstärkt technisch-naturwissenschaftlicher Verfahren bedarf.

Historischer Rückblick

Für ein größeres Museum oder Komplexe kleinerer Museen wurden daher naturwissenschaftliche Laboratorien notwendig. Das Museumslabor muß über die Verfahren zur Analyse der verschiedensten Materialien Bescheid wissen, muß Einzeluntersuchungen selbst ausführen und bei größeren Projekten den Kontakt zu größeren oder spezialisierten Forschungslaboratorien herstellen. Auch auf dem Konservierungsgebiet muß das Labor vermittelnd zwischen den Restauratoren und der Industrie stehen, um Produkte und Verfahren auszuwählen und in den Restaurierabteilungen bekannt zu machen.

Museumslaboratorien mit dieser Zielsetzung entstanden um 1950 an allen größeren Museen der Welt. Je nach dem Umfang ihrer Aufgaben, sind sie heute mit bis zu 18 Wissenschaftlern besetzt.

Neben den Museumslaboratorien, die mit den Kunstgeschichtlern und Restauratoren in engem Kontakt arbeiten, haben sich in den letzten Jahren an großen Forschungszentren Abteilungen entwickelt, die in enger Zusammenarbeit mit den Museen archäometrische Forschungen durchführen und von denen der eigentliche Fortschritt analytischer Techniken ausgeht (z. B. Brookhaven National Laboratory und Massachussetts Institute of Technology, USA).

Die Aufgabe der Archäometrie

Aufgabe der Archäometrie ist die wissenschaftliche Auseinandersetzung mit den Werkstoffen kulturgeschichtlicher Objekte. Die wichtigsten Ziele der Archäometrie sind:
Bestimmungen von Material- und Herstellungstechnik von Gegenständen aus dem Bereich der Kunstgeschichte, Archäologie und Völkerkunde,
die Feststellung ihrer regionalen Herkunft und ihres Alters,
die Prüfung ihrer Echtheit und die
Ableitung historischer, wirtschaftlicher oder sozialer Entwicklungen aus der Materialanalyse.
Für die Archäologie spielt der Einsatz technischer Verfahren zur Auffindung von Gebäuderesten und Objekten am Boden eine besondere Rolle. Schließlich ist die Auseinandersetzung mit den Werkstoffen und ihren Veränderungen eine grundlegende Voraussetzung für die Erhaltung kulturgeschichtlicher Objekte aus den verschiedensten Bereichen. Einige Beispiele sollen das erläutern.

Seit Beginn der Archäometrie ist die Identifizierung der *Werkstoffe,* aus denen kulturgeschichtliche Objekte hergestellt sind, ein zentrales Thema analytischer Arbeiten. Als in Pompeji die Läden der Farbhändler mit ihrem ganzen Warenangebot gefunden wurden oder als man in Gräbern von Malern hunderte von Farbwürfeln entdeckte, fragte man nach der Art der Farbstoffe, um das Ergebnis mit den Mitteilungen antiker Schriftsteller vergleichen zu können. Auch galt es, das Ausmaß des Handels mit Ultramarin aus Afghanistan, mit Indigo aus Indien oder mit Zinnober aus Spanien ableiten zu können. Die Beschreibung einer Holzskulptur wäre unvollständig, wenn nicht die Art des Holzes angegeben wäre. Wie merkwürdig empfinden wir es, wenn ein ägyptisches Gestein anstatt als Diorit, Amphibolit oder Basalt als „schwarzes Hartgestein" abgetan wird und die Angabe „Marmor" ohne Angabe erscheint, ob er von Paros, Naxos oder dem Hymettos kommt. Auch bei Metallen findet man zu häufig noch den Begriff „Bronze" für alle möglichen Kupferlegierungen, die mit der Bronze kaum verwandt sind, etwa die „mittelalterlichen Bronzen", bei denen es sich stets um Messing handelt. Die genaue Materialbestimmung, die heute in den meisten Fällen ohne Entnahme von Proben möglich ist, gilt daher als eine der vordringlichsten Aufgaben der Archäometrie.

Die Aufgabe der Archäometrie

Wenn ein umfangreiches Datenmaterial vorhanden ist, lassen Materialanalysen oft recht präzise Aussagen über die Herkunft oder das Alter von Werkstoffen zu. So läßt sich aus den organischen Komponenten des Bernsteins ableiten, ob er von der Ostsee oder einem der Fundplätze im Mittelmeerraum stammt, die Spurenelemente im Bleiweiß lassen eine Entscheidung zu, ob es in den Niederlanden oder Italien hergestellt wurde.

Spurenelemente charakterisieren die Herkunft von Kupferlegierungen des Mittelalters und der Renaissance ebenso, wie sie eine Zuordnung antiker griechischer Keramiken zu den verschiedenen griechischen Inseln zulassen. Die Zusammensetzung von Werkstoffen, aus denen kulturgeschichtliche Objekte hergestellt wurden, ändert sich oft auf engstem Raume, wenn Rohstoffe unterschiedlicher Entstehung verwendet wurden oder wenn sie in unterschiedlicher Art hergestellt oder verarbeitet wurden.

So wie wir regionale Veränderungen von Werkstoffen erkennen und zur Lokalisierung von Objekten einsetzen können, lassen sich auch zeitliche Unterschiede feststellen, die sich zur Alterszuordnung eignen. Ein bekanntes Beispiel ist die Entwicklung der Kupferlegierungen, die mit Kupfer und Arsenbronzen bei den frühen Kulturen einsetzt, bis die Zinnbronzen entdeckt werden, deren Bleigehalt im Laufe der Zeit ständig zunimmt. Erst zur Zeit der Römer erscheint das Zink als Legierungsbestandteil in Konzentrationen bis zu 30% und es dauert bis zum 18. Jahrhundert, ehe durch neue Technologien zink-reichere Legierungen erzeugt werden können.

Eine ähnliche Entwicklung vollzieht sich bei den Pigmenten der Malerei, die oft über lange Zeiträume gebraucht werden, ehe sie von anderen Pigmenten abgelöst werden. Beim Blau ist in der Antike das „Ägyptisch Blau", ein künstlich hergestelltes Kupfersilicat, das am häufigsten verwendete Pigment. Es verschwindet zu Beginn des Mittelalters, das Azurit und Ultramarin bevorzugt, ehe im 16. Jahrhundert die Smalte, ein Kobaltglas, entdeckt wird, das mehrere Jahrhunderte Bedeutung hat. Im 18. Jahrhundert setzt sich Berliner-Blau durch und im 19. Jahrhundert gewinnen neue Produkte der chemischen Industrie die Oberhand. Auch bei keramischen Materialien ist die ständige Veränderung des Tones, der Farbstoffe der Glasuren als Folge der technologischen Entwicklung erkennbar, analytisch nachweisbar und zur Aufstellung oder Überprüfung von Chronologien verwendbar.

Neben der Ableitung der Altersstellung aus der technologischen Entwicklung, der viele Werkstoffe im Laufe der Zeit unterworfen waren, spielen die Verfahren der *absoluten Altersbestimmung,* eine besondere Rolle. In den vergangenen vierzig Jahren sind mehr als zehn neue Altersbestimmungsmethoden entwickelt worden, die heute ihre Anfangsschwierigkeiten überwunden haben, so daß wir sie objektiv werten und in ihrer Brauchbarkeit für die Archäologie abschätzen können.

Die Erkenntnisse über die Art des Materials, ihre regionalen und zeitlichen Besonderheiten, sowie die Verfahren der absoluten Altersbestimmung lassen sich zur Echtheitsprüfung von Kunstwerken heranziehen. Die Bedeutung der naturwissenschaftlichen Analyse liegt dabei vor allem in der, in vielen Fällen für den *Kunstfälscher* nicht mehr zu bewältigenden Aufgabe, nun noch neben Stil- und Formmerkmalen auch alle Eigenschaften des Materials, seiner Herstellungstechnik und seiner charakteristischen Alterungsmerkmale nachahmen zu müssen. Das gelingt meist nicht, da der Fälscher weder die in früherer Zeit hergestellten und durch Materialsmerkmale gekennzeichneten Pigmente beschaffen kann, noch in der Lage ist, Alterungsmerkmale, wie ein Craquele auf einem Bild, eine Patina auf einer Bronze oder einen Sinter auf eine Marmorskulptur so nachzuahmen, daß sie nicht als Täuschung zu erkennen wäre.

Recht unerwartete Aussagen ergaben Materialanalysen auch über *soziale und wirtschaftliche Entwicklungen* in einzelnen Kulturkreisen. So lassen sich heute aus der Analyse von Nahrungsmitteln, die in Gefäßen gefunden werden, Lebensgewohnheiten ebenso ableiten, wie sich aus dem Röntgenbild ihrer Knochen, Alter, Geschlecht, erlittene Verletzungen und Todesursachen erkennen lassen. Die Analyse von Spurenelementen in Knochen ließ den Schluß zu, daß manche völkerkundliche Stämme zugrunde gingen, weil sie ihren Körper mit Zinnober bemalten und an Quecksilbervergiftung starben. Aus dem Bereich wirtschaftlicher Entwicklungen ist der Nachweis der Verschlechterung des *Münzmetalles* zu erwähnen, die sich von den antiken Kulturen bis in unsere Zeit nachweisen läßt. Auch Qualitätsunterschiede von Objekten, die in Kriegs- oder in Friedenszeiten entstanden sind, lassen sich analytisch belegen.

Ein Randgebiet der Archäometrie hat sich in den vergangenen Jahren besonders stark entwickelt, nämlich die Entwicklung von Verfahren zur Auffindung von archäologischen Strukturen und Objekten, die noch im Boden oder am Meeresgrund verborgen sind. Mit Hilfe der Messung der Veränderung des magnetischen oder elektrischen Feldes ist man heute in der Lage, Störungen im Boden zu messen und zu interpretieren. Weiter hat sich die *Luftbildarchäologie* zu einer sehr praktikablen Methode der Suche nach archäologischen Resten entwickelt, die durch die neuen Möglichkeiten der Bildanalyse entscheidend zur großräumigen Erfassung archäologischer Plätze beigetragen hat.

Nicht zuletzt ist das Studium der Werkstoffe kulturgeschichtlicher Objekte eine wichtige Voraussetzung zu ihrer Erhaltung. Die Untersuchung der Schäden, die archäologische Objekte durch die Lagerung im Boden erleiden, die sich im Laufe der Alterung einstellen oder die mit den Einwirkungen der modernen Umwelt in Zusammenhang gebracht werden können, ist dabei ein Punkt, dem besondere Aufmerksamkeit gewidmet wird. Daraus leiten sich Konservierungsverfahren ab, die nicht allein den Zweck haben, den vorhandenen Schaden zu beheben, sondern auch Verfahren zum dauerhaften Schutz zu entwickeln.

Die Ergebnisse der Archäometrie

Gold

Zwei Merkmale, die Gold auszeichnen, führten zu seiner Verwendung von den frühesten Kulturen bis in unsere Zeit: seine weite Verbreitung und seine Beständigkeit. Im Gegensatz zu vielen anderen Metallen, läßt sich Gold an zahlreichen Stellen finden, vor allem in sekundären Lagerstätten, wo es durch Verwitterungsvorgänge angereichert ist und leicht abgebaut werden kann. In diesen Vorkommen liegt es in gediegener Form vor und kann ohne Verhüttungsprozesse verarbeitet werden. Das fertige Produkt behält im Gegensatz zu Silber, Kupfer oder Eisen seinen Metallglanz dauerhaft. Aufgrund seiner Beständigkeit sind uns Funde aus früheren kulturgeschichtlichen Perioden in großer Zahl erhalten geblieben.

Gold enthält in der Regel wesentliche Mengen an Silber, die bei natürlichen Vorkommen Werte bis um 40% erreichen können. Aus einer Analyse ist also nicht zu entscheiden, ob es sich um einen natürlichen Silbergehalt oder um ein künstlich zulegiertes Silber handelt. Gold-Silber-Legierungen mit Silbergehalten um 20–30% werden als Elektrum bezeichnet. Eine weitere Legierungsbezeichnung ist Tumbaga. Darunter versteht man stark kupferhaltige Goldlegierungen, die in Süd- und Mittelamerika häufig verwendet wurden, z. B. Legierungen mit 50% Kupfer, 40% Gold und 10% Silber.

Bei der Bearbeitung von Goldobjekten interessieren sowohl die Gehalte an den Hauptelementen Gold, Silber und Kupfer, als auch die Gehalte an Spurenelementen, die oft Aussagen über Herkunft, Herstellungszeit oder Echtheit zulassen. Neben der Datierung und Lokalisierung kann die Analyse von Goldobjekten auch Hinweise auf wirtschaftliche Situationen geben, z. B. wenn der Anteil an Legierungselementen im Laufe der Geschichte merkbar steigt. Schließlich können naturwissenschaftliche Untersuchungsmethoden auch zur Klärung von Herstellungstechniken dienen.

Bei der Analyse von Goldobjekten kommt es darauf an, mit möglichst geringen Probenmengen auszukommen oder das Stück ohne die Entnahme von Probemengen zu analysieren. Die wichtigsten Verfahren zur Analyse ohne Probenentnahme sind die Röntgenfluoreszenzanalyse und die Neutronen-Aktivierungsanalyse. Beide Verfahren können auch benutzt werden, wenn Probemengen vorhanden sind. Zur Analyse von Probemengen eignen sich indessen vor allem die Emissionsspektralanalyse und die Atomabsorptionsanalyse.

Der Nachteil der Analyse am Objekt ist die Notwendigkeit, das Objekt in ein entsprechend ausgerüstetes Labor zu bringen. Die Neutronen-Aktivierungsanalyse hat weiter den Nachteil, daß nur kleine Objekte, etwa Münzen, als ganzes radio-aktiviert und dann gemessen werden können. Die Röntgenfluoreszenz-Analyse setzt eine ebene, ca. 5 mm^2 große Fläche voraus, die vom anregenden Röntgenstrahl getroffen wird. Bei der Analyse entnommener Proben sind wieder zwei Techniken zu unterscheiden: Erstens kann der Abrieb eines Goldobjektes auf einer rauhen Oberfläche, etwa einem aufgerauhten Glasstab oder dem Probierstein des Goldschmiedes untersucht werden. Der Glasstab hat sich für die Neutronen-Aktivierungsanalyse bewährt, der Probierstein wegen der geforderten ebenen Analysenfläche für die Röntgenfluoreszenzanalyse. Die geringen entnommenen Mengen, deren Fehlen am Objekt kaum erkennbar ist, lassen jedoch nur die Bestimmung der Hauptelemente zu. Zweitens kann eine Probe von 0,01 g mit Hilfe eines feinen Bohrers oder bei einem Blech mit einer Schere abgenommen werden, um diese Probe dann mit der Emissionsspektralanalyse oder der Atomabsorptionsanalyse zu untersuchen, womit neben den Hauptbestandteilen auch zahlreiche Spurenelemente gefunden werden können. Die Proben werden zur Analyse aufgelöst, was je nach der Legierung Probleme bereiten kann, da beim Lösen in Königswasser, das Silber als Chlorid ausfällt. Es wurden aber geeignete Lösungstechniken entwickelt und in der Fachliteratur beschrieben.

Bei geringen Kupfergehalten (unter 5%), ist die Bestimmung des Gold/Silber-Verhältnisses auch aus dem spezifischen Gewicht möglich.

Bei der technologischen Untersuchung spielen Mikroskope eine wichtige Rolle. Die Frage der Herstellung von Blechen durch Treiben oder durch Gießen, kann durch eine Röntgenfeinstrukturanalyse geklärt werden.

Die chemische Zusammensetzung von historischen Goldobjekten ist sehr eingehend untersucht worden. So hat Hartmann von prähistorischen Goldfunden 1800 Analysen gemacht. Von südamerikanischen Goldfunden liegen am Rathgen-Forschungslabor (Berlin) 800 Analysen vor; eine Reihe von Münzserien wurde am eingehendsten untersucht. Auch gibt es eine breite geologisch-mineralogische Literatur über die Zusammensetzung von gediegenem Gold. Aus dem ägyptischen, griechischen und römischen Kulturkreis gibt es zahlreiche, verstreut publizierte Einzelanalysen. Aus dem indischen und ostasiatischen Bereich, sowie vom nach-antiken Kunstgewerbe liegt bisher leider kein repräsentatives Material vor.

Die Analysen von gediegenem Gold aus verschiedenen Lagerstätten haben ergeben, daß es sehr unterschiedliche Silberanteile enthalten kann. Bei russi-

Tabelle 1. Analysen von gediegenem Gold (nach Otto 1939)

		Au	Ag	Cu
Rußland	(Seifengold)	98,96	0,16	0,05
Rußland		85,21	14,71	–
Rußland	(Berggold)	60,98	38,38	–
Siebenbürgen	(Berggold)	84,89	14,68	0,04
Siebenbürgen	(Berggold)	60,49	38,74	–
Italien	(Seifengold)	95,31	4,69	–
Deutschland	(Seifengold)	93,40	6,60	
Deutschland	(Berggold)	91,34	8,42	0,02

Tabelle 2. Beispiele der Gold-Silber-Kupfer-Gehalte von prähistorischem Gold (nach Hartmann 1970)

	Au	Ag	Cu
Irland	94	6	0,20
Irland	80	20	0,14
Irland	90	9	1,4
Irland	78	21	1,0
Irland	80	15	5,8
Irland	72	15	13
Irland	55	40	5
Mitteleuropa	89	10	1
Mitteleuropa	80	20	0,34
Mitteleuropa	80	15	5
Mitteleuropa	62	35	2,7
Donauraum	90	10	0,5
Donauraum	80	20	0,5
Donauraum	70	30	0,29

schem Gold liegen die Silbergehalte zwischen 0 und 40%, beim Gold aus Siebenbürgen zwischen 15 und 40%. Die Kupfergehalte schwanken von 0–2%. Einen Unterschied der Silber- oder Kupfergehalte beim Seifen- oder Berggold gibt es nicht. Seifengold zeichnet sich aber durch höhere Zinngehalte aus.

Bei der Untersuchung von prähistorischen Goldobjekten bekannter Fundorte gelang es Hartmann, 11 Materialgruppen aufgrund unterschiedlicher Gehalte an Silber, Kupfer, Zinn und Platin festzulegen.

So bestehen die frühesten Goldfunde des Donau-Raumes der Kupfer- und Frühbronzezeit aus einem zinn-freien Gold mit geringen Silbergehalten (7%) und geringen Kupfergehalten (0,2%). Es handelt sich, da das für Waschgold kennzeichnende Zinn fehlt, um ein bergmännisch gewonnenes Gold, das wahrscheinlich aus dem Südosten in den Donauraum gebracht wurde. In der Bronzezeit überwiegen im Donau-Raum Goldfunde mit hohen Silbergehalten (25%), geringen Kupfergehalten (0,3%) und geringen Zinngehalten (0,01%). Ein Zusammenhang mit den Goldlagerstätten Siebenbürgens ist offensichtlich, wobei dieses Gold aber als Waschgold aus den Flüssen gewonnen wurde. Im Gegensatz zur ersten Goldgruppe, die sich nur auf den Donauraum beschränkt, kommt die zweite Gruppe auch in Mitteleuropa vor. In der Urnenfelderzeit taucht im Donauraum ein weiterer Goldtyp mit mittleren Silbergehalten (14%), hohen Kupfergehalten (1%) und mittleren Zinngehalten (0,05%) auf.

Auch für Funde in Irland zeigt sich eine deutliche zeitliche Folge unterschiedlicher Goldzusammensetzungen. In der frühen Bronzezeit kommen dort Objekte aus Gold vor, das im Durchschnitt 12,5% Silber, 0,1 bis 0,25% Kupfer und mehr als 0,02% Zinn enthalten. Diesem Gold folgten zwei Sorten, die mehr Zinn enthalten. In der späten Bronzezeit wird diesen Sorten Kupfer zulegiert, so daß die Kupfergehalte auf über 1% steigen. Einer weiteren Goldsorte der späten Bronzezeit, die 16% Silber und 0,4% Zinn enthält, wurde Kupfer bis zu 6,5% zulegiert. Im Latène kann in Irland eine platin-haltige Goldsorte festgestellt werden.

In Mitteleuropa findet man Goldgegenstände, die teilweise mit Gold aus Irland und dem Donauraum übereinstimmen, die sich aber zeitlich nicht so deutlich voneinander absetzen, wie das in Irland der Fall ist.

Beim ägyptischen Gold gehen unsere Kenntnisse über die wenigen Daten bei Lucas und Harris (1962) kaum hinaus. Die Silbergehalte schwanken in weiten Grenzen von 3 bis 30%, wobei Werte um 4%, 13%, 17% und 21% besonders häufig vorkommen. Die Kupfergehalte sind relativ gering. Oft wurden nur Spuren von Kupfer gefunden, Werte um 2% sind schon relativ selten.

Tabelle 3. Analysen von ägyptischem Gold
(nach Lucas und Harris 1962)

Au	94,8	89,5	72,1	71,0
Ag	3,7	11,2	17,2	29,0
Cu	–	–	13,1	

Tabelle 4. Beispiele von Zusammensetzungen etruskischer Goldobjekte (nach Cesareo und von Hase 1977)

Au	95	93	85	81	74	70	66	65	62	57
Ag	5	6	14	19	25	27	32	26	35	38
Cu	0	1	1	0	1	3	2	9	3	5

Gold 15

Mit dem etruskischen Gold haben sich in neuerer Zeit Cesareo und v. Hase befaßt, die mehr als 50 Analysen mit einem tragbaren Röntgenfluoreszenzgerät durchführten. Häufigster Legierungstyp ist ein Material mit 65–70% Gold, 25–35% Silber und 0–3% Kupfer. Daneben kommen aber auch goldreichere Objekte mit geringeren Silbergehalten vor. Goldärmere Objekte (unter 60% Au) und Stücke mit höheren Kupfergehalten (bis zu 10% Cu) sind Ausnahmen.

Goedicke hat eine Serie von *griechischen, römischen und byzantinischen Schmuckstücken* der Staatlichen Kunstsammlungen in Kassel untersucht. Dabei stellte sich heraus, daß bei allen drei Gruppen sehr reines Gold bevorzugt wurde, das nur geringe Kupferanteile von 1–6% enthält, während der Silbergehalt unter 1% liegt. Islamische und syrische Stücke, sowie ein byzantinisches Objekt unterschieden sich durch Silbergehalte von 10–25% deutlich von den römischen und griechischen Funden.

Tabelle 5. Beispiele von Zusammensetzungen griechischer Goldobjekte (nach Goedicke 1980)

	3.–1. Jh.	4. Jh.	6. Jh.	4.–3. Jh.	2. Jh. v. –2. Jh. n. Chr.	8.–7. Jh.
Au	99,16	98,80	98,37	97,23	97,08	96,94
Ag	–	–	–	–	–	–
Cu	0,84	1,20	1,63	2,77	2,92	3,06

Tabelle 6. Beispiele von Zusammensetzungen römischer Goldobjekte (nach Goedicke 1980)

	1. Jh. v. –4. Jh. n. Chr.	1.–3. Jh.	1.–3. Jh.	2. Jh. v. –2. Jh. n. Chr.
Au	99,07	98,26	97,77	94,62
Ag	–	–	–	–
Cu	0,93	1,74	2,23	5,37

Tabelle 7. Beispiele von Zusammensetzungen byzantinischer und islamischer Goldobjekte (nach Goedicke 1980)

	6.–9. Jh.	6.–9. Jh.	6.–7. Jh.	10. Jh.	5.–6. Jh.
Au	94,50	92,57	83,07	77,40	73,16
Ag	–	–	10,35	14,70	24,64
Cu	5,50	7,43	5,98	7,90	2,20

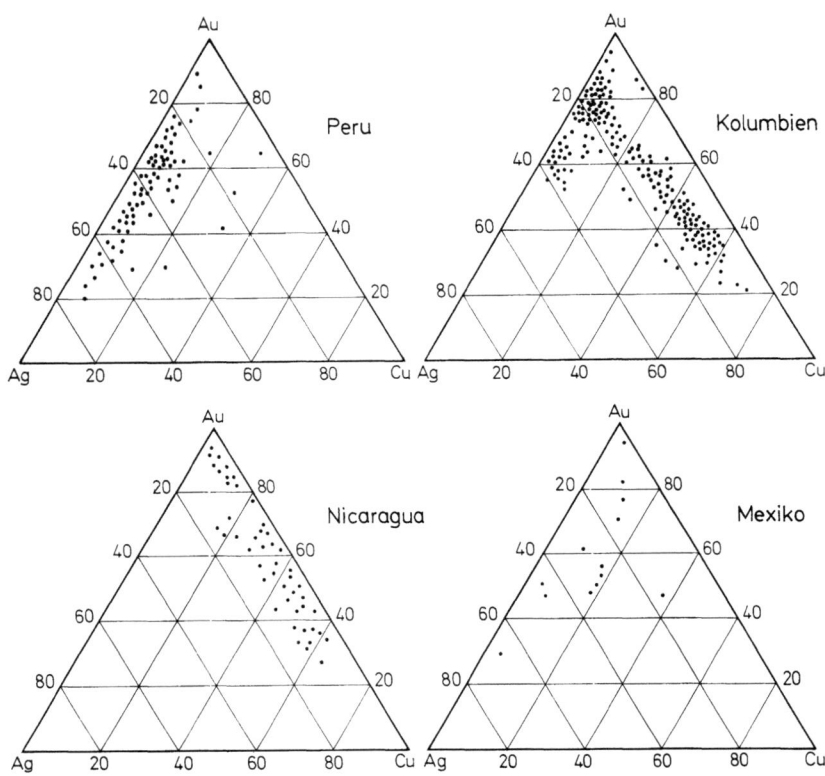

Abb. 1. Die Zusammensetzung von Goldobjekten aus Mittel- und Südamerika (nach Riederer 1980)

Aus dem Museum für Völkerkunde der Staatlichen Museen Preußischer Kulturbesitz wurden 800 Goldobjekte aus Süd- und Mittelamerika untersucht. Darüber hinaus gibt es eine Reihe weiterer Veröffentlichungen, die Goldanalysen enthalten. Es wurden dort in präkolumbianischer Zeit zwei Legierungstypen bevorzugt verwendet, nämlich eine Gold-Silber-Legierung mit 75–85% Gold, 15–25% Silber und geringen Kupferanteilen, sowie die Tumbaga genannte Legierung aus 40–60% Gold, 5–15% Silber und 30–60% Kupfer. Beide Legierungstypen sind aber durch Übergänge verbunden, so daß auch Legierungen um 70% Gold, 15% Silber und 15% Kupfer üblich sind. Der Silbergehalt dieser Legierungen kann bis 40%, der Kupfergehalt bis 75% steigen, so daß der Goldgehalt bis 20% sinkt. Objekte mit Goldgehalten über 85% sind sehr selten.

Gold

Tabelle 8. Beispiele von Analysen peruanischer Goldobjekte

Au	84,2	74,6	63,7	56,5	44,7	33,6	24,9
Ag	11,2	23,2	18,8	39,1	48,1	42,2	70,6
Cu	4,6	2,2	17,5	4,4	7,2	24,2	4,5

Tabelle 9. Beispiele von Analysen kolumbianischer Goldobjekte

Au	94,0	83,8	71,7	66,9	51,2	46,2	37,8	21,2
Ag	6,0	13,0	16,1	15,5	10,1	6,7	3,9	3,1
Cu	–	3,2	12,2	17,6	38,8	47,1	58,3	75,7

Tabelle 10. Beispiele von Analysen von Goldobjekten aus Costa Rica

Au	92,3	84,6	74,5	65,2	55,8	47,2	35,0
Ag	4,4	4,6	11,5	3,2	2,3	9,1	7,2
Cu	3,4	10,8	14,0	31,6	41,9	43,7	57,8

In Peru werden, von Ausnahmen, bei denen der Kupfergehalt über 10% steigt, abgesehen, Gold-Silber-Legierungen verwendet. Bevorzugt wurde vor allem ein Mischungsverhältnis von 40–70% Gold mit 30–55% Silber. Goldgehalte über 75% und unter 30% sind in Peru ausgesprochen selten.

In Kolumbien, dem an Peru anschließenden Raum, wurde ein von der peruanischen Legierung völlig verschiedenes Metall verwendet, das Tumbaga, eine Gold-Silber-Kupfer-Legierung. Die Silbergehalte liegen konstant bei 5–20%, wobei mit abnehmendem Goldgehalt auch ein abnehmender Silbergehalt festzustellen ist. Der Goldgehalt liegt im Bereich von 35–85%, der Kupfergehalt erstreckt sich von 0–60%. Zwei Legierungsgruppen zeichnen sich innerhalb der Tumbagagruppe ab: erstens eine Gruppe am kupferarmen Ende der Tumbagaserie mit 75% Gold, 15% Silber und 10% Kupfer, zweitens eine Gruppe mit 40–60% Gold, 10% Silber und 30–50% Kupfer.

In Mittelamerika wurde ebenfalls mit kupferreichem Tumbaga gearbeitet. Im Gegensatz zu Kolumbien sind dort Objekte aus reinerem Gold, mit Goldgehalten zwischen 80 und 95% häufiger.

In Mexiko wurde ein dritter Legierungstyp verwendet, nämlich kupferreiche Gold-Silberlegierungen, bei denen der Kupfergehalt recht konstant zwischen 10 und 20% liegt, während die Goldgehalte im Bereich von 50–90%, die Silbergehalte von 5–45% schwanken.

Mehr als 50 Publikationen liegen über *Münzanalysen* vor, wobei mittelalterliche Münzen am häufigsten bearbeitet wurden. Dabei treten in Abhängigkeit

Tabelle 11. Beispiele von Analysen mexikanischer Goldobjekte

Au	92,7	81,1	77,7	69,3	57,6	43,9	31,7
Ag	6,5	11,7	13,0	15,3	16,7	36,1	4,2
Cu	0,8	7,2	9,3	15,4	25,7	20,0	64,1

Tabelle 12. Beispiele von Analysen griechischer Goldmünzen (nach Reimers und Bodenstedt 1976)

	Kyzikos 600–525	Phokaia 600–525	Phokaia 525–477	Mythilene 525–477	Phokaia 477–326	Mythilene 477–326
Au	52,0	53,8	45,7	46,3	38,9	38,5
Ag	41,2	38,4	44,6	43,7	49,0	49,4
Cu	6,8	7,8	9,7	10,0	12,1	12,1

Tabelle 13. Beispiele von Analysen merovingischer Münzen (nach Kent et al. 1972)

Au	98,6	94,4	92,6	89,0	83,8
Ag	1,1	5,1	4,2	10,2	13,3
Cu	0,3	0,5	3,3	0,9	2,9

Tabelle 14. Beispiele von Analysen sizilianischer Tari (nach Kowalski und Reimers 1971)

Au	66,0	65,8	64,7	66,4	67,5	61,1	64,3	66,5	66,9
Ag	26,3	24,0	29,5	27,0	22,5	25,3	21,1	17,8	21,6
Cu	7,7	10,2	5,8	6,6	10,0	13,6	14,6	15,7	11,5

vom Münzort stark unterschiedliche Anteile vor allem an Gold und Silber auf. Beim Münzfund von Sutton Hoo (6./7. Jh.) schwanken die Gehalte an Gold von 70–97%, die Silbergehalte zwischen 2–25%, die Kupfergehalte von Spuren bis 4% (bei 42 untersuchten Goldmünzen). Weiter wurden die gesamten merowingischen Goldmünzen des British Museum untersucht, die ähnlich zusammengesetzt sind, bei denen aber vereinzelt Silbergehalte von 40–65% vorkommen.

Kowalski und Reimers haben „Augustalen" Friedrich II. untersucht, die beinahe kupferfrei (0,05–0,97%) sind und einheitlich im Silbergehalt (9,4–12,0%). Weiter wurden „Tari" von Karl I., Friedrich II. und Manfred, sowie „Reale"

Gold

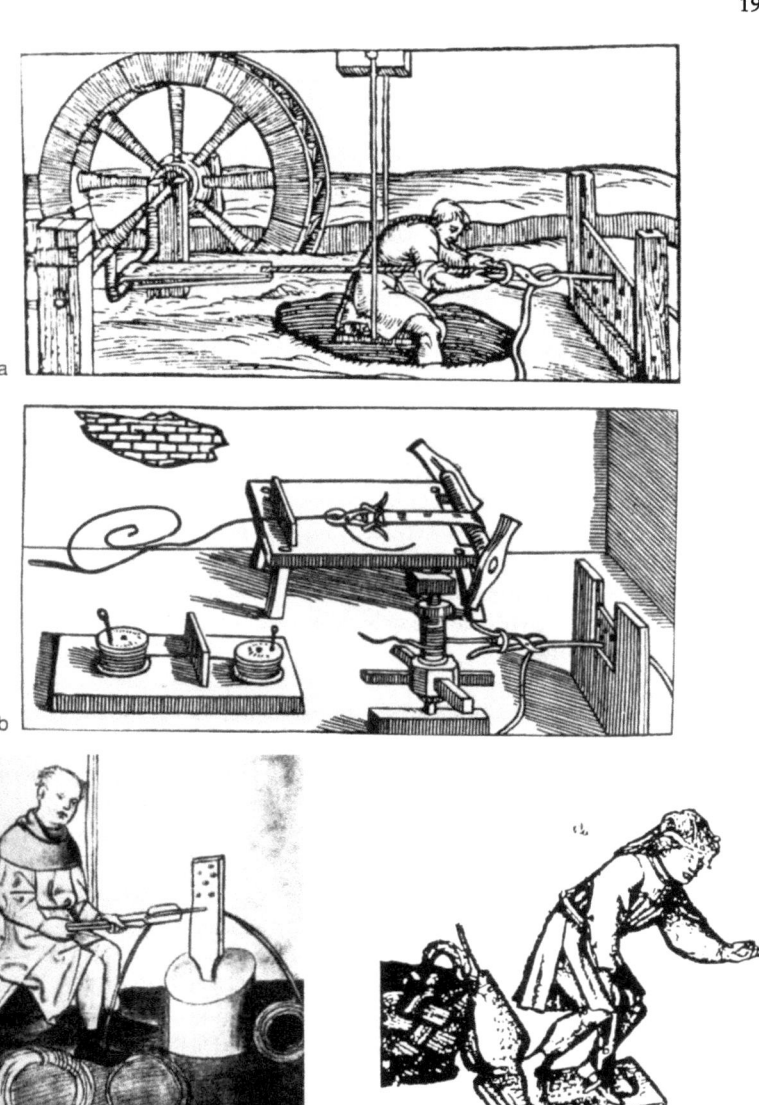

Abb. 2 a–d. Drahtherstellung mit dem Zieheisen. a nach Biringuccio „Pirotechnia" 1540, Kap. 8, b nach Biringuccio „Pirotechnia" 1540, Kap. 8, c nach dem Mendelschen Hausbuch um 1418, d nach einem Kupferstich im Rijksprintenkabinett, Amsterdam, um 1460

von Karl I. analysiert, die Kupfergehalte von 2,5–11,5% und Silbergehalte von 5–9% bei den „Realen" und 13–18% bei den „Tari" ergaben. Grierson und Oddy untersuchten 130 sizilianische Tari durch Bestimmung des spezifischen Gewichts, wobei sich ergab, daß sich von der Mitte des 11. Jahrhunderts bis zur Mitte des 13. Jahrhunderts der Goldgehalt kaum veränderte, während aus den unterschiedlichen Farbtönen auf ein schwankendes Silber/Kupfer-Verhältnis geschlossen wurde.

Technologische Untersuchungen konzentrierten sich vor allem auf die Herstellung von Golddraht, die Granulation und die Blechverarbeitung. Obwohl in der antiken Literatur das Zieheisen zur Drahtherstellung erwähnt und durch Ausgrabungsfunde belegt ist, wird der Draht durch Zusammendrehen eines ausgehämmerten Goldbandes hergestellt. Erst ab dem frühen Mittelalter lassen sich gezogene Drähte nachweisen. Bei der Granulation ist die Erzeugung der Kügelchen Gegenstand mehrerer Theorien, wobei die auch nachvollziehbaren Auffassungen, daß kleine Blechstückchen mit Holzkohlenstaub gemischt und so hoch erhitzt wurden, bis sich Kügelchen bildeten, am realistischsten sind.

Zum Verbinden der Kügelchen mit dem Goldblech verwendete man ein Lot aus Gummi und pulverisierten Kupferverbindungen, z. B. Malachit. Es wird aber auch die Ansicht vertreten, daß der erhöhte Kohlenstoffgehalt in der Oberfläche der Kugeln (durch den Herstellungsprozeß mit Holzkohle) bereits ausreiche, um bei erhöhter Temperatur die Kugeln mit der Goldunterlage zu verbinden.

Bleche und dünnwandige Objekte wurden nicht in allen Fällen durch Hämmern oder Treiben hergestellt, sondern auch durch Gießen im Wachsausschmelzverfahren. Der Nachweis dieser Art der Herstellung im südamerikanischen Bereich gelang mit Hilfe der Röntgenfeinstrukturanalyse.

Die *Vergoldung* unedlerer Metalle ist eine kunsthandwerkliche Arbeitstechnik, die sich bis in die frühe Antike zurück verfolgen läßt. Sie ist in allen kulturgeschichtlichen Bereichen bekannt, wobei aber recht unterschiedliche Methoden angewandt werden können.

Die früheste Technik ist die Blattvergoldung, die bereits in vorgeschichtlicher Zeit bekannt gewesen ist und bis in unsere Zeit ausgeübt wird. Die benötigte Goldfolie wird aus einem Blech ausgehämmert, wobei heute Stärken um 0,1 µm erreicht werden. Die Blattvergoldung erkennt man in der Regel an den Blattgrenzen, jedoch kommt es vor, daß das Blattgold nach dem Auftragen durch Polieren so überarbeitet wurde, daß eine Unterscheidung von anderen Vergoldungstechniken optisch nicht möglich ist.

Bei der Feuervergoldung, einer Technik, die sich im 3. Jh. n. Chr. durchzusetzen begann, wird die Metalloberfläche mit Goldamalgam beschichtet und anschließend erhitzt, wobei das Quecksilber verdampft und das Gold als dünne Schicht zurückbleibt. In neuerer Zeit wurde diese Technik wegen der Gesundheitsschädlichkeit der Quecksilberdämpfe verboten. Der Nachweis der Feuervergoldung gelingt durch die chemische Bestimmung der stets noch vorhandenen Quecksilberspuren. Eine weitere, weniger verbreitete Vergoldungstechnik ist das Überziehen höher schmelzender Metallobjekte mit geschmolzenem Gold oder niedriger schmelzenden Gold/Silber/Kupfer-Legierungen.

Aus dem südamerikanischen Raum ist die „mise-en-couleur"-Vergoldung bekannt und eingehender untersucht worden. Bei diesem Verfahren wird aus der Oberfläche goldarmer Gold/Silber/Kupfer-Legierungen das Silber und Kupfer mit Hilfe von Pflanzensäuren oder durch eine Reaktion mit Salzen herausgelöst. An der Oberfläche bleibt dann eine sehr poröse Goldschicht zurück, die durch Polieren verdichtet wird.

Im 19. Jahrhundert wird die galvanische Vergoldung eingeführt. Dazu wird das zu vergoldende Metallobjekt oder das oberflächlich leitend gemachte, nichtmetallische Objekt in ein Kaliumgoldcyanid-Bad gehängt und bei einer Spannung von wenigen Volt einige Sekunden behandelt, wobei sich je nach den gewählten Bedingungen Schichten von 1–20 µm abscheiden. Galvanische Vergoldung ist an der hohen Reinheit des Goldes zu erkennen.

Eine besondere Dekortechnik von Metallen in der Goldschmiedekunst ist das *Niello*. Dabei handelt es sich um ein Gemisch aus Silber, Blei, Kupfer und Schwefel, das in Vertiefungen von Metallarbeiten gefüllt und durch Temperaturerhöhung eingeschmolzen wird. Durch Abschleifen und Polieren wird erreicht, daß Niello und Metall eine einheitliche Oberfläche bilden. Mit Niello wurde bereits in der Antike gearbeitet. Im Mittelalter war diese Technik weit verbreitet, ehe sie im 16. Jahrhundert wieder außer Gebrauch kam. Aus der mittelalterlichen Literatur sind wir über zahlreiche Varianten der Herstellung von Niello unterrichtet. In neuerer Zeit hat Oddy eine größere Serie von Analysen an Niello durchgeführt und die Reaktionsprodukte, die beim Verschmelzen der in unterschiedlichen Anteilen verwendeten Komponenten entstehen, identifiziert. Durch Röntgenfeinstrukturanalysen konnte geklärt werden, daß sowohl reine als auch gemischte Sulfide vorkommen.

Platin

Als Werkstoff kulturgeschichtlicher Objekte spielt Platin nur eine recht untergeordnete Rolle. Wir finden Platin lediglich als Material des neuzeitlichen Kunsthandwerks und als Bestandteil präkolumbianischer Goldobjekte aus Ecuador und Peru.

Platin ist ein silbergraues, metallisch glänzendes Edelmetall, das in der Natur vorwiegend gediegen vorkommt. Im Gestein oder in Flußsanden ist es selten in so hoher Konzentration vorhanden, daß sich in früheren Zeiten eine Gewinnung gelohnt hätte. Lediglich in Ecuador sind die goldführenden Flußsande so mit Platin durchsetzt, daß es im 19. Jahrhundert Schwierigkeiten bereitete, das damals noch nicht geschätzte Platin vom Gold zu trennen. Diese Trennung war notwendig, da Platin erst bei 1769°C schmilzt, so daß es beim Schmelzen des Goldes stets in fester Form erhalten blieb. In präkolumbianischer Zeit verarbeitete man solche Gold/Platin-Gemenge indem man sie erhitzte, bis das Gold geschmolzen war und die festen Platinkörner umschloß. Solche Metallmischungen können Platingehalte von über 10% aufweisen. Nur selten ist Platin gediegen verwendet worden. Das Berliner Museum für Völkerkunde besitzt eine Tumbaga-Maske, die mit einer Platinfolie überzogen ist. Allem Anschein nach wurde die Folie bei erhöhter Temperatur durch Aufpolieren unter Druck mit der Unterlage verbunden.

Von Objekten der griechischen Antike sind Einschlüsse von Platinelementen im Gold bekannt, die sich ebenfalls nicht durch eine Legierungsbildung lösten. Da im modernen Gold auf Grund der Aufbereitung der Metalle nach der Gewinnung keine Platinkörnchen vorkommen, gelten solche Einschlüsse als Hinweis für die Echtheit antiker Goldobjekte.

Silber

Als Schmuck- und Münzmetall wird seit jeher auch das Silber sehr geschätzt, obwohl es sich an der Luft rasch mit einer schwarzen Sulfidschicht überzieht. Silber kommt in der Natur wesentlich seltener als Gold gediegen vor. Es findet sich vor allem in Form verschiedenster Erze, meist Arsen- und Antimonsulfiden, aus denen es durch einen Verhüttungsprozeß verschmolzen wird. Weiter ist Silber in geringen Anteilen in anderen Erzen, z. B. Kupfer- und Bleierzen, vorhanden, aus denen es ebenfalls gewonnen wurde. Als Folge der Gewinnung des Silbers durch die Verhüttung von Erzen, wurde es stets in reiner, nur in geringen Anteilen verunreinigter Form erhalten und verarbeitet.

Die wichtigsten Silbervorkommen der Antike waren die Bergwerke von Laurion und Spanien. Weitere Lagerstätten waren in der Antike in Kärnten, Siebenbürgen, Gallien, England, Sardinien, Italien, Jugoslawien, Mazedonien und Kleinasien bekannt. Erst im Mittelalter entwickelte sich der Silberbergbau an zahlreichen Stellen und erreichte im 16. Jahrhundert eine Blütezeit, wobei die Lagerstätten der Mittelgebirge, vor allem Harz und Erzgebirge, besonders ergiebig waren. Seit dem 16. Jahrhundert kamen auch große Silbermengen aus Mittel- und Südamerika.

Silber läßt sich wie Gold leicht verarbeiten. Es kann gegossen, im kalten

Silber

Zustand durch Treiben und Ziehen verformt, sowie durch Gravieren, Punzieren, Drehen verziert werden.
Verwendet wurde Silber in erster Linie zu Schmuckgegenständen, Gefäßen und Münzen.
Die Analysentechniken zur Untersuchung von Silberobjekten sind die gleichen wie beim Gold. Bei der Silberanalyse wird jedoch mehr Gewicht auf die Spurenanalyse gelegt, da es in der Regel gediegen verarbeitet wurde und die Spurenelemente Rückschlüsse auf die Herkunft zulassen. Im Gegensatz zum Gold, liegen von Silbergegenständen weniger Analysen vor. Gut untersucht wurde bisher das sassanidische Silber, ägyptisches Silber, einige Gruppen von römischem Silber, einige Münzgruppen sowie einzelne ostgotische Fibeln.
Am gründlichsten ist bisher das sassanidische Silber durch Meyers bearbeitet worden, der ca. 70 Objekte aus den wichtigsten Museen mit Hilfe der Neutronenaktivierung untersuchte. Es ergaben sich Silbergehalte um 94–97%, Kupfergehalte um 1,5–5% und Goldgehalte um 1%. Wichtig war die quantitative Bestimmung von 14 Spurenelementen, die erst zu den archäologisch wichtigen Aussagen führten. Aus den Gehalten an Iridium, Eisen, Quecksilber und Zink konnten Gruppen unterschiedlicher Herkunft bestimmt werden.
Ägyptisches Silber wurde von Mishara und Meyers untersucht. Weitere Daten finden wir bei Lucas. Neben dem vorherrschenden Typ mit 95 bis 99% Silber, 1–5% Kupfer und 0–1,5% Gold, kommen in Ägypten nicht selten Legierungen mit deutlich erhöhtem Goldgehalt (bis zu 40%) bei gleichbleibend niedrigem Kupfergehalt vor, was für eine beabsichtigte Zugabe von Gold zum Silber spricht.

Tabelle 15. Beispiele von Analysen ägyptischer Silberobjekte (nach Mishara und Meyers 1974)

Ag	98,4	95,6	92,6	90,2	85,0	82,1	74,5	60,4
Au	–	0,28	1,9	5,1	10,3	17,9	14,9	38,1
Cu	1,3	4,1	5,5	4,5	4,7	Sp	–	1,5
Pb	–	–	–	0,2	–	–	–	–

Tabelle 16. Analysen von römischen Objekten des Hildesheimer Silberschatzes

Ag	98,46	97,03	96,60	95,50	94,48	92,64
Cu	0,93	0,89	1,53	2,54	3,09	5,63
Zn	0,004	0,005	0,011	0,003	0,003	0,004
Pb	0,61	0,76	1,59	0,48	0,54	0,70
Au	–	1,31	0,27	1,48	1,89	1,03

Vom römischen Silber liegen 26 Atomabsorptionsanalysen des Rathgen-Forschungslabors vom Hildesheimer Silberschatz vor, bei dem die Kupfergehalte von 0,5–7%, die Goldgehalte von 0–4%, die Bleigehalte von 0,2–1%, die Zinkgehalte von 0–0,1% variieren. Gruppen ähnlicher Zusammensetzung, die eine gleiche Herkunft vermuten lassen, konnten gefunden werden.

Interessante Ergebnisse brachte die Analyse einer Serie von 19 ostgotischen Fibeln, deren Material als Silber angesprochen wurde, sich bei der Analyse aber

Tabelle 17. Analysen ostgotischer Silberfibeln (nach Riederer 1975)

Ag	88,00	77,00	67,00	50,00	40,00	34,00	26,00	18,00
Cu	10,00	18,00	27,00	45,00	50,00	57,00	60,00	67,00
Zn	1,10	3,00	5,00	4,00	6,40	7,00	12,00	14,00
Pb	0,80	1,00	0,25	0,26	1,30	0,50	0,60	0,21
Fe	0,02	0,19	0,14	0,21	1,00	0,16	0,17	0,17
Ni	–	0,01	0,01	0,02	0,04	0,04	0,04	0,07
Sn	–	0,90	–	–	0,01	–	0,50	–
Sb	–	–	–	–	0,15	0,15	–	–

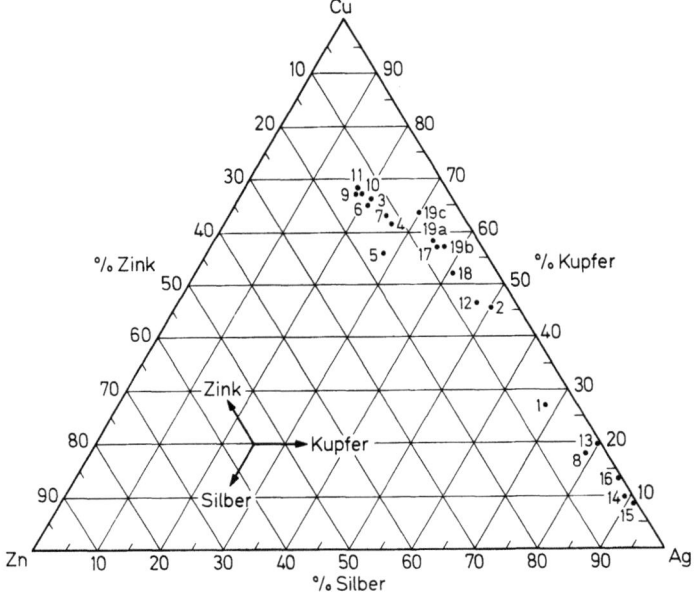

Abb. 3. Die Zusammensetzung ostgotischer Silberfibeln (nach Riederer 1975)

Silber

Tabelle 18. Analysen römischer Silbermünzen (nach Cope 1972)

	Ag	Cu	Au	Pb	Fe	Ni	Co	Zn
Julian II	93,255	5,60	0,323	0,61	0,11	0,0005	0,0026	0,01
Hadrian	82,80	16,48	0,277	0,39	0,02	0,03	0,012	0,002
Faustina I	78,655	20,70	0,033	0,50	0,017	0,0036	0,0009	0,005
Lucius Verus	68,36	25,30	0,156	6,08	0,005	0,01	0,004	0,004
Philip I	44,25	53,85	0,16	0,64	0,01	0,063	0,013	0,98
Gordian III	38,06	61,35	0,067	0,48	0,01	0,04	0,007	0,04
Volusian	21,80	76,92	0,14	1,03	0,045	0,045	n.b.	0,04

Tabelle 19. Analysen frühislamischer Silbermünzen (nach Caley 1957 aus Gordus 1972)

Münze	Dat.	Ag	Cu	Au	Pb	Sn	Fe
Wasit	AH 85	91,49	6,16	0,62	1,58	0,05	0,05
Darabjird	AH 92	92,73	4,25	0,66	1,85	0,12	0,18
Kirman	AH 95	94,15	3,56	0,67	1,48	0,10	0,10
al-Basra	AH 100	91,17	6,36	0,42	1,63	0,10	0,09
Dimishk	AH 100	95,58	2,24	1,35	0,68	0,07	0,07
Ifriquiyyah	AH 112	98,06	0,84	0,70	0,42	0,10	0,05
al Andalus	AH 118	94,21	3,96	0,60	1,10	0,05	0,06
Wasit	AH 124	98,46	0,23	0,06	1,10	0,01	0,04

als Kupfer-Silber-Zink-Legierungen erwies. Die Silbergehalte lagen in dem weiten Bereich von 18–88%, die Kupfergehalte schwankten zwischen 8 und 67%, die Zinkgehalte von 0–15%. Bleigehalte kamen bis zu 2,4%, Zinngehalte bis zu 1,3% vor. Hier entstand der Eindruck, daß die Auftraggeber der Fibeln dem Silberschmied Münzen überließen und zwar Silbermünzen und Messingmünzen (Sesterzen, Dupondien), so daß je nach dem Anteil der beiden Münzen, Fibeln unterschiedlichster Zusammensetzung entstanden.

Auf dem Gebiet der Numismatik wurde eigentlich die ganze Breite von *Silbermünzen* erfaßt, da mit Hilfe der Aktivierungsanalyse die ganze Münze ohne Probeentnahme analysiert werden kann. Mehr als 40 Veröffentlichungen enthalten einige tausend Einzelanalysen, die erstens den Münztyp aufgrund der Zusammensetzung charakterisieren, zweitens häufig die Erscheinung der Münzverschlechterung erkennen lassen, drittens in einzelnen Fällen Rückschlüsse auf die Herkunft des Silbers zulassen.

Kupfer, Bronze, Messing

Zu den kulturgeschichtlich wichtigsten Metallen gehört das Kupfer mit seinen beiden Kupferlegierungen, der Bronze und dem Messing.

Kupfer kommt in der Natur erstens gediegen, zweitens als Erz und drittens als Verwitterungsprodukt von Erzlagerstätten vor. Gediegenes Kupfer ist relativ selten und kulturgeschichtlich wenig bedeutungsvoll. Wichtig sind die Verwitterungsbildungen, wie Malachit, Azurit, Atacamit und Chrysokoll, die sich über Kupfererzlagerstätten unter dem Einfluß der Verwitterung bilden. Sie fallen durch ihre intensiv grünen und blauen Farben auf, so daß sie schon bei den frühen Kulturen als Minerallagerstätten erkannt und abgebaut wurden. Erst in späterer Zeit begann der Abbau der primären Erze, vor allem von Fahlerzen, die durch ihren erhöhten Arsen-, Antimon- und Schwefelgehalt gekennzeichnet sind.

Kupferlagerstätten sind weit verbreitet. In Mitteleuropa sind die Lagerstätten im Harz und im Erzgebirge, in Mansfeld, in den österreichischen Alpen und in Frankreich von der Vorgeschichte bis in die Neuzeit wichtig. In Südeuropa war Spanien besonders reich an Kupfer. Wichtig waren in der Antike die Kupfervorkommen in Cypern und auf Sinai. Kleinere Vorkommen, die kurze Zeit Bedeutung hatten, gab es an zahlreichen Stellen, z. B. auf den Kykladen, in Kleinasien, auf Kreta, Elba, Sardinien und in Nordafrika. Auch der außereuropäische Raum, wie der Vordere Orient, Indien, Ostasien, Süd- und Nordamerika hatten ergiebige Kupferlagerstätten.

Schon im 4. Jahrtausend v. Chr. lernte man Legierungen aus Kupfer und Zinn, die Bronzen herzustellen. Zinnlagerstätten gab es in wesentlich geringerer Zahl, doch ist bis heute noch nicht mit Sicherheit geklärt, von welchen Lagerstätten und auf welchen Wegen die frühen Hochkulturen ihr Zinn bezogen haben. Cornwall in England, das Erzgebirge, Spanien, einige kleinere Vorkommen in Frankreich, Griechenland und im Nahen Osten müssen über Jahrtausende den gesamten Bedarf an Zinn gedeckt haben.

Erst zu römischer Zeit wurde die Messing-Herstellung entdeckt, indem Kupfer mit dem Zinkerz Galmei legiert wurde. Galmei-Lagerstätten gab es in Laurion, in den österreichischen Alpen, in weiter Verbreitung in der Gegend von Aachen und in mehreren kleineren Vorkommen in Frankreich und Südeuropa. Erst im 18. Jahrhundert gelang es, Messing direkt aus Kupfer und Zink zu erschmelzen, da es bis zu diesem Zeitpunkt nicht möglich war, metallisches Zink aus Galmei zu erschmelzen.

Neben Zinn und Zink ist Blei ein wichtiger Bestandteil von Kupferlegierungen, der bis zu 30% in Bronze oder Messing vorkommen kann.

Kupfer, Bronze und Messing lassen sich gießen, schmieden und in der Kälte verformen und verzieren, wobei die verschiedenen Legierungen unterschiedliche

Eignungen für diese Verarbeitungstechniken zeigen. Reines Kupfer wird ungern zum Guß verwendet, da der Schmelzpunkt hoch liegt. Es läßt sich schlecht durch Drehen verzieren, eignet sich aber besonders zum Herstellen von Gefäßen und Blechen durch Treiben. Bronzen und Messing lassen sich durch den niedrigen Schmelzpunkt gut gießen, doch beeinflussen die Legierungselemente stark die mechanischen Eigenschaften.

Kupfer und seine Legierungen treten gegenüber Gold und Silber als Schmuckmaterial zurück. Ihr Hauptanwendungsgebiet ist der Guß von Skulpturen, die Herstellung von Gebrauchsgegenständen vielfältigster Art, auch von Waffen und Werkzeugen, sowie die Verwendung als Münzmetall.

Fragestellungen, die an den Analytiker gerichtet werden, betreffen in erster Linie die Art der Legierung, da bei der Heterogenität dieses Materials einfache Angaben wie „Bronze" unzutreffend sind, zumal es sich gezeigt hat, daß z. B. alle mittelalterlichen „Bronzen" reine Messinge sind. Die Materialanalyse hat somit schon in der korrekten Materialangabe eine wichtige Aufgabe. Aus der Art der Legierung lassen sich innerhalb einer kulturgeschichtlichen Gruppe in der Regel wichtige Informationen über die Zusammengehörigkeit von Objektgruppen, ihre Herkunft und ihre Altersstellung ableiten. Weiter sind Aussagen über gesellschaftliche und wirtschaftliche Entwicklungen möglich.

Von den meisten kulturgeschichtlichen Gruppen liegen umfassende Erfahrungen über die verwendeten Materialien vor (Tabelle 20).

Zur Analyse von Kupfer und Kupferlegierungen können in der Regel Metallproben entnommen werden, da für alle Verfahren Mengen um 0,01 g ausreichen. Die Emissionsspektralanalyse und die Atomabsorptionsanalyse, also auch apparativ wenig aufwendige Verfahren, sind die zweckmäßigsten Analysenmethoden. Die Neutronen-Aktivierungsanalyse liefert bei wesentlich höherem Aufwand keine zusätzlichen Ergebnisse.

Tabelle 20. Analysen von Kupfer-Produkten

Prähistorisches Europa	25 000 Analysen
Früher Orient	500 Analysen
Ägypten	1 500 Analysen
Luristan	200 Analysen
Griechenland	500 Analysen
Rom	3 000 Analysen
Mittelalter	500 Analysen
Renaissance	1 000 Analysen
Indien	500 Analysen
China	300 Analysen
Südamerika	500 Analysen
Afrika	500 Analysen

Interessant kann bei bleihaltigen Bronzen die Analyse der Blei-Isotopen sein. Weiter sind metallographische Analysen an Anschliffen zweckmäßig, um die Herstellungstechnik ableiten zu können.

Prähistorische Bronzen sind häufig und in ziemlich großen Serien analysiert worden. Aus Mitteleuropa sind die Arbeiten von Otto und Witter, Pittioni, sowie Junghans, Sangmeister und Schröder am wichtigsten. Alle Bearbeiter gingen davon aus, daß in den frühen Perioden der Kupferverarbeitung Erze aus zahlreichen verschiedenen Vorkommen verarbeitet worden sind und ihr Ziel war es, die Herkunft des Metalles aus der Analyse der Bronzen abzuleiten. Dabei wurden verschiedene Wege eingeschlagen. Während Pittioni im nordalpinen Raum Lagerstätte für Lagerstätte aufnahm und von dort Erze, Schlacken und Metallfunde analysierte, um zuerst den Lagerstättentyp zu charakterisieren und dann den Vergleich mit den Objekten durchzuführen, gingen Otto und Witter, sowie Junghans, Sangmeister und Schröder den umgekehrten Weg. Sie analysierten große Mengen an Objekten, stellten Gruppen ähnlicher Legierungen auf, um diesen Befund mit den Lagerstätten zu verknüpfen.

Beide Arbeitsrichtungen erwiesen sich als erfolgreich. Pittioni konnte zeigen, daß es auf engem Raum, etwa im Gebiet von Salzburg und Tirol, geologisch unterschiedliche Kupferlagerstätten, z. B. Fahlerz und Kupferkies-Lagerstätten, gab, deren Erze und Metalle sich durch die Spurenelemente charakterisieren lassen. Aber andererseits zeigte es sich auch, daß weit auseinanderliegende Lagerstätten geologisch ähnlicher Entstehung, z. B. Fahlerzlagerstätten der Alpen, des Schwarzwaldes und der Mittelgebirge, analytisch kaum unterscheidbare Metalle liefern.

Otto und Witter, die ca. 1500 Objekte analysierten, unterschieden Materialgruppen, wie Reinkupfer, Rohkupfer mit 11 Untergruppen, Arsenkupferlegierungen mit 6 Untergruppen, Fahlerzmetalle mit 13 Untergruppen, reine Zinn-Kupfer-Legierungen und sonstige Kupferlegierungen, wobei aufgrund der unterschiedlichen Gehalte an Spurenelemente 30 Legierungstypen gebildet werden konnten. Die Herkunft der Erze, aus denen diese unterschiedlichen Legierungstypen hergestellt wurden, ist gründlich diskutiert worden, sodaß diese Arbeit eine wichtige Grundlage zur Klärung der Frage der Herkunft von prähistorischen Kupferlegierungen darstellt.

Junghans, Sangmeister und Schröder gingen ähnlich vor, dehnten aber ihr Arbeitsgebiet über ganz Europa aus, so daß schließlich ca. 22 000 Analysen vorgelegt wurden, die mit Hilfe von Rechenprogrammen in Materialgruppen eingeteilt wurden. Gliederungsprinzip waren zuerst Unterschiede im Arsen- und Antimongehalt (5 Gruppen), die dann aufgrund unterschiedlicher Wismut-, Nickel- und Silbergehalte weiter untergliedert wurden. Die Verteilung der so erhaltenen Materialgruppe auf die geographischen Räume, die zeitlichen Phasen von der frühen Kupferzeit bis in die Hallstattzeit und die Objektformen, die sich

Tabelle 21. Metallanalysen prähistorischer Objekte aus Deutschland (nach Junghans, Sangmeister und Schröder 1968/74)

	Cu	Sn	Pb	Zn	Fe	Ni	Ag	Sb	As	Bi
Ösenhalsring	96,10	–	–	–	–	–	0,83	1,35	1,6	0,12
Randleistenbeil	93,451	5,1	–	–	–	0,02	0,60	0,44	0,38	0,009
Spangenbarren	95,555	Sp	0,02	–	–	0,98	0,34	0,20	2,9	0,005
Axt	94,86	4,2	–	0,09	–	0,66	Sp	0,01	0,18	–
Messer	99,53	–	–	–	–	0,08	0,30	0,08	0,01	Sp
Gußkuchen	99,84	–	Sp	–	–	0,08	<0,01	0,02	0,04	0,02

Tabelle 22. Metallanalysen von Kupferobjekten des 3. und 4. Jt. v. Chr. aus Mesopotamien (nach Riederer 1976)

Cu	Sn	Pb	Zn	Fe	Ni	Ag	Sb	As
97,48	–	–	–	0,19	0,95	0,01	–	1,37
94,88	–	0,29	–	0,34	2,14	0,02	–	2,33
97,96	0,38	0,18	–	0,16	0,27	0,03	0,13	0,89
95,76	0,40	0,19	0,01	1,04	0,24	0,05	0,03	2,28
96,41	–	2,26	0,01	0,59	0,04	<	0,02	0,68

mit Hilfe des Computers bequem darstellen ließ, vermittelt heute das umfassendste Wissen über eine kulturgeschichtliche Metallgruppe. Zahlreiche Arbeiten befassen sich mit einzelnen Hortfunden, durch die das Datenmaterial weiter ergänzt wurde. In anderen kulturgeschichtlichen Bereichen sieht es weniger positiv aus, obwohl sich die Zahl der Daten ständig vermehrt.

Von den frühen Kulturen des Vorderen Orients sind aus dem 4./3. Jahrtausend v. Chr. nur wenige Einzelanalysen bekannt. Sie zeigen, daß dort die Entwicklung mit reinem Kupfer, arsenreichem Kupfer, Legierungen von Kupfer mit wenigen Prozenten Eisen, Nickel, Blei oder Zinn einsetzt. Es entsteht der Eindruck, daß diese Beimengungen unbeabsichtigt bei der Verhüttung der Erze ins Metall gelangten. Auch der Kopf des Sargon aus der Zeit um 2300 v. Chr., der in Ninive gefunden wurde, besteht aus reinem Kupfer (Spuren unter 1%).

Aus Kupfer bestehen auch die in reicher Menge untersuchten Waffen und Geräte des ägyptischen Alten Reiches, sowie die meisten Statuetten des Mittleren Reiches, wobei die Arsengehalte bis 3% ansteigen können. Vereinzelt kommen darunter auch Zinnbronzen vor, mit bereits recht hohen Zinngehalten um 8%.

Über die Zusammensetzung *ägyptischer Bronzen* liegen besonders umfassende Kenntnisse vor, da alle Statuetten der Museen in Berlin, Hannover, Hil-

Tabelle 23. Metallanalysen ägyptischer Statuetten des Mittleren Reiches

Cu	Sn	Pb	Zn	Fe	Ni	Ag	Sb	As
99,09	–	0,15	–	0,02	0,01	0,04	0,02	0,67
98,62	–	0,05	–	0,03	0,01	0,02	0,02	1,25
97,66	–	0,07	–	0,20	0,01	0,02	–	2,04
97,28	–	0,19	0,02	0,48	0,01	0,04	0,04	1,94
97,01	–	0,24	0,02	0,45	0,01	0,04	0,04	2,19

desheim, München und Heidelberg, insgesamt über 1000 Objekte, bereits untersucht sind.

Es zeigte sich, daß die Zusammensetzungen in sehr weiten Grenzen schwanken, wobei die Kupfergehalte zwischen 60 und 100%, die Zinngehalte zwischen 0 und 20% und die Bleigehalte zwischen 0 und 30% schwanken. Erhöhte Zinkgehalte bis zu 4% wurden nur in wenigen Ausnahmen festgestellt. Innerhalb des großen Legierungsbereiches von Zinn-Bronzen, Blei-Bronzen und Blei-Zinn-Bronzen zeichnen sich aber deutliche Gruppen ab, jedoch ließ sich noch nicht klären, ob es sich dabei um zeitlich oder regional unterschiedliche Gruppen handelt. Die Statuetten weit verbreiteter Gottheiten, wie Osiris, Isis, Harpokrates bestehen aus allen Legierungen der verschiedenen Gruppen, während weniger häufige Gottheiten, wie Hathor oder Min stets aus einer einheitlichen Legierung hergestellt sind.

Aus Luristan (Moorey 1978) liegen Analysen von 132 Sammlungsobjekten des Ashmolean Museums vor. Sie bestehen aus Kupfer und Bronze ohne weitere Legierungsbestandteile, wobei der Zinngehalt von 0–16% gleichmäßig verteilt ist.

Ein Beispiel der Analyse griechischer Bronzen am Rathgen-Forschungslabor aus Olympia verdeutlicht die Möglichkeit, mit Hilfe der Bestimmung von Spurenelementen zu Aussagen zu gelangen, die für den Archäologen von Bedeutung sind. Für die Arbeiten von Rittig und Seidel-Borell über Statuen, die aus sekundär verwendeten orientalischen und griechischen Bronzeblechen hergestellt waren, wurden Analysen von Metallproben ausgeführt, um ursprünglich zusammengehörende Bleche zu erkennen. Dabei ergab sich erstens, daß sowohl die orientalischen, als auch die griechischen Bleche aus einer identischen Legierung, einer Zinnbronze mit hohen Zinngehalt (10–15%) bestehen, sodaß eine Beziehung zwischen den beiden Blechsorten anzunehmen ist, etwa in der Art, daß die griechischen Bleche schon umgearbeitete orientalische Bleche sind. Zweitens ergab sich, daß die Bleche untereinander in den Spurenelementgehalten geringe, aber sehr charakteristische Unterschiede zeigen, daß eine Zuordnung der einzelnen Blechfragmente zu einer Blechtafel möglich war. Drittens belegt dieses Bei-

Kupfer, Bronze, Messing 31

Tabelle 24. Beispiele von Analysen ägyptischer Statuetten der Spätzeit (nach Riederer 1978)

	Cu	Sn	Pb	Zn	Fe	Ni	Ag	Sb	As
Osiris	96,83	1,12	0,85	0,01	0,91	0,02	0,07	0,04	0,15
Katze	95,02	4,22	0,14	–	0,35	0,01	0,02	0,02	0,22
Ptah	87,34	10,14	2,10	0,02	0,04	0,08	0,05	0,07	0,14
Anubis	84,71	14,12	0,72	0,01	0,11	0,12	0,04	0,01	0,16
Buto	83,02	6,80	9,72	–	0,08	0,08	0,04	0,19	0,07
Nefertem	80,52	9,13	9,00	0,01	0,14	0,04	0,07	0,07	0,41
Katze	79,16	14,73	5,48	0,06	0,02	0,03	0,11	0,09	0,32
Ptah	78,99	5,76	14,09	0,03	0,10	0,05	0,07	0,20	0,71
Harpokrates	77,99	10,19	10,49	0,07	0,03	0,03	0,07	0,27	0,86
Osiris	76,07	4,21	18,94	0,01	0,03	0,05	0,06	0,10	0,53
Harpokrates	70,54	9,40	19,46	0,01	0,16	0,11	0,05	0,14	0,13
Horus	67,18	1,87	29,11	0,03	0,11	0,03	0,08	0,29	1,30

Tabelle 25. Analysen von Bronzen aus Luristan (nach Moorey 1971)

Cu	Sn	Pb	Fe	Ni	Ag	As
97,9	1,9	n. b.	0,057	0,086	0,026	n. b.
94,5	4,7	0,25	0,11	0,18	0,040	0,18
91,7	7,8	0,21	n. b.	0,19	0,013	n. b.
88,2	11,3	0,035	0,029	0,16	0,011	0,29
85,8	12,7	0,74	0,021	0,37	0,027	0,37
81,7	15,7	1,90	0,35	0,39	0,059	n. b.
72,4	11,1	16,1	0,030	0,068	0,011	0,33

spiel die Homogenität eines antiken Metallobjekt und viertens zeigt dieses Beispiel deutlich die Genauigkeit des Analysenverfahrens bis hinein in den Bereich von einem hundertstel Prozent. Die Tabelle 26 enthält die Analysen von 3 Blechen, einem griechischen (1) und zwei orientalischen Blechen (2 und 3), wobei das griechische Blech (1) kein Blei und relativ hohe Eisengehalte bei geringen Nickelwerten enthält, während das eine orientalische Blech (2) geringe Bleiwerte, geringe Eisengehalte bei mittleren Nickelwerten, niedere Antimonwerte bei erhöhten Arsengehalten hat, und das andere orientalische Blech (3) durch erhöhte Bleigehalte, erhöhte Eisen- und Nickelgehalte und gleich niedere Antimon- und Arsengehalte ausgezeichnet ist. Wichtig für die Charakterisierung antiker Metalle ist auch der Befund, daß Zink in der Regel fehlt oder nur in geringsten Anteilen um 0,01% enthalten ist.

Tabelle 26. Analysen von Bronzeblechen getriebener Statuen aus Olympia

Probe	Cu	Sn	Pb	Zn	Fe	Ni	Ag	Sb	As
Blech 1									
(25) Riefelblech V 1	87,21	12,57	–	–	0,16	0,004	0,05	0,01	–
(16) Blech e	86,55	13,20	–	–	0,16	0,004	0,05	0,01	0,03
(9) Blech c an R 5	85,92	13,84	–	–	0,16	0,005	0,05	0,02	–
(15) Blech c an R 6	87,25	12,57	–	–	0,10	0,003	0,05	0,01	0,02
Blech 2									
(13) Relief 12	85,66	14,91	0,04	–	0,02	0,005	0,05	0,01	0,03
(17) Relief 12 k	83,45	16,38	0,04	–	0,02	0,004	0,06	0,01	0,04
(18) Relief 12 l	86,20	13,63	0,04	0,001	0,02	0,005	0,05	0,01	0,04
(35) or. Frgt. Nr. 17	85,50	14,27	0,06	–	0,02	0,007	0,08	0,01	0,05
(33) or. Frgt. Nr. 20	86,16	13,67	0,04	–	0,02	0,005	0,05	–	0,05
(38) or. Frgt. Nr. 25	85,81	13,94	0,07	–	0,02	0,009	0,09	–	0,06
Blech 3									
(22) Relief 8 k	88,41	11,27	0,10	–	0,12	0,009	0,04	0,02	0,03
(23) Relief 8 a	85,56	14,12	0,09	–	0,11	0,008	0,04	0,03	0,04
(30) Relief 8 h	86,98	12,73	0,08	–	0,13	0,010	0,04	0,03	–
(31) Relief 8 j	88,78	10,89	0,11	–	0,13	0,009	0,04	0,02	0,02
(32) Relief 8 i	88,03	11,67	0,10	–	0,11	0,010	0,04	0,02	0,02
(34) or. Frgt. Nr. 15	84,89	14,82	0,09	–	0,13	0,009	0,04	0,02	–

Tabelle 27. Metallanalysen von sardischen Bronzen (nach Riederer 1980)

	Cu	Sn	Pb	Zn	Fe	Ni	Ag	Sb	As
Boot	95,82	3,65	0,21	0,01	0,16	0,02	0,03	0,02	0,08
Stier	92,47	7,04	0,08	0,05	0,03	0,03	0,12	0,02	0,16
Hirte	84,30	8,72	6,22	0,03	0,03	0,03	0,03	0,02	0,65
Krieger	86,24	12,23	0,63	0,01	0,61	0,03	0,06	0,02	0,17
Stier	84,58	13,42	0,98	–	0,04	0,06	0,03	0,07	0,32

Aus Sardinien wurden ca. 60 Bronzen der nuraghischen Kultur des 2. Jahrtausend v. Chr. untersucht, mit dem Ergebnis, daß es sich vor allem um bleiarme Zinnbronzen mit Zinngehalten von 2–20% handelt. Vereinzelt kommen bleireiche Bronzen mit Werten bis zu 16% vor.

Aus dem etruskischen Bereich wurden vor allem Spiegel untersucht. Die Spiegelscheiben bestehen vor allem aus bleifreien Zinnbronzen mit Zinngehalten um 10–15%. Geringe Bleigehalte kommen in den Scheiben vor, während die Griffe, bei stark wechselnden Zinngehalten, Bleigehalte zwischen 0 und 30%

Kupfer, Bronze, Messing 33

Tabelle 28. Metallanalysen etruskischer Spiegel

Cu	Sn	Pb	Zn	Fe	Ni	Ag	Sb	As
91,78	7,11	0,75	0,007	0,05	0,03	0,05	0,03	0,19
89,24	10,52	0,04	0,001	0,09	0,01	0,06	0,04	0,05
87,24	12,50	0,03	0,010	0,01	0,04	0,01	0,02	0,14
86,09	13,64	0,02	0,008	0,04	0,03	0,02	0,02	0,15
84,61	14,41	0,35	0,006	0,29	0,04	0,03	0,03	0,23

Tabelle 29. Analysen römischer Statuetten (nach Riederer 1980)

Cu	Sn	Pb	Zn	Fe	Ni	Ag	Sb	As
86,74	10,43	2,66	0,01	0,01	0,01	0,04	0,05	0,05
75,03	4,25	20,27	0,24	0,03	0,02	0,05	0,05	0,06
71,31	6,37	21,17	0,01	0,72	0,04	0,07	0,09	0,22
67,12	7,46	25,10	0,01	0,09	0,02	0,05	0,08	0,07
74,83	6,21	13,03	5,01	0,35	0,10	0,09	0,12	0,26
80,48	4,03	5,11	9,85	0,26	0,04	0,05	0,09	0,09

enthalten können. Auch die etruskischen Statuetten enthalten stark wechselnde Kupfer-Zinn-Bleiverhältnisse. Craddock fand bei der Untersuchung etruskischer Statuetten des British Museum drei Exemplare aus Messing, deren antike Herkunft gesichert ist. Der Zinkgehalt einer Statuette eines nackten Knaben wurde mit 11,8%, der Zinngehalt mit 0,7% bestimmt. Craddock weist bei der Diskussion der Frage nach der frühen Messingherstellung auf die „Philippica" des Theopompus hin (eine Schrift des 4. Jh. v. Chr.), in der ein Prozess der Destillation eines Erzes zum Zweck der Herstellung von „Orechalcos" beschrieben wird, bei dem eine Bildung von metallischem Zink anzunehmen ist.

Römische Objekte aus Kupferlegierungen wurden in großen Mengen untersucht, wobei die Zahl der analysierten Gebrauchsgegenstände die der Statuetten weit übersteigt (Riederer 1972, 1980). In römischer Zeit kam als vierter Legierungsbestandteil das Zink dazu. Es erscheint von vereinzelten, vielleicht zufälligen Vorläufern abgesehen, im 1. Jh. v. Chr. etwas häufiger. Im 71 v. Chr. zerstörten Manching (bei Ingolstadt) wurde bereits eine ganze Reihe von Messingfibeln römischer Herkunft gefunden. Ab der Zeit des Augustus ist Messing neben Bronzen verschiedenster Herkunft und Kupfer verbreitet. Eine bevorzugte Legierung gibt es nicht, es ist aber deutlich, daß für die vorgesehene Bearbeitung oder Verwendung stets die optimalste Legierung verwendet wurde.

Römische *Münzen* aus Kupferlegierungen wurden ebenfalls in großer Zahl untersucht. Bei den Sesterzen konnte dabei die Münzentwertung mit einer sonst

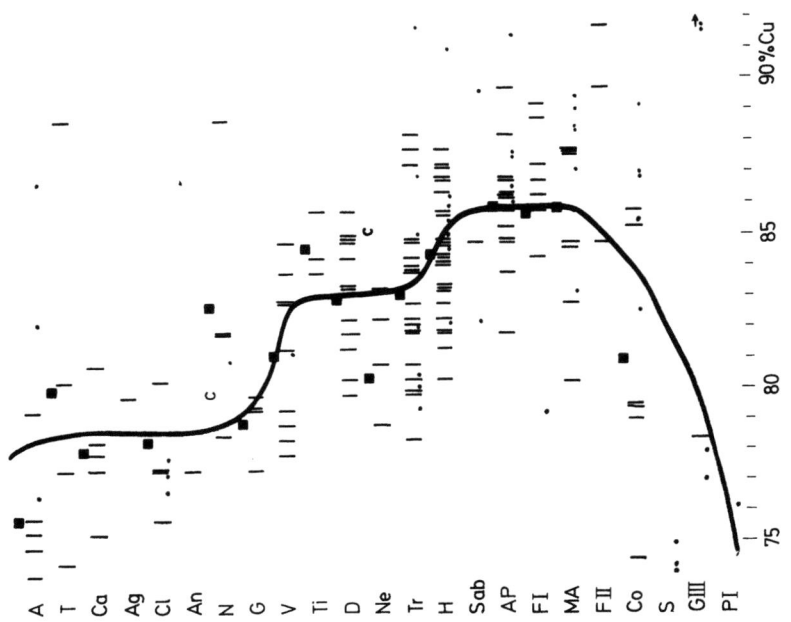
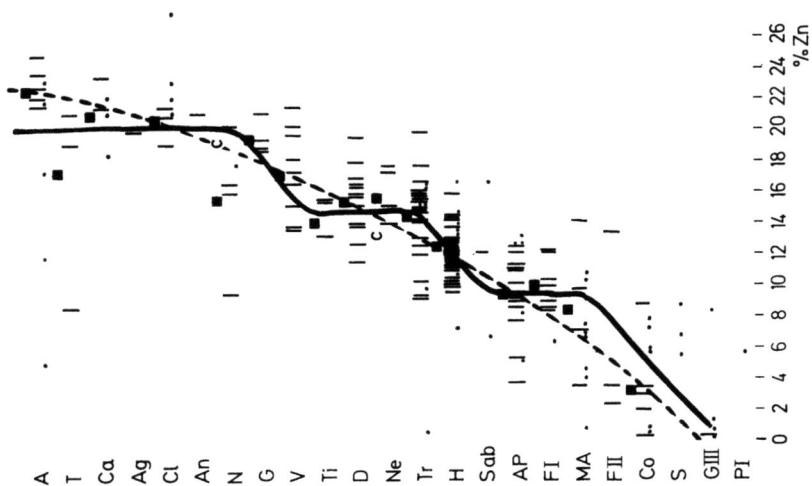

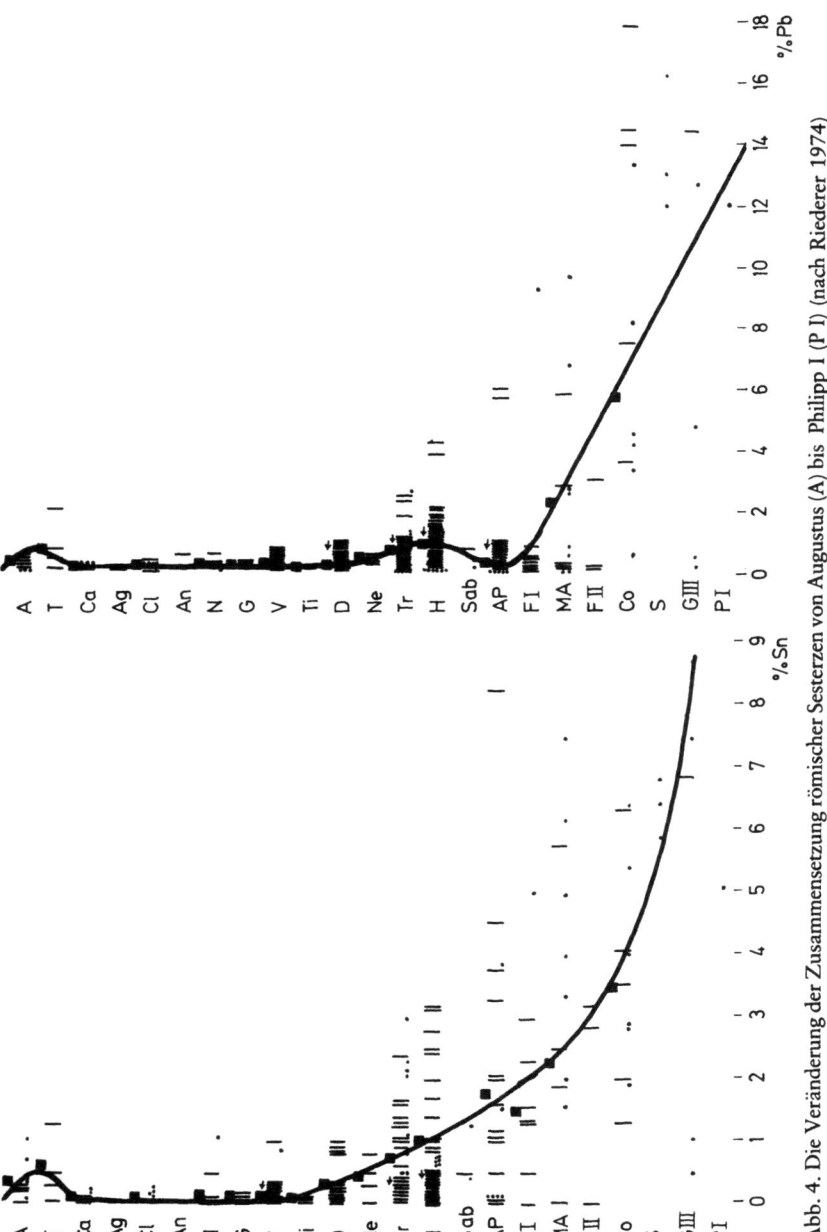

Abb. 4. Die Veränderung der Zusammensetzung römischer Sesterzen von Augustus (A) bis Philipp I (P I) (nach Riederer 1974)

Tabelle 30. Analysen römischer Geräte (nach Riederer 1980)

Cu	Sn	Pb	Zn	Fe	Ni	Ag	Sb	As
99,64	–	0,05	0,01	0,02	0,16	0,02	0,04	0,07
94,72	4,39	0,22	0,03	0,04	0,49	0,01	0,02	0,08
89,35	10,16	0,15	0,15	0,03	0,01	0,01	0,05	0,09
79,15	–	0,11	20,59	0,04	0,01	0,01	0,03	0,06
83,50	6,47	9,83	0,01	0,01	0,01	0,03	0,04	0,10
68,75	9,36	21,70	0,01	0,03	0,01	0,01	0,04	0,09

Tabelle 31. Analysen römischer Sesterzen (nach Riederer 1974)

	Cu	Sn	Pb	Zn	Fe	Ag	Ni	Sb
Augustus	76,00	0,28	0,19	22,80	0,33	0,08	0,02	0,10
Caligula	78,16	0,03	0,03	21,41	0,25	0,01	0,02	0,01
Galba	79,10	0,02	0,11	19,75	0,35	0,05	0,04	0,08
Vespasian	81,30	–	0,13	17,40	0,24	0,06	0,02	0,09
Domitian	83,20	0,35	0,14	15,60	0,23	0,04	0,01	0,20
Hadrian	84,60	1,00	0,86	12,34	0,24	0,06	0,02	0,21
Antoninus P.	86,00	2,25	0,10	9,63	0,34	0,07	0,03	0,26
Marc Aurel	86,00	2,55	2,20	8,70	0,25	0,16	0,03	0,28
Commodus	81,00	3,50	5,70	3,40	0,18	0,09	0,35	0,31
Gordian III	78,50	6,90	14,50	0,30	n. b.	0,18	n. b.	n. b.

selten erkennbaren Beständigkeit nachgewiesen werden, die in einem Zeitraum von 300 Jahren, von der Zeit des Augustus bis in das 3. Jahrhundert n. Chr. ablief. Unter Augustus wurden Sesterze aus einem sehr zinkreichen Messing hergestellt, also aus einer Legierung, die erst zu dieser Zeit in weiterer Verbreitung auftritt. Der Wert der Münzen war offensichtlich durch den Zinkgehalt bestimmt, als dem Element, das der Legierung die geschätzte goldgelbe Farbe verleiht. Von Kaiser zu Kaiser nahm in der folgenden Zeit der Zinkgehalt ständig ab, bis bei Commodus völlig zinkfreie Münzen vorkommen. Der abnehmende Zinkgehalt wurde anfangs durch erhöhte Kupfergehalte, ab Titus durch Zugaben von Zinn und ab Antoninus Pius durch hohe Bleizugaben ausgeglichen (Riederer 1974).

Über 300 mittelalterliche Erzeugnisse des Kunsthandwerks, wie Kruzifixe, Taufbecken, Aquamanile, Türzieher wurden von Werner (1977) analysiert. Dabei ergab sich ein überraschend einheitliches Bild, da es sich vorwiegend um Messinge handelt, deren Zinkgehalte zwischen 10 und 20% variieren, wobei Zinn und Blei im Bereich weniger Prozente liegen. Da in den meisten Fällen

Tabelle 32. Analysen mittelalterlicher Messing-Objekte aus Deutschland (nach Werner 1977)

	Cu	Sn	Pb	Zn	Fe	Ni	Ag	Sb	As	Bi	Au
Kruzifixus 12. Jh.	3,1	2,4	15,5	0,35	0,02	0,007	0,20	0,08		0,006	0,007
Kruzifixus 14. Jh.	2,2	1,3	7,4	0,17	0,10	0,10	0,27	0,35		0,028	0,010
Leuchter 12. Jh.	2,1	1,1	6,9	0,35	0,03	0,15	0,22	0,17		0,014	0,0016
Leuchter 15. Jh.	0,1	2,1	15,9	0,96	0,23	0,06	n.n.	0,09		0,004	Sp
Rauchfaß 12. Jh.	2,0	1,8	10,2	0,20	0,03	0,10	0,10	0,08		0,020	0,002
Rauchfaß 14. Jh.	6,4	3,3	7,0	0,85	0,04	0,07	0,29	0,22		0,025	Sp
Aquamanile 12. Jh.	4,3	3,7	5,6	0,05	0,04	0,15	0,15	0,05		0,005	Sp
Aquamanile 15. Jh.	1,9	2,2	16,8	0,20	0,68	>0,20	0,06	0,85		0,006	0,0003
Türzieher 12. Jh.	2,2	2,8	3,4	0,25	0,05	0,20	0,35	0,07		0,007	0,005
Türzieher 15. Jh.	0,7	2,0	19,0	0,38	0,31	0,08	0,14	0,45		0,004	n.n.

Tabelle 33. Analysen von Epitaphien des 16./17. Jh. vom Nürnberger Johannisfriedhof

Dat.	Cu	Sn	Pb	Zn	Fe	Ni	Ag	Sb	As
1512	84,86	1,69	2,80	8,55	0,88	0,59	0,06	0,31	0,26
1533	84,24	0,81	1,91	11,42	0,81	0,42	0,06	0,07	0,26
1563	84,34	1,19	3,11	9,07	1,63	0,27	0,07	0,11	0,21
1583	82,80	0,31	1,60	14,66	0,30	0,17	0,06	0,03	0,07
1616	77,00	0,51	5,60	12,10	0,72	1,48	0,04	2,14	0,41
1640	84,00	4,75	3,66	5,68	0,51	0,71	0,08	0,28	0,33
1671	77,00	1,83	6,90	11,77	0,96	0,60	0,09	0,53	0,32
1702	69,97	2,40	11,10	13,92	0,69	0,56	0,10	0,83	0,43

keine sicheren Datierungen oder Herkunftsangaben bekannt sind, bestand noch keine zuverlässige Möglichkeit, rückschließend aus Analysen zu solchen Angaben zu gelangen, indessen zeichnen sich Zusammenhänge zwischen Herstellungszeit und Spurenelementgehalten ab.

Dem Problem fehlender Entstehungsdaten soll die Untersuchung von Metallobjekten der Renaissance abhelfen, die aus der gleichen mittelalterlichen Legie-

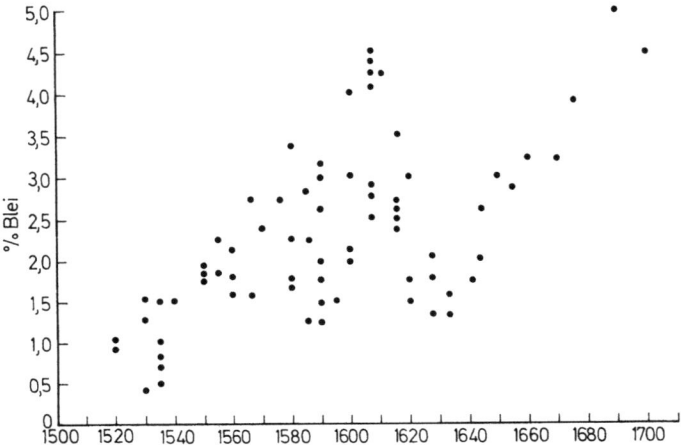

Abb. 5. Änderung der Zusammensetzung Nürnberger Bronzeepitaphien in Abhängigkeit von der Herstellungszeit (nach Riederer 1978)

Tabelle 34. Analysen von Großbronzen des 16./17. Jh.

	Cu	Sn	Pb	Zn	Fe	Ni	Ag	Sb
Augustusbrunnen, Augsburg	90,00	3,50	3,40	0,33	0,05	0,27	0,22	0,44
Augustusbrunnen, Augsburg	84,00	2,90	2,70	8,00	0,18	0,15	0,08	0,22
Augustusbrunnen, Augsburg	82,00	0,90	2,20	15,20	0,15	0,15	0,05	0,14
Herkulesbrunnen, Augsburg	87,00	10,00	0,20	0,02	0,03	0,09	0,05	0,43
Wittelsbacher Brunnen, München	87,50	10,40	0,50	0,07	0,01	0,17	0,05	0,15
Putto, Mariensäule, München	81,00	12,00	6,20	0,60	0,33	0,38	0,14	n.b.
Apollobrunnen, Nürnberg	81,80	0,73	2,20	14,43	0,37	0,16	0,06	0,08
Gänsemännchen, Nürnberg	77,52	1,33	2,48	15,61	0,34	1,70	0,02	0,71
Sebaldusgrab, Nürnberg	86,60	0,47	2,09	14,01	1,50	0,15	0,05	0,05

rung bestehen, von denen aber Gußort, Datierung und oft auch der Gießer oder seine Werkstatt bekannt sind. Dabei hat die Analyse von Grabplatten des Johannisfriedhofs in Nürnberg ergeben, daß sich die Zusammensetzung auch in kurzen Zeiträumen, z. B. von 1520–1620 durch einen Anstieg der Blei- und Zinngehalte deutlich ändert, ein Befund, der auch für die Bearbeitung der Statuetten, die aus dem gleichen Metall gegossen wurden, von Bedeutung ist.

Von den ca. 500 bekannten *Statuetten der Renaissance* wurden bisher alle Stücke der bedeutenderen deutschen Sammlungen analysiert. Dabei ergab sich,

Kupfer, Bronze, Messing

Tabelle 35. Analysen von Renaissancestatuetten

		Cu	Sn	Pb	Zn	Fe	Ni	Ag	Sb	As
Peter Vischer d. Ä	1495 1520	74,10	0,44	1,84	12,98	10,14	0,30	0,05	0,03	0,02
Herm. Vischer	1510	81,51	0,41	1,76	14,07	1,83	0,20	0,05	0,04	0,13
Lienhart Schachl	1580	76,36	3,10	7,85	10,73	1,24	0,24	0,09	0,13	0,26
Ben. Wurzelbauer	1585	81,46	1,12	3,49	11,49	0,80	0,77	0,06	0,51	0,30
Joh.G.v.d.Schardt	1575	82,03	4,14	0,96	12,11	0,12	0,56	0,03	0,02	0,03
Georg Petel	1625	83,22	2,11	3,18	9,71	0,78	0,42	0,10	0,21	0,27
Wolfg. Neidhard	1590	71,67	2,71	13,11	11,11	0,07	0,35	0,12	0,53	0,33
Hans Reisinger	1570	82,60	3,95	6,47	3,63	1,17	1,15	0,07	0,12	0,84
Hans Krumpper	1616	86,50	6,80	3,60	1,90	0,11	0,21	0,17	0,25	n.b.

Tabelle 36. Analysen von Geschützen (nach Riederer 1976)

	Cu	Sn	Pb	Zn	Fe	Ni	Ag	Sb
Wien 1537	91,50	4,50	0,40	–	0,07	0,48	0,35	2,10
Venedig 1632	91,00	5,60	0,90	0,22	0,03	0,10	0,15	0,30
Breisach 1685	88,50	9,20	0,80	0,52	0,01	0,20	0,09	0,23
Nürnberg 1721	90,50	6,80	0,90	0,37	0,06	0,59	0,16	0,37
Preußen 1793	90,00	6,30	1,10	0,43	0,28	0,25	0,10	0,36

Tabelle 37. Analysen von Glocken

	Cu	Sn	Pb	Zn	Fe	Ni	Ag	Sb	As
8. Jh.	75,33	17,37	6,56	0,09	0,35	0,02	0,09	0,14	0,05
1491	72,08	25,49	0,75	0,01	0,12	0,19	0,09	0,70	0,58
1494	73,80	22,17	2,32	0,08	0,07	0,17	0,12	0,89	0,38
1590	70,53	23,20	3,98	0,13	0,13	0,87	0,21	0,58	0,37
1746	72,35	21,86	1,65	3,20	0,43	0,23	0,11	0,09	0,08

Tabelle 38. Analysen von Apothekenmörsern

	Cu	Sn	Pb	Zn	Fe	Ni	Ag	Sb	As
Italien 16. Jh.	89,51	8,27	0,74	0,08	0,03	0,28	0,16	0,62	0,31
Niederlande 17. Jh.	81,65	4,57	8,46	2,29	0,14	0,55	0,20	1,53	1,21
Italien 15. Jh.	60,68	2,35	34,91	0,04	0,36	0,31	0,05	0,94	0,36
Süddeutsch 15. Jh.	78,98	2,95	4,46	11,92	0,40	0,31	0,21	0,30	0,47
Niederrhein 15. Jh.	75,57	0,60	3,72	18,81	0,59	0,33	0,10	0,06	0,22

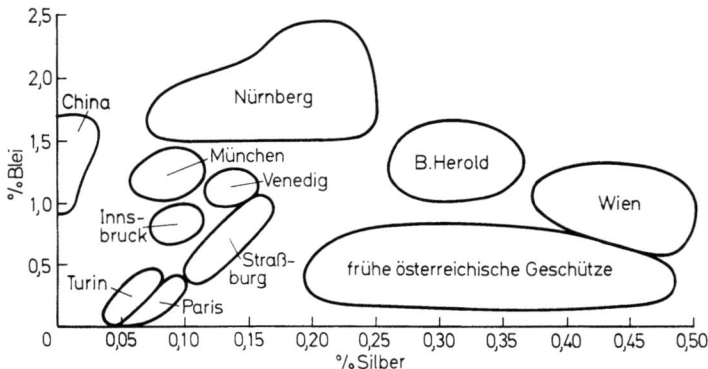

Abb. 6. Änderung der Spurenelementgehalte von Bronzegeschützen in Abhängigkeit vom Herstellungsort (nach Riederer 1977)

daß in Nürnberg die 1453 gegründete Vischer-Werkstatt den im Mittelalter üblichen Messingtyp von 85% Kupfer mit 15% Zink bis zur Aufgabe der Hütte im Jahre 1550 beibehielt und daß auch die daran anschließende Labenwolf- und Wurzelbauer-Werkstatt diese Liegerung beibehielten. Zum Statuettenguß verwendeten die Nürnberger „Rotgießer" also ein ausgesprochen reines Messing.

Diese Legierung finden wir im frühen 16. Jahrhundert auch in Innsbruck wieder, wo 1508 mit dem Guß von 40 überlebensgroßen Standbildern für das Grab Kaiser Maximilians begonnen wurde, von denen 28 fertiggestellt wurden. Da der Guß in Innsbruck von dem Nürnberger Godl durchgeführt wurde, erstaunt es nicht, daß ein ähnliches Material verwendet wurde.

In München und Augsburg, zwei weiteren Zentren des Bronzegußes in Deutschland, kommt Messing nur in erklärbaren Ausnahmen vor, etwa bei Muscats Kaiserbüsten, die in Augsburg für das Maximiliansgrab gegossen wurden. Sonst wird dort aber mit Zinnbronzen, Bleibronzen und Rotguß gearbeitet, deren Zusammensetzung für Entstehungszeit und Gußhütte kennzeichnend ist.

Neben Grabplatten, Großbronzen in München, Augsburg und Nürnberg wurden weitere Objektgruppen dieser Zeit eingehender untersucht, z. B. Mörser, Glocken und Geschütze.

Von *Geschützen* liegen bisher ca. 300 Analysen (Riederer 1977) vor, wobei es sich um Stücke aus der Zeit vom frühen 15. Jahrhundert bis zur Mitte des 19. Jahrhundert vor allem aus Deutschland, Österreich, Italien und Frankreich handelt. Von wenigen Ausnahmen abgesehen, wurde die für den Geschützguß geeignetste Legierung von 90% Kupfer und 10% Zinn angestrebt. Die Zinngehalte liegen aber meist etwas niedriger, dafür ist oft ein Bleigehalt von 1–2% vorhanden. Als wichtiges Ergebnis stellte sich heraus, daß das Blei-Silber-Ver-

Kupfer, Bronze, Messing

Tabelle 39. Analysen indischer Statuetten (nach Riederer 1979)

		Cu	Sn	Pb	Zn	Fe	Ni	Ag	Sb	As
Westtibet	15. Jh.	83,44	0,47	2,05	12,35	1,01	0,06	0,09	0,03	0,50
Südtibet	15. Jh.	95,64	1,02	0,63	2,14	0,22	0,06	0,09	0,10	0,10
Nepal	15. Jh.	96,50	0,12	0,55	2,62	0,09	0,03	0,02	0,02	0,05
Ladakh	13. Jh.	85,21	–	1,22	11,98	0,09	0,33	0,01	–	1,17
Bangladesh	8. Jh.	72,49	26,04	0,05	0,15	1,02	0,07	0,02	0,02	0,14

hältnis von der Herkunft abhängt, wobei österreichische Geschütze hohe Silbergehalte bei geringen Bleigehalten aufweisen, während für die Nürnberger Geschütze höhere Bleigehalte und geringe Silbergehalte kennzeichnend sind. Die anderen Geschütze nehmen Zwischenstellungen ein, die gegeneinander aber deutlich abgegrenzt sind.

Weiter wurden viele Glocken aus verschiedenen Kulturbereichen analysiert, bei denen als ideale Legierung 80% Kupfer und 20% Zinn angesehen wird. Die Zinngehalte liegen aber meist deutlich darunter. Dafür sind erhöhte Bleigehalte nicht selten.

Weiter liegen Analysen einer größeren Serie von Apothekenmörsern vor, die aus recht verschiedenen Legierungen hergestellt wurden. Die vorherrschende Legierung ist eine stark bleihaltige Bronze mit ca. 15% Blei und 7% Zinn. Daneben kommen auch bleifreie Bronzen, sowie unterschiedliche zinkhaltige Legierungen vor.

Aus dem außereuropäischen Bereich wurden vor allem indische, chinesische und südamerikanische Objekte aus Kupferlegierungen untersucht.

Indische Objekte aus Kupferlegierungen wurden vor allem von Werner und am Rathgen-Forschungslabor analysiert, wobei Werner auch Objekte aus Siam, Kambodscha, Java und Burma neben nord- und südindischen Stücken untersuchte, während sich das Rathgen-Forschungslabor auf den nordindischen Raum konzentrierte. Es zeigte sich, daß vor dem 14./15. Jahrhundert Zinnbronzen bevorzugt wurden, dann setzten sich Messinge durch. Während in engeren Räumen zeitliche Unterschiede noch nicht erkennbar sind, konnte gezeigt werden, daß in geographisch abzugrenzenden Gebieten wie Zentraltibet, Südtibet, Nepal, Kaschmir, Ladakh verschiedene Legierungen verwendet wurden.

Chinesische Bronzen hat Gettens an der Freer Gallery of Art in Washington analysiert und eingehend technologisch untersucht. Die Stücke stammen aus der Zeit von der Shang- bis zur Han-Dynastie, wobei zeitliche Veränderungen der Legierungen erkennbar sind. Es handelt sich in allen Fällen um Bronzen, deren Kupfer- und Zinngehalt im Laufe der historischen Entwicklung abnahm, während der Bleigehalt zunahm. Auch bei einer Serie chinesischer Spiegel, die am

Tabelle 40. Analysen chinesischer Spiegel (nach Riederer 1977)

	Cu	Sn	Pb	Zn	Fe	Ni	Ag	Sb
6.–4. Jh. v. Chr.	78,2	18,1	3,19	0,01	0,07	0,11	0,11	0,04
3. Jh. v. Chr.	73,1	21,9	3,03	0,01	0,07	0,11	0,12	0,03
2. Jh.v.–1. Jh. n. Chr.	72,0	22,9	5,90	0,01	0,04	0,08	0,14	0,18
6.–7. Jh. n. Chr.	70,3	24,0	4,13	0,01	1,50	0,03	0,07	0,06
8.–9. Jh. n. Chr.	67,5	24,9	5,13	0,01	0,06	0,14	0,12	0,18

Tabelle 41. Analysen von Beninbronzen (nach Werner 1970)

	Cu	Sn	Pb	Zn	Fe	Ni	Ag	Sb	As	Bi	Au
Figur	90,62	8,7	0,10	–	0,15	0,03	0,08	0,05	0,27	0,002	0,0007
Leopard	88,67	7,0	1,1	1,9	0,65	0,09	0,07	0,24	0,27	0,006	0,0004
Platte	86,43	1,4	5,0	6,4	0,14	0,16	0,06	0,33	0,07	0,003	0,0008
Kopf	68,76	Sp	3,0	28,0	0,09	0,02	0,03	0,03	0,06	0,020	0,0002
Kopf	60,66	Sp	1,0	38,0	0,08	0,066	0,07	0,02	0,06	0,043	0,0007

Tabelle 42. Analysen von Goldgewichten der Ashanti (nach Werner 1972)

	Cu	Sn	Pb	Zn	Fe	Ni	Sb	As	Bi	Au
Geometr.	72,39	12,0	3,5	11,5	0,18	0,14	0,16	0,11	0,02	0,005
Pyramide	79,82	0,4	2,3	16,8	0,22	0,07	0,06	0,16	0,17	0,002
Mann	67,93	7,3	10,0	14,0	0,37	0,05	0,04	0,24	0,07	0,001
Käfer	72,46	1,0	3,5	22,4	0,17	0,10	0,13	0,20	0,04	0,001
Frucht	78,75	0,7	2,7	16,9	0,40	0,15	0,06	0,16	0,018	0,0096
Glocke	72,54	0,1	1,8	25,0	0,21	0,24	0,04	0,06	0,003	0,0015

Tabelle 43. Analysen peruanischer Geräte (nach Bönsch und Riederer 1977)

	Cu	Sn	Pb	Zn	Fe	Ni	Ag	Sb	As
Keulenkopf	99,95	–	–	–	–	–	0,02	0,03	–
Keulenkopf	92,80	6,59	–	0,01	0,06	–	0,07	0,03	0,45
Keulenkopf	87,31	12,28	–	–	0,15	–	0,03	–	0,23
Werkzeug	96,18	–	–	–	–	0,02	0,01	0,06	0,94	3,69
Werkzeug	91,87	7,11	0,45	–	0,03	0,01	0,07	0,13	0,33

Kupfer, Bronze, Messing

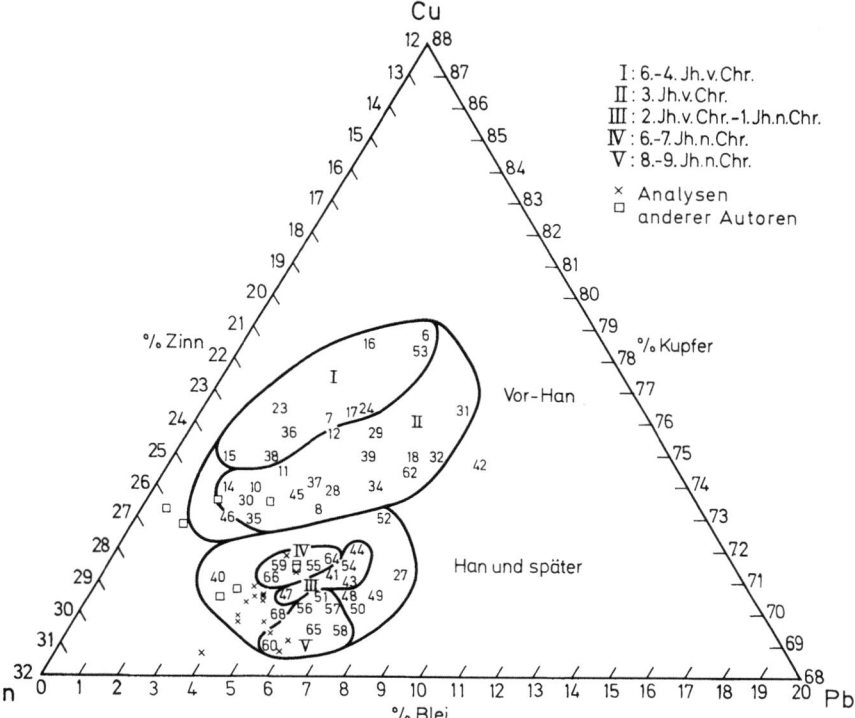

Abb. 7. Die Änderung der Zusammensetzung von chinesischen Bronzespiegeln in Abhängigkeit von der Herstellungszeit (nach Riederer 1978)

Rathgen-Forschungslabor untersucht wurden, ließen sich Stücke verschiedener Dynastien, auch aufgrund unterschiedlicher Zusammensetzungen, unterscheiden.

Aus dem afrikanischen Raum sind von Werner Skulpturen aus Benin und Gewichte aus Ghana untersucht worden. Bei den „Benin-Bronzen" ergab sich eine deutliche zeitliche Veränderung der Legierung, wobei die Entwicklung im 13./14. Jahrhundert mit dem Guß von Bronzen einsetzte, aus denen sich allmählich, durch eine ständige Zunahme des Zinks, Messinge entwickelten, deren durchschnittliche Zinkgehalte über 5% im 16. Jahrhundert, 10% im 17. Jahrhundert und 20% im 18. Jahrhundert auf Werte bis über 30% im 19. Jahrhundert steigen.

Bei den zum Wiegen von Goldstaub benützten Gewichten der Ashanti in Ghana handelt es sich um Messing recht heterogener Zusammensetzung, so daß sich aufgrund unterschiedlicher Bleigehalte (0–13%) und Zinngehalte (0–11%) Gruppen gleicher Herkunft bilden lassen. Die Zinkgehalte schwanken zwischen 4 bis über 30%. Üblich sind mittlere Zinkgehalte zwischen 10–20% und geringe Blei- und Zinngehalte um 1–3%.

Aus Südamerika liegen größere Analysenserien von peruanischen und ecuadorianischen Objekten vor. Bei 53 Keulenköpfen und 37 Werkzeugen aus Peru handelt es sich um Legierungen, die zwischen reinem Kupfer und zinnreichen Bronzen, mit Zinngehalten bis zu 13% variieren, wobei in den Werkzeugen häufig extreme Arsengehalte bis zu 7% vorkommen. 74 Beile aus Ecuador erwiesen sich als vor allem aus Kupfer bestehend. Ein kleinerer Teil besteht aus Bronze mit Zinngehalten bis zu 10%. Die Hälfte aller Beile enthält zwischen 1–3% Arsen.

Aus einem sowohl kulturgeschichtlich, als auch regional am Rande liegenden Gebiet, der *Kultur der Eskimos*, auf der St. Lawrence-Insel zwischen Alaska und Sibirien, wurden Metallplatten von Schuppenpanzern untersucht (Riederer und Bandi 1977), welche die Eskimos bei kriegerischen Auseinandersetzungen trugen, die vom archäologischen Befund aus der Ausgrabung von Gräbern zeitlich nicht eingeordnet werden konnten. Die Materialanalyse ergab, daß von 108 untersuchten Platten 73 aus Bronze, 32 aus Messing und 2 aus Kupfer hergestellt waren. Bei den Messingplatten handelte es sich um eine Legierung mit 34–35% Zink, die erst im 19. Jahrhundert hergestellt sein konnte. Einen weiteren Hinweis zur Ermittlung der Herkunft gab der hohe Phosphorgehalt, der für seewasserfeste Legierungen kennzeichnend ist. Nachforschungen in materialkundlichen Archiven ergaben, daß es sich bei den Platten der Schuppenpanzer um genormte Schiffsbeschlagmetalle aus der Zeit um 1900 handelte, die offensichtlich als Tauschware nach Alaska kamen. Dieser analytische Befund wurde durch Erzählungen der Eskimos bestätigt, denen aus überlieferten Berichten noch bekannt war, daß in einer historisch belegten Hungers- und Seuchenzeit 1879/80 ein Mann namens Seechohak von Walfängern Metall erhalten hatte, das er zu Streifen zerschnitt und mit Rohhautriemen verband. Dieser Bericht legt die Vermutung nahe, daß sich auch andere Eskimos in dieser Art ausrüsteten, da zu dieser Zeit die von der Walroßjagd lebenden und daher sehr wohlhabenden Bewohner der St. Lawrence-Insel sowohl von Sibirien als auch von Alaska her häufig angegriffen wurden.

Eisen

Für die Herstellung von Werkzeugen, Waffen und Gegenständen des täglichen Gebrauchs hatte das Eisen noch größere Bedeutung als das Kupfer und seine Legierungen.

Eisen

Abb. 8. Die Rennfeuer-Verhüttung von Eisen im Mittelalter (nach Agricola, 1556, Buch 9)

In der Natur kommt Eisen nur als Meteoreisen gediegen vor. Lediglich früheste Kulturen haben solches Meteoreisen verarbeitet. Die eigentliche Nutzung setzte erst ein, als man lernte, das Eisen aus seinen Erzen zu gewinnen, die es in großer Zahl und in weiter Verbreitung gibt. Man unterscheidet oxidische Erze, wie Magnetit (Fe_3O_4) und Hämatit (Fe_2O_3), sulfidische Erze, wie Pyrit (FeS_2) und Magnetkies (FeS), karbonatische Erze, wie den Eisenspat ($FeCO_3$) und eine große Zahl hydratischer Erze in der Art des Limonits (FeO[OH]), die sich durch Verwitterungs- und Ausfällungsvorgänge gebildet haben. Aus den Erzen gewinnt man das metallische Eisen durch einen Verhüttungsprozeß, bei dem die Eisenverbindungen durch Kohlenstoff, z. B. Koks, zu Eisen reduziert werden. Der Hochofenprozeß liefert ein Roheisen, das mehr als 4% Kohlenstoff enthält. Durch Verringerung des Kohlenstoffgehaltes erhält man Stahl, der unter 1,7% Kohlenstoff enthält.

Von den Anfängen der Eisenverhüttung in prähistorischer Zeit bis ins Mittelalter erzeugte man Eisen durch den Rennfeuerprozeß. Dazu erhitzte man die

Eisenerze mit Holzkohle und erhielt so die Luppe, ein inniges Gemisch aus Eisen und Schlacke. Durch ständiges Hämmern und Erhitzen der Luppe wurde das Eisen abgetrennt. Hochöfen, in denen das Eisen erschmolzen wird, gibt es seit dem späten Mittelalter.

Aufgrund des Herstellungsverfahrens sind folgende Eisensorten zu unterscheiden:

Roheisen: das aus dem Hochofen kommende Eisen, das ca. 4% Kohlenstoff enthält.
a. weißes Roheisen: Kohlenstoff als Eisencarbid gebunden
b. graues Roheisen: Kohlenstoff als Graphit ungebunden.

Gußeisen: Liegt der Kohlenstoffgehalt über 2% und ist der Kohlenstoff als Graphit ausgebildet, so ist das Eisen gießbar. Es ist weich, spröde und läßt sich weder schmieden noch schweißen.

Schmiedeeisen: kohlenstoffarmes (weniger als 2% C) Eisen, das geschmiedet werden kann, aber sehr weich ist.

Stahl: Liegt der Kohlenstoffgehalt zwischen 1,5 bis 2% und ist der Kohlenstoff mit dem Eisen chemisch als Eisencarbid verbunden, so handelt es sich um Stahl. Stahl kann gegossen und geschmiedet werden.

Die zwei wichtigsten Verarbeitungstechniken von Eisen und Stahl sind das Schmieden und das Gießen. Daneben gibt es noch folgende Herstellungs- und Verzierungstechniken:

Damaszieren: Wiederholtes Verschweißen, Verwinden und Verschmieden von dünnen Stäben aus unterschiedlich hartem Eisen (Stahl und Weicheisen).

Ätzen: Bereits in frühgeschichtlicher Zeit werden Waffen durch Ätzen verziert. Dazu wird das Metall mit Wachs bedeckt. Die Zeichnung wird dann in das Wachs eingekratzt, so daß das Metall freigelegt wird. Dann läßt man Säure einwirken, die an den freigelegten Stellen das Metall ätzt.

Brünieren: Bräunen der blanken Metalloberfläche, z. B. durch Kupfersulfat.

Tauschieren: Eine übliche Technik zur Verzierung von Eisen, oft in Verbindung mit dem Ätzen war das Tauschieren, d. h. das Einlegen und Aushämmern von Gold- oder Silberdraht in eingetiefte Rillen.

Eisen kann auch getrieben und durch Punzieren, Ziselieren oder Gravieren verziert werden.

Technologische Untersuchungen haben gezeigt, daß das Tauschieren von Eisenobjekten nach recht unterschiedlichen Arbeitstechniken erfolgte. Neben dem üblichen Einschlagen dünner Drähte in eingeritzte Linien, kennt man auch Beispiele, bei denen feinste Drähte mit dicht nebeneinanderliegenden Linien durch Flußmittel verbunden wurden. Weiter gibt es Übergänge zu Plattierungen, bei denen schmale Folien mit dem durch Ritzen oder Punzieren aufgerauhten Eisen verbunden werden.

Die historische Entwicklung der Eisenverarbeitung verlief wie folgt:

Eisen

3. Jahrtausend v. Chr.: Entdeckung der Eisenverhüttung in Anatolien
2. Jahrtausend v. Chr.: Entwicklung von Härtetechniken
um 1000 v. Chr.: Die Technik der Eisenverarbeitung ist im Vorderen Orient verbreitet.
8. Jahrhundert v. Chr.: Beginn der Eisenzeit in Mitteleuropa
7. Jahrhundert v. Chr.: Eisenverarbeitung in Mitteleuropa
6. Jahrhundert v. Chr.: Eisenguß in China und Griechenland
14. Jahrhundert: Beginn des Geschützgusses aus Eisen
15. Jahrhundert: Gußeiserne Öfen
17. Jahrhundert: Glockenguß aus Eisen

Die wichtigsten Analysenmethoden zur Bearbeitung von Eisenfunden sind die metallographische Untersuchung des Metallgefüges, die Analyse des Kohlenstoffgehaltes, die chemische Analyse der Nebenbestandteile und, mit Einschränkungen, die Altersbestimmung nach der Radiokohlenstoff-Methode. Weiter hat auch das Röntgen von Eisenfunden Bedeutung zur Feststellung der Herstellungstechnik zusammengesetzter Stücke.

Der Beitrag der Naturwissenschaften zur Untersuchung von Eisenobjekten konzentriert sich stark auf die frühen Perioden der Eisenverarbeitung. Dabei nehmen technikgeschichtliche Arbeiten über die Eisenerzgewinnung und die Eisenverhüttung einen breiten Raum ein. Wichtig sind aber auch die in großer Zahl vorliegenden metallographischen und technologischen Untersuchungen von frühen Eisenfunden, vor allem aus dem mitteleuropäischen Raum. So wurden wikingerzeitliche Eisenfunde aus Haithabu, römische Eisenfunde in Siedlungen und in den Limeskastellen oder die reichen Funde vom Magdalensberg eingehend bearbeitet.

Die metallographische Analyse von Anschliffen von Eisenobjekten ergibt ein Gefügebild, das zahlreiche Einzelinformationen liefert. So ist es möglich, den Kohlenstoffgehalt und die Verteilung des Eisens zu bestimmen. Aus der Verteilung des Kohlenstoffs ergeben sich Hinweise auf eine Härtebehandlung nach dem Schmieden. Aus der Korngröße kann der Abkühlungsverlauf abgeleitet werden. Weiter sind an den Anschliffen Härtemessungen möglich, die ebenfalls zur Ableitung der Herstellungstechnik nützlich sind.

Durch entsprechende Untersuchungen ergab sich, daß in römischer Zeit neben dem noch üblichen kohlenstoffarmen Rennfeuereisen auch härtbarer Stahl in beträchtlichem Umfang verwendet wurde, wobei an weiches Eisen harte Stahlteile, z. B. Schneiden von Klingen, angeschmiedet wurden. Die Herstellungstechnik von Eisenfunden läßt sich also in ihrer ganzen Differenziertheit beschreiben, sodaß die Metallographie die wichtigste Methode der Eisenuntersuchung darstellt.

Die Metallanschliffe lassen sich zu chemischen Analysen mit der Mikrosonde verwerten, mit der Schlackeneinschlüsse im Eisen quantitativ analysiert werden

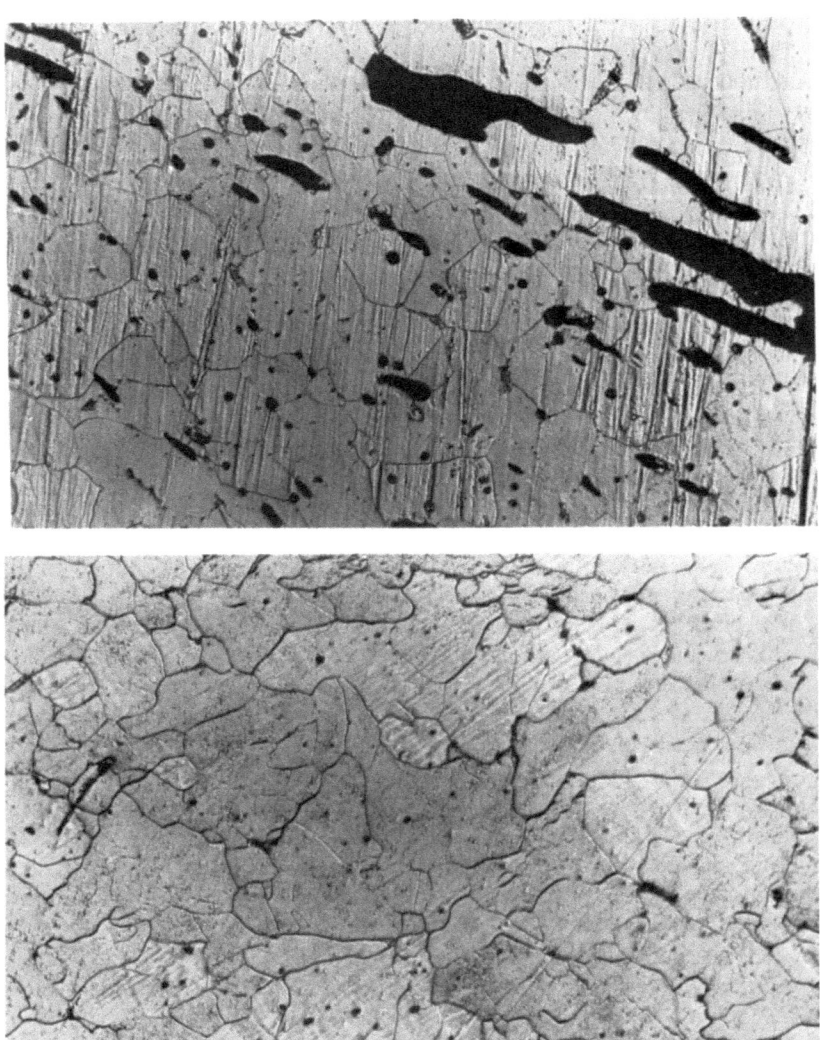

Abb. 9. Altes Eisen (oben) unterscheidet sich von modernem Eisen (unten) im Anschliff (Vergr. 50×) durch einen erhöhten Gehalt an silikatischen Schlacken (schwarze Einschlüsse)

Eisen

können. Hedges und Slater konnten durch die Auswertung der Gehalte von 17 Elementen in den Schlacken eisenzeitlicher Münzbarren aus Südengland drei Materialgruppen nachweisen, die zu den Eisenlagerstätten dieses Raumes in Beziehung gesetzt werden können, so daß die genaue Herkunft des Eisens eines jeden Barrens mit Sicherheit ermittelt werden kann.

Von der Möglichkeit, den Kohlenstoffgehalt durch eine chemische Analyse zu bestimmen, wird nur selten Gebrauch gemacht, da relativ viel Substanz benötigt wird, und die Aussage über den mikroskopischen Befund nicht hinausgeht. Ein Beispiel der Anwendung dieser Analysentechnik ist die Bestimmung des Kohlenstoffgehaltes von Ulfbert-Schwertern. Es zeigte sich, daß sich die von Ulfbert signierten Schwerter durch einen höheren Kohlenstoffgehalt und also durch eine größere Härte auszeichnen.

Interessant ist die Radiokohlenstoff-Methode (^{14}C) zur Datierung von Eisenfunden, deren Gebrauch jedoch durch die große Menge des notwendigen Materials, je nach Kohlenstoffgehalt mindestens 100 g, eingeschränkt wird. Neue Mikroverfahren versprechen aber schon in absehbarer Zeit Abhilfe.

Wie bei den Bronzeschwertern liegen auch über Eisenwaffen umfassende Röntgendurchleuchtungs-Untersuchungen vor, die Aufschluß über die Zusammenfügung der einzelnen Teile geben.

Becker konnte bei der Untersuchung einer zweischneidigen römischen Schwertklinge feststellen, daß Schneide und Rumpf nicht in der damals üblichen Schweißtechnik verbunden wurden. Der mikroskopische Befund und die Feststellung von 2,8% Arsen in der Verbindungszone deuten darauf hin, daß eine, aufgrund des erhöhten Arsengehaltes niedriger schmelzende Luppe zur Verbindung verwendet wurde. Diese Technik ist ein *Hartlötverfahren,* das an diesem Objekt in einer sehr frühen Phase nachgewiesen wurde.

Unter den zahlreichen Untersuchungen zu diesem Thema, zeichnen sich die Arbeiten von Thomsen, zur Technologie des Eisens der Ausgrabungen in Haithabu, durch besondere Gründlichkeit aus.

Eine Untersuchung der *wikingerzeitlichen Eisenbarren* durch Thomsen ergab, daß sie aus kleinen, ca. 10 g schweren Eisenstücken zusammengeschweißt sind. Zur Erleichterung des Verschweißens wurden die Schweißflächen aufgekohlt. Die Barren wurden nach dem Verschweißen auf Temperaturen von über 1147°C erhitzt und rotglühend in Wasser abgekühlt. Die metallographische Analyse der Barren ließ eine Rekonstruktion des Herstellungsvorganges zu.

Thomsen gelang auch die Rekonstruktion des Arbeitsablaufes der Herstellung wikingerzeitlicher Äxte. Diese waren aus mehreren größeren Eisenstücken geschmiedet, die, wie die Barren, aus einzelnen kleinen Stücken zusammengeschweißt waren. Die großen Eisenstücke erwiesen sich als Material verschiedener Herkunft, da neben phosphorreichem Eisen (bis 0,49% P), das sicher aus Raseneisenerz erzeugt war, auch phosphor-freies Eisen verwendet war. Um beim

Schmieden die einzelnen Eisenstücke zusammenzuhalten, wurden die beiden äußeren Schichten um die inneren Eisenteile herumgebogen.

Aus der Metallographie einer Lanzenspitze aus Haithabu konnte Thomsen folgenden Herstellungsgang ableiten, aus dem die Schmiedekunst der Wikinger deutlich hervorgeht:
1. Vier Flacheisen werden zur Herstellung des Kernmaterials zusammengeschweißt.
2. Der erhaltene Stab wird in der Breite S-förmig zusammengelegt und nochmals verschweißt.
3. Der neue Stab wird der Länge nach gespalten, bleiben aber an einem Ende zusammen, das später die Lanzenspitze ergibt.
4. Die unverbundenen Enden der Stäbe werden einzeln um ihre Achse verdreht.
5. Die Stäbe werden wieder verschweißt, flachgeschmiedet.
6. Auf die Kanten des Flacheisens werden zuerst zwei Eisenstäbe, dann ein Stahlstab, der die Schneide bilden soll, aufgeschweißt.
7. Die Lanzenspitze wird ausgeschmiedet.
8. Der Griff wird hergestellt und auf den Zapfen der Lanzenspitze aufgeschweißt.
9. Durch Schleifen, Polieren und Ätzen wird die Lanzenspitze fertiggestellt.

Neben den Eisenfunden selbst gibt auch die Analyse von Eisen-Schlacken wichtige Hinweise über die frühen Verhüttungstechniken. Derartige Analysen gibt es von vielen europäischen und asiatischen Vorkommen.

Blei

Gegenüber den bisher beschriebenen Elementen ist das Blei deutlich weniger wichtig. Metallisch wurde es in der Antike für technische Erzeugnisse, wie Wasserrohre, Anker, Gebrauchsgegenstände (wie Gewichte, Senkbleie) und in der Bautechnik zum Vergießen von Eisendübeln verwendet. Später erlangte es eine gewisse Bedeutung als Material zum Dachdecken. Figürliche Objekte, Plaketten und Medaillen spielten keine besondere Rolle. Wichtiger war die Verwendung von Blei als Legierungsmetall mit Kupfer zu Bleibronzen, mit Zinn zu Orgelpfeifen und Lötzinn, mit Wismut und Antimon zur Herstellung niedrig schmelzender Metalle (Letternmetall, Legierungen für Abgüsse).

In der Natur kommt Blei vor allem als Bleiglanz (PbS) vor. Andere Bleimineralien sind für den Bergbau unbedeutend. Bleilagerstätten gibt es in ziemlicher Verbreitung. In der Antike waren vor allem die Bergwerke von Laurion, Sardinien, Spanien und England bedeutend. Kleinere Vorkommen gab es auf den griechischen Inseln und in Frankreich. In nach-antiker Zeit gewannen die alpinen Vorkommen in Kärnten, Slowenien und Norditalien, sowie die Lagerstätten im Harz an Bedeutung.

Blei

Das üblichste und seit langem bekannte Verhüttungsverfahren ist das Röstreduktionsverfahren. Dazu wird der Bleiglanz zuerst erhitzt, wodurch sich das Sulfid in ein Oxid umwandelt. Das Oxid wird dann mit Kohle reduzierend geschmolzen, wobei metallisches Blei entsteht. Heute wird das gewonnene Blei durch Raffinationsprozesse von Verunreinigungen (Kupfer, Zink, Antimon, Arsen) gereinigt. In früherer Zeit gewann man nur das in geringen Anteilen im Blei enthaltene Silber.

Wegen des niedrigen Schmelzpunktes wird Blei vor allem durch Gießen verarbeitet. Es kann kalt durch Hämmern und Walzen verformt werden.

Zur Analyse von Blei können die herkömmlichen Verfahren der chemischen Analyse eingesetzt werden, um Legierungselemente und Spurenelemente nachzuweisen. Gemeinsam mit metallographischen Untersuchungen können sie wichtige Hinweise zur Bleiverarbeitung liefern. Wichtig sind beim Blei die Verfahren der Isotopenanalyse, da das Verhältnis der vorhandenen Isotope für die Herkunft charakteristisch sein kann. Die Isotopenanalyse erfolgt massenspektrometrisch oder radiochemisch.

Chemische und metallographische Analysen wurden von Löhberg (1966, 1969) an römischen Bleirohren verschiedener Fundorte durchgeführt. Ihr Blei enthält neben geringen Anteilen an Zinn (0,3–0,7%), Kupfer (0,1–0,4%), Silber (0,01 bis 0,05%) und Antimon nur kaum nachweisbare Spuren anderer Elemente. Schadhafte Rohrstellen wurden sowohl durch Löten, als auch durch Schweißen geflickt.

Bei den Isotopenanalysen ist vor allem das Verhältnis von $^{208}Pb/^{206}Pb$ zu $^{207}Pb/^{206}Pb$ interessant. Es erlaubt die Lokalisierung von Bleierzen und metallischem Blei und dem zu Pigmenten, Metall-Legierungen, sowie Gläsern und Glasuren verarbeitetem Blei, wobei bisher vor allem Daten von Blei aus Laurion, England, Spanien und Italien vorliegen.

Die zweite wichtigste Art von Isotopenanalysen am Blei ist die ^{210}Pb-Bestimmung, die Rückschlüsse auf das Alter jüngerer Objekte aus Blei und Bleiverbindungen zuläßt.

Tabelle 44. Beispiele von Blei-Isotopen in Objekten unterschiedlicher Herkunft

	$^{208}Pb/^{206}Pb$	$^{207}Pb/^{206}Pb$	$^{204}Pb/^{206}Pb$
England	2,073–2,091	0,840–0,850	0,054
Spanien	2,100–2,120	0,850–0,860	0,054
Italien	2,073–2,076	0,835–0,840	
Griechenland	2,059–2,067	0,831–0,834	
Ägypten	1,980–2,038	0,790–0,817	0,051
Japan/China	2,070–2,150	0,850–0,880	0,055

Zinn

Wie beim Blei liegt die Bedeutung des Zinns eher in seiner Verwendung als Legierungsmittel, als in seiner Verarbeitung als Metall. Aufgrund der raschen Veränderung im Boden sind auch aus der Antike kaum Zinnobjekte erhalten. Erst aus der Zeit nach dem Mittelalter sind Gegenstände aus Zinn häufiger, vor allem Zinngefäße. Die besondere Bedeutung des Zinns liegt in der Möglichkeit, durch Legieren mit Kupfer Bronze zu erzeugen, die in Abhängigkeit vom Zinngehalt recht unterschiedliche, praktisch sehr nützliche Eigenschaften annimmt.

Von den Zinnmineralien ist allein das Zinndioxid (Zinnstein) als Zinnerz von wirtschaftlicher Bedeutung. Es wird bergmännisch abgebaut und aus Flußseifen gewonnen. In der Antike und im Mittelalter waren die Lagerstätten im Erzgebirge, in Cornwall, Portugal, Spanien und in der Toscana bedeutend. Unsicher ist, woher in der frühen Antike Ägypten und der Vordere Orient das Zinn bezogen. Zinn wird aus dem Zinnstein durch den Röstprozeß gewonnen, wobei sich der Sauerstoff mit dem Kohlenstoff des Brennmaterials verbindet (SnO_2 + C → Sn + CO_2).

Zinn kann gut gegossen, zu Folien gewalzt und zu Drähten gezogen werden. Weiter wird es zum Verzinnen von Metallgegenständen verwendet, die dazu in das geschmolzene Zinn getaucht werden.

Die Verwendung des Zinns läßt sich bis in das 4. Jahrtausend v. Chr. zurückverfolgen, als Kupfer und Kupfererze mit Zinnstein zu Bronze verschmolzen wurden. Zinngegenstände sind aus dem antiken Ägypten, aus Griechenland und Rom bekannt. Zinn wird 800 v. Chr. bei Homer erwähnt. Theophrast (290 v. Chr.) erwähnt das Verzinnen von Kupfergefäßen. Theophilus (1100 n. Chr.) beschreibt die Anfertigung von Zinngeräten. Seit 1360 gibt es in Nürnberg Zinngießer. Von 1551 ab wurde Blech industriell verzinnt. 1615 wurde das Walzen von Zinn zur Orgelpfeifenherstellung eingeführt.

Mit der naturwissenschaftlichen Untersuchung von Zinnobjekten befassen sich nur wenige Arbeiten, die meist als Einzelstücke gefundene frühe Zinnobjekte beschreiben. Weiter gibt es technikgeschichtliche Arbeiten über die Entwicklung der Verzinnung und handelsgeschichtliche Arbeiten über die Verbreitung des Zinns in frühgeschichtlicher Zeit. Größere Objektgruppen aus dem Mittelalter und neuerer Zeit wurden, von Analysen von Orgelpfeifen abgesehen, weder analytisch noch technologisch bearbeitet.

Aus römischer Zeit sind einige Funde von Zinn- und Blei-Zinn-Barren bekannt. Sie stammen vor allem aus England, wo in Cornwall die wichtigsten *antiken Zinnvorkommen* lagen, sowie aus einem Wrack von der französischen Mittelmeerküste, wobei es sich wahrscheinlich um spanisches Zinn handelte. Hughes hat 1977 die englischen Barren mit Hilfe der Atomabsorptionsanalyse untersucht und drei Legierungstypen gefunden: erstens fast reines Zinn mit 94%

Zinn und 4,59% Blei, zweitens eine Blei-Zinn-Legierung mit 67% Zinn und 31% Blei, drittens eine andere Blei-Zinn-Legierung mit 50–54% Zinn und 44% Blei. Auffallend war das starke schwanken der Gehalte an Spurenelementen wie Silber (18–104 ppm), Eisen (180–1870 ppm), Nickel (15–50 ppm), Kupfer 510–1150 ppm) und Antimon (390–900 ppm). Hughes vermutet, daß es sich bei den bleireichen Zinnlegierungen um ein Lötmetall, das „argentarium" des Plinius handelt.

Die Analyse der Pfeifen mehrerer *historischer Orgeln* im norddeutschen Raum ergab, daß es sich in der Regel um Blei mit unterschiedlichen Anteilen an Zinn handelt. Die Zinngehalte schwanken zwischen 0 und 20%. Werte um 30% und 50% sind Ausnahmen. Dabei zeigen sich sowohl zeitliche Unterschiede der Legierungen, – die gotischen Pfeifen sind besonders zinnarm – als auch Legierungsunterschiede in Abhängigkeit von den Pfeifengrößen. Für kleine Pfeifen wurden zinnreichere Legierungen bevorzugt, die eine dünnere Blechherstellung erlaubten.

Das Verzinnen von Kupferobjekten kam in der Hallstatt-Zeit (12.–4. Jh. v. Chr.) auf und war in der La-Tène-Zeit (5.–1. Jh. v. Chr.) und im römischen Reich weit verbreitet. Neben der Verhütung der Lösung des Kupfers aus Kochgefäßen, hatte das Verzinnen auch den Zweck, ein silberähnliches Metall vorzuspiegeln. Die übliche Technik des Verzinnens in römischer Zeit ist nach Oddy (1977) das Eintauchen des Kupferobjekts in eine Zinnschmelze oder das Bestreichen eines auf ca. 300°C erhitzten Metallobjekts mit einer Zinnstange. Weiter wird die Möglichkeit diskutiert, daß schon in römischer Zeit das Verzinnen durch mehrtägiges Kochen des Kupferobjekts in einer Lösung von Kaliumbitartrat mit Zinnkörnchen ausgeführt wurde. Dadurch werden wesentlich dünnere Zinn-Überzüge erhalten als durch das Tauchverfahren und solche dünnen Überzüge sind für spätrömische und frühmittelalterliche Arbeiten geradezu kennzeichnend. Gegen die Annahme der frühen Kenntnis des Verzinnens mit Kaliumbitartrat spricht allerdings das Fehlen solcher Rezepte in der mittelalterlichen technologischen Literatur, etwa bei Theophilus, der in drei Büchern die Techniken der Metallverarbeitung eingehend beschrieben hat.

Zink

Das Metall Zink kann erst seit dem 18. Jahrhundert metallisch hergestellt werden. Bis dahin wurde lediglich das Zinkerz Galmei bei der Messingherstellung verwendet. Die Messingherstellung wurde seit dem 1. Jh. v. Chr. gezielt durchgeführt. Ältere Messingobjekte entstanden durch Verwendung zinkhaltiger Kupfer- und Bleierze. Die in römischer Zeit und vom Mittelalter bis ins 18. Jh. abgebauten Galmei-Vorkommen lagen im Harz, in Schlesien, in der Gegend von

Aachen, in den südlichen Kalkalpen, in Spanien, Sardinien, Kleinasien und Nordafrika.

Heute wird das Zink aus der Zinkblende (Zinksulfid) gewonnen. Die Gewinnung von Zink aus Zinkerzen ist schwierig, da Zink bei den üblichen Schmelztemperaturen bereits verdampft (Siedepunkt 907°C). Deshalb werden die Zinkerze mit Koks geröstet und das verdampfende Zink in Muffeln aufgefangen. Dieser Prozeß war in Indien bereits um 1600 bekannt, wurde in Europa aber erst um 1730 üblich.

Zink kann als Metall und mit anderen Metallen legiert verarbeitet werden. Die wichtigsten Zink-Legierungen sind:
Messing: Kupfer + 5–40% Zink
Neusilber: 55–60% Kupfer + 12–26% Nickel + 19–31% Zink

Zink fand im 19. Jh. als Material für den Zinkguß auch für Großskulpturen Verwendung. Veröffentlichungen über die naturwissenschaftlichen Analysen von Zinkgüssen aus neuerer Zeit gibt es nicht. Über die Geschichte des Messings und der frühen Zinkherstellung gibt es mehrere Arbeiten.

Stein

Als Material für Werkzeuge, Geräte, Skulpturen und als Baustoff ist Stein einer der am frühesten verwendeten und in weitester Verbreitung vorkommenden Werkstoffe.

Die Gesteine lassen sich nach ihrer Entstehung in einige Haupt- und Untergruppen einteilen, denen die große Zahl der petrographisch unterscheidbaren Gesteinsarten zugeordnet wird. Man unterscheidet die aus einer im Erdmantel gebildeten Gesteinsschmelze entstandenen *magmatischen Gesteine* (z. B. Granit, Diorit, Gabbro), bei denen das Magma nicht an die Erdoberfläche durchbrach, von den *Eruptivgesteinen* (z. B. Trachyt, Andesit, Basalt, Porphyr, Tuff). *Sedimentgesteine* sind solche, die sich als Verwitterungsprodukte auf dem Festland (z. B. Sandstein), in Seen oder im Meer (Kalksteine, Mergel, Tone, marine Sandsteine) abgelagert haben. *Metamorphe Gesteine* sind magmatische oder Sedimentgesteine, die unter hohem Druck oder durch hohe Temperatur verändert wurden (z. B. Gneis, Glimmerschiefer, Amphibolit, Marmor).

Mit mikroskopischen Methoden ist es nicht nur möglich, die Gesteinsart exakt festzulegen, sondern auch innerhalb der gleichen Gesteinsart Sorten verschiedener Herkunft (z. B. Buntsandstein, Grünsandstein, Molassesandstein, Schilfsandstein, Burgsandstein) zu unterscheiden. Mit der Dünnschliffanalyse wird die Mikroskopie zu einer wichtigen Hilfe für den Archäologen, den Kunsthistoriker und den Baugeschichtsforscher. Für sie ist die Frage nach der Herkunft von Steinen von primärer Bedeutung.

Die Charakterisierung von Gesteinen ist auch durch die chemische Analyse möglich, da die Gehalte an Spurenelementen in einzelnen Gesteinsarten in ziemlich weiten Grenzen schwanken. Röntgenfluoreszenzanalyse, Atomabsorptionsanalyse und Neutronen-Aktivierungsanalyse haben sich zur chemischen Analyse von Gesteinen besonders bewährt. Ein weiteres Verfahren, das zur Lokalisierung von Marmoren Bedeutung hat, ist die Analyse der Kohlenstoff- und Sauerstoff-Isotopen.

Die kulturgeschichtlichen Fragestellungen beziehen sich in erster Linie auf die Möglichkeiten der genauen Identifizierung von Gesteinen, mit dem Ziel, ihre Herkunft abzuleiten. Diese Frage kommt häufig aus dem Bereich der Vorgeschichte, als Stein ein wichtiges, in den frühen Zeiten fast das ausschließliche Material für Werkzeuge und Waffen war. Der Frage der Verbreitung eines Gegenstandes aus einem bestimmten Gestein, dessen Vorkommen lokalisierbar ist, wurde anhand einer großen Zahl von Steinbeilen aus dem mitteleuropäischen Raum nachgegangen. Es ergab sich, daß zur Steinbeilherstellung besonders geeignete Materialien, etwa der sächsische Serpentin, noch sehr weit von ihrem Vorkommen entfernt verwendet wurden.

Während die Arbeiten über prähistorische Steingeräte vor allem mit Dünnschliffen durchgeführt wurden, ging man an die Lokalisierung der Kalksteine Ägyptens, die mikroskopisch recht ähnlich sind, mit der chemischen Analyse heran, wobei Meyers und van Zelst deutliche Unterschiede in den neutronenaktivierungsanalytisch nachweisbaren Spurenelementen fanden. Eine Bestimmung der geologischen Herkunft von Kalksteinobjekten ist in Museen heute mit ziemlicher Sicherheit möglich.

Ein Problem, das für die klassische Archäologie, aber auch für die Bau- und Kunstgeschichte der Renaissance von großer Wichtigkeit ist, betrifft die Lokalisierung von Marmoren. Die Mikroskopie läßt keine sicheren Herkunftsangaben zu, da diese Merkmale schon innerhalb eines Steinbruchs in weiten Grenzen variieren können. Eine Unterscheidung durch chemische Verfahren ist ebenfalls schwierig, da die Spurenelementgehalte in Marmoren sehr gering sind. Als erfolgreich erwies sich die Analyse des Kohlenstoff-Isotops ^{13}C und des Sauerstoff-Isotops ^{18}O, deren Verhältnis für die wichtigen Marmorvorkommen unterschiedlich ist, so daß Marmore von Paros, Naxos, Pentelikon, Hymettos, von verschiedenen kleinasiatischen Vorkommen und von Carrara, von einigen Überschneidungen abgesehen, unterschieden werden können.

Ein umfangreiches Untersuchungsprojekt zur Klärung der Herkunft von *Marmoren* betraf die Analyse der Büsten im Antiquarium der Münchener Residenz, einer um 1600 vom Wittelsbacher Herzog Albrecht V. angelegten Sammlung von antiken griechisch und römischen Originalen, römischen Kopien und Renaissancearbeiten (Riederer und Hoefs 1980). Hier konnte für jede stilistisch unterscheidbare Gruppe die Herkunft der Marmore bestimmt werden, wobei

Tabelle 45. Schwankungsbreite von $\delta^{18}O$ und $\delta^{13}C$ in Marmoren

	$\delta^{18}O$	$\delta^{13}C$
Paros	$-2,5--4$	$+3,4-+6,5$
Naxos	$-8,7--10$	$+1,8-+3$
	$-4,8--6,9$	$+1,5-+2,7$
Hymettos	$-1,8--3$	$+1,5-+3$
Pentelikon	$-7\ --8,9$	$+2,4-+3,1$
Ephesos	$-3\ --6$	$-0,6-+2,8$
	$-2\ --4,5$	$+4\ -+6,4$
Marmara	$0\ --2,8$	$+2,4-+4,6$
Afyon	$-3\ --6$	$-1,5-+2,7$
Aphrodisias	$-2\ --4$	$-1,8-+2,2$
Atrax	$-4\ --7$	$+2,4-+4,5$
Kastrion	$-4,8--6,5$	$+2,0-+3,0$
Tempi	$-1\ --5$	$+1,8-+3,5$
Gonnos	$-1\ --3$	$+1,8-+2,8$
Carrara	$-1,7--2,6$	$+2,3-+2,8$

sich als bemerkenswerter Befund herausstellte, daß in der Antike eine große Zahl verschiedener Marmorsorten aus dem griechisch-kleinasiatischen Raum verwendet wurde. In der italienischen Renaissance verwendete man nicht nur Marmor aus Carrara, sondern auch in großem Umfang Marmore aus Griechenland, während man in Deutschland zur Renaissance ausschließlich mit Marmor aus Carrara arbeitete.

Während die Thermolumineszenz-Analyse nach den Ergebnissen von Aforkados, Alexopoulos und Miliotis zur Lokalisierung von Marmoren wenig geeignet ist, sondern höchstens zur Erkennung der Zusammengehörigkeit von Bruchstücken eingesetzt werden kann, eignet sich dieses Verfahren nach den Untersuchungen von Huntley und Bailey zur Herkunfts-Lokalisierung von Obsidian-Funden. Eine größere Serie von Obsidian-Werkzeugen aus dem Westen Nordamerikas zeigte bei der Thermolumineszenz-Analyse sowohl bei der natürlichen, als auch bei der durch Bestrahlung erzeugten Thermolumineszenz so deutliche Unterschiede, daß die Zuordnung der Werkzeuge zu den bekannten Obsidian-Vorkommen gelang.

Das Alter von steinernen Fundstücken ist in der Regel nicht zu bestimmen, da bei ihrer Herstellung keine analytisch feststellbaren Veränderungen vor sich gegangen sind, die man als Ausgangspunkt benutzen könnte. Lediglich bei glasigen Gesteinen (Feuerstein oder Obsidian) kann aus der Dicke der im Boden entstandenen Verwitterungsschicht, der Hydratationsrinde, auf das Alter geschlossen werden. Datierungen von Stein-Material, mit dem Ziel, den Zeitpunkt eines historischen Ereignisses festzulegen, kann die Thermolumineszenzanalyse

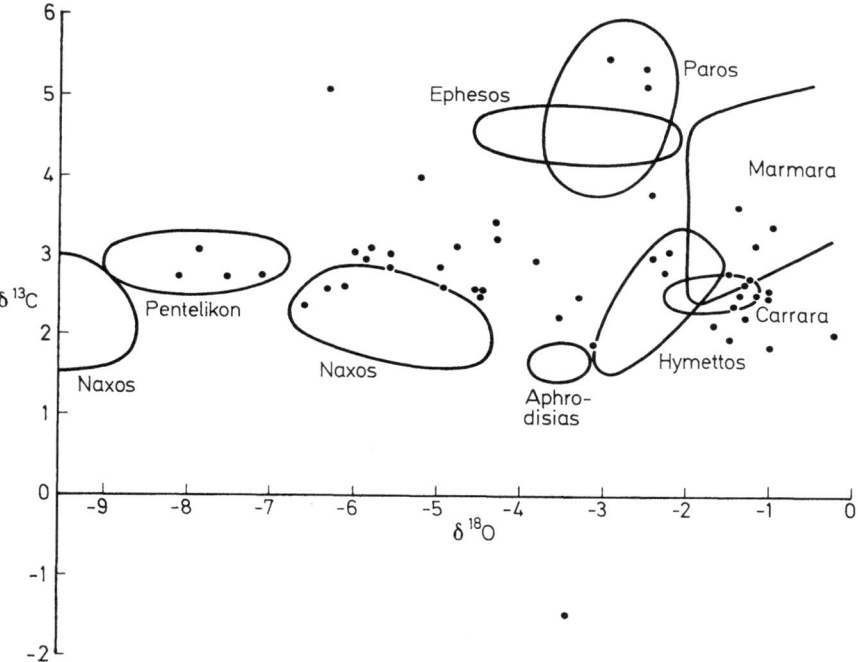

Abb. 10. Marmore verschiedener Herkunft unterscheiden sich durch ihre Kohlenstoff- und Sauerstoffisotopen (nach Riederer und Hoefs 1980)

dann ermöglichen, wenn die Steine an einer Feuerstelle oder durch einen Brand über 500°C erhitzt worden sind. Neben der Untersuchung von Naturstein bringt die Analyse von Mörteln dem Baugeschichtler Hinweise zur relativen Chronologie, wenn Mörtel verschiedener Bauphasen untersucht und verglichen werden. Die Beschreibung erfolgt am zweckmäßigsten mit Hilfe von Dünnschliffen unter dem Mikroskop. Dabei werden neben den natürlichen und künstlichen mineralischen Komponenten auch organische Zuschläge, wie Holzkohlen, Pflanzenfasern oder tierische Fasern erkennbar, deren Art, Menge und Form zur eindeutigen Charakterisierung von Mörteln gut geeignet sind. Zur Feststellung des Bindemittels, ob Kalk oder Gips verwendet wurde, eignen sich mikrochemische Tests, z. B. die Zugabe eines Tropfen Salzsäure, die Kalk rückstandslos auflöst, während beim Gips nach dem Trocknen langnadelige Gipskristalle wieder auskristallisieren. Für quantitative Angaben eignen sich Röntgenfeinstrukturanalysen und die üblichen Verfahren der chemischen Analyse.

Die Forschung befaßt sich auch mit der Geschichte der Steinbruchtechniken, wobei eine Reihe von Arbeiten Roeders über nordafrikanische, ägyptische und griechische Steinbrüche zum Vorbild derartiger Untersuchungen geworden sind. *Obsidian und Feuerstein* spielen als vorgeschichtliche Werkstoffe eine besondere Rolle, da sie sich durch eine besondere Härte auszeichnen und aufgrund ihres scherbigen Bruches gut zu Schneidewerkzeugen wie Messer, Schaber oder Pfeilspitzen verarbeiten ließen. Da Vorkommen dieser harten Kieselgesteine nicht allzu häufig sind, wurden sie über weite Entfernungen verhandelt, so daß mit Hilfe der Materialanalyse versucht wird, Obsidianvorkommen aufgrund der Zusammensetzung zu charakterisieren. Die Neutronenaktivierungsanalyse ist dazu besonders geeignet, da sich bei Obsidian und Feuerstein die Spurenelemente verschiedener Fundplätze deutlich unterscheiden. Aus Europa liegt ein umfassenderes Datenmaterial aus dem Mittelmeerraum vor, wo vor allem Obsidiane der vulkanischen Inseln Italiens, der griechischen Inseln und von zahlreichen Fundplätzen der Türkei analysiert sind. Da die Obsidianvorkommen meist bekannt sind, konnten die Handelswege in der Zeit vom 7. bis 2. Jahrtausend v. Chr. mit ziemlicher Sicherheit rekonstruiert werden.

Weitere Arbeiten, die vor allem in den von Taylor (1976) herausgegebenen Advances in Obsidian Glass Studies veröffentlicht sind, befassen sich mit dem Obsidian aus Nord- und Mittelamerika.

Edelsteine und Halbedelsteine

Edelsteine sind zu Schmuckzwecken verwendete Mineralien, die sich durch besondere Farbe und Lichtwirkungen, durch hohe Härte und Seltenheit auszeichnen. Weniger wertvolle, meist auch weniger harte Schmucksteine, werden als Halbedelsteine bezeichnet.

Die sichere Identifizierung ist mit Hilfe chemischer Methoden, vor allem aber der Röntgenfluoreszenzanalyse, zusammen mit der Röntgenfeinstrukturanalyse, die beide ohne Probenentnahme direkt am Stein durchgeführt werden können, möglich. Weiter gibt es spezielle edelsteinkundliche Verfahren, die, auf optischen Methoden aufbauend, eine Identifizierung und Aussagen über die Qualität gestatten.

Bei der Bearbeitung von Edelsteinen interessiert den Historiker vor allem die sichere Identifizierung, da manche Halbedelsteinarten mit bloßem Auge kaum zu unterscheiden sind und sich häufig die Frage stellt, ob ein Halbedelstein oder eine Glasimitation vorliegt. Solche Aussagen sind mit den genannten Methoden ohne Schwierigkeiten und ohne großen Aufwand möglich.

Eingehend untersucht und dokumentiert wurde das Material der Gemmen des Museums für *Ägyptische Kunst* in Berlin (Riederer 1981). Von den 300 analysierten Objekten bestanden 40 aus Jaspis, 28 aus Karneol, 18 aus Plasma, 15 aus Hämatit, 14 aus Achat, 13 aus Chalzedon, 10 aus Nil-Kiesel, 9 aus Heliotrop, 7 aus Chrysopras, 5 aus Magnetit, 5 aus Lapislazuli, 3 aus Prasem, 3 aus Serpentinit. Bergkristall, Amethyst, Sarder, Onyx, Hornstein, Roteisenstein, Türkis und Kalkstein waren als Einzelstücke vertreten. Der Rest bestand aus Glas und Glaspasten.

Diese Aufstellung zeigt nicht nur die Vielfalt der verwendeten Materialien, sondern sie deutet auch die Schwierigkeit der Identifizierung der Halbedelsteine an, die mit bloßem Auge kaum möglich ist. Sie erfolgte durch eine Röntgendiffraktometer-Aufnahme der ganzen Gemme, wodurch ausgesprochen deutliche Diagramme erhalten wurden und durch eine Röntgenfluoreszenz-Analyse der ganzen Stücke, so daß auf diese Weise auch eine Entnahme von Proben vermieden wurde.

Eine zweite Gruppe von Untersuchungen dient dem Ziel, aus der Materialanalyse die Herkunft abzuleiten, um daraus auf Handelsbeziehungen zu schließen, die bei Schmucksteinen oft recht weitreichend waren. Gründlich bearbeitet sind bisher lediglich ostasiatische Jade und Türkise aus Persien und Mittelamerika. Ähnlich der Steinbruch- und Bergbaugeschichte gibt es auch bei Edelsteinen Arbeiten über die historische Edelsteingewinnung und Verarbeitung.

Zu diesem Thema liegen Arbeiten über den Lasurstein-Handel im iranischen Raum (Tosi 1974) vor, die die Verbreitung des afghanischen *Lapislazuli* aus den Mengenanteilen von Splittern und Abfällen dieses Halbedelsteins in Siedlungsresten des 3. Jahrtausends v. Chr. über weite Entfernungen vom Herkunftsland nachweisen konnten. Bedeutung erlangte im Zusammenhang mit diesen Arbeiten die Ausgrabung eines Bereiches in der antiken Siedlung Shahr-i Sokhta, der offensichtlich den steinbearbeitenden Berufen vorbehalten war. Dort fanden sich neben unfertigen Perlen, Stäbchen und Zylindern aus Lapis-Lazuli auch die Werkzeuge aus Feuerstein, mit denen Halbedelsteine zerteilt, gefurcht, geglättet oder durchbohrt wurden.

Tosi hat sich ebenso eingehend mit den Türkisen Persiens befaßt.

Im mittel- und südamerikanischen Raum haben Ruppert (1981), sowie Harbottle und Sayre *Türkise* analysiert, um deren Lagerstätten festzustellen. In diesem Raum kam Türkis erst in nachchristlicher Zeit in Gebrauch. Er wurde als Schmuckstein sehr geschätzt und die Annahme lag nahe, daß die vielen Türkisgruben, die man aus jüngerer Zeit kennt, auch damals schon abgebaut wurden. Es stellte sich aber heraus, daß das gesamte Material aus wenigen Bergwerken der südlichen Staaten der USA stammte, das über weite Entfernungen nach Süden gebracht wurde.

Glas

Als Glas bezeichnet man nichtkristalline (amorphe), anorganische, feste Werkstoffe. Glas wird gewöhnlich durch Zusammenschmelzen von vier Bestandteilen hergestellt: der Glassubstanz, dem Flußmittel, dem Stabilisator und den Farbstoffen. Als Glassubstanz ist für das Gebiet der kunstgewerblichen Gläser nur der Quarz von Bedeutung. In der Glasindustrie werden als Rohstoffe Quarzsande und Quarzgesteine verwendet. Flußmittel werden zugegeben, um den Schmelzpunkt zu senken. Die üblichen Flußmittel sind „Soda" und „Pottasche". Soda, Natriumcarbonat, kommt als natürlicher Rohstoff vor. Pottasche, Kaliumcarbonat, wurde durch Veraschen von Pflanzen gewonnen. In modernen Gläsern wird auch Boroxid als Flußmittel verwendet. Damit die aus Quarz + Flußmittel erzeugte Schmelze vor allem gegen die Auflösung durch Wasser widerstandsfähig wird, gibt man Kalk (als Kalkstein, Kreide), Bleioxid (als Mennige), seltener Aluminiumoxid oder Bariumoxid zu. Zur Färbung der Gläser

Abb. 11a. Glasofen des 16. Jahrhunderts (nach Agricola, 1556, Buch 12)

Glas 61

dienen vor allem Metalloxide. Der Farbton den die Oxide geben, hängt von der Ofenatmosphäre, von der Basizität der Schmelze, von der Wertigkeit der Metallionen und von den übrigen vorhandenen Metalloxiden ab. Übliche Glasfarbstoffe sind:

	Bei alten Gläsern	*Bei modernen Gläsern*
Gelb		Nickel, Silber
Rot	Kupferoxid	
Braun	Eisen	Titan
Violett	Mangan, Nickel	
Grün	Eisen	Chrom, Vanadium, Uran
Blau	Kupfer, Kobalt	Nickel

Zweitens werden Gläser durch Kolloide gefärbt, z. B. Goldsalze (Goldrubinglas), Silbersalze, Kupfersalze, Kadmiumsulfid, Kadmiumselenid, Selen, Bleiantimoniat, Bleistannat. Zur Vermeidung ungewollter Färbungen, die aufgrund

Abb. 11b. Glashütte des 14. Jahrhunderts (nach Jean de Bourgogne um 1340)

verunreinigter Rohstoffe auftreten, gibt man Braunstein, ein Manganoxid zu. Als Trübungsmittel werden Zinnoxid und Antimonoxid verwendet. Die pulverisierten Rohstoffe werden gemischt und in Glasöfen auf ca. 1500°C erhitzt. Bei dieser hohen Temperatur zersetzen sich die Flußmittel, wodurch eine stark blasige Schmelze entsteht. Bei 1200°C wird anschließend die Schmelze durch Zugabe von Läuterungsmitteln von den Gasblasen gereinigt. Die Schmelze ist dann verarbeitungsfertig.

Nach der Art der Verarbeitung unterscheidet man Hohlglas und Flachglas. Hohlglas wurde ursprünglich über Sandkernen geformt, später (mit dem Mund) geblasen. Moderne Herstellungstechniken sind das maschinelle Blasen und das Pressen von Glas. Tafelglas wurde ursprünglich durch Gießen auf flachen Unterlagen hergestellt. Modernes Tafelglas wird gezogen.

Aufgrund besonderer Verarbeitungstechniken lassen sich beim Hohlglas folgende Sonderformen definieren:

Überfangglas: Ein dunkles Glasgefäß wird durch Eintauchen in eine Schmelze mit hellem Glas überzogen. Nach dem Erkalten wird durch teilweises Abschleifen des hellen Überfanges eine helle Darstellung auf dunklem Grund herausgearbeitet.

Diatretglas: Aus der äußeren Schicht dickwandiger Überfanggläser werden figürliche Darstellungen und Buchstaben so herausgearbeitet, daß sie nur noch durch schmale Stege mit dem inneren Glas verbunden sind.

Fadenglas: Gläser mit aufgelegten Glasfäden, die im antiken Rom beliebt waren (Schlangenfadengläser) und im 19. Jh. als „umstrickte" Gläser wieder erschienen.

Millefiori-Glas: Stäbe aus verschiedenfarbigem Glas werden verschmolzen, in Scheiben geschnitten und dann zu Gefäßen verarbeitet.

Emaillierte Gläser: Islamische Gläser (Becher, Flaschen, Moscheelampen), seit dem späten Mittelalter auch europäische Gläser, wurden durch Aufschmelzen von Email verziert.

Netzglas: Auf farbloses Glas werden weiße Glasfäden aufgelegt und mit dem Kamm verzogen. Eine andere Technik geht von zwei gegenläufig mit Glasfäden belegten Gläsern aus, die übereinandergestülpt und verschmolzen werden, wodurch ein Fadennetz entsteht.

Eisglas: Das heiße Glas wird durch Eintauchen in Wasser abgeschreckt oder in feinen Glassplittern gewälzt und wieder getempert.

Geschnittene Gläser: Das Dekor wird mit dem Diamanten in das Glas eingeritzt.

Zangenarbeiten: Das weiche Glas wird mit Zangen geformt und zu Glasskulpturen zusammengefügt.

Preßglas: Um 1830 wurde ein Verfahren zur Herstellung von Hohlglas entwickelt, bei dem man Glasschmelze in eine Hohlform füllt, in die dann ein Stempel gedrückt wird.

Glas

Zur Herstellung von Glasmalereien wird zuerst ein Entwurf im Maßstab 1:1 hergestellt. Dann werden die verschiedenen farbigen Glasscheiben aus Glastafeln herausgebrochen, wozu man im Mittelalter einen heißen Eisendraht, vom 15. Jh. ab den Diamanten verwendete. Dann wird auf die farbige Scheibe die Malerei aufgetragen. Anfangs verwendete man Schwarzlot (Eisenoxid + Flußmittel), im 14. Jh. kam das Silbergelb dazu. Bei 600–800°C wurden das Schwarzlot und das Silbergelb eingebrannt. Die einzelnen Scheiben wurden durch Bleistege verbunden.

Bei der Analyse von Gläsern steht an erster Stelle die Frage nach der Zusammensetzung, um daraus die Art der Flußmittel, Zuschläge und Farbstoffe abzuleiten.

Nach dem Verhältnis der Kieselsäure (SiO_2) aus dem Quarz, dem Natriumoxid (Na_2O) und Kaliumoxid (K_2O) aus dem Flußmittel, den Stabilisatoren Calciumoxid (CaO), Aluminiumoxid (Al_2O_3) und Magnesiumoxid (MgO), sowie dem Anteil an Bleioxid (PbO) lassen sich nach Bezborodov Sorten lt. Tabelle 46 unterscheiden:

Tabelle 46

	SiO_2	Na_2O	K_2O	CaO	Al_2O_3	MgO	sonst
I Soda-Kalk-Glas	70	20	1	5	1	1	2
Soda-Kalk-Glas	60	30	1	5	1	1	2
II Soda-Kalk-Magn.-Glas	65	18	1	8	1	5	2
III Soda-Kalk-Alu-Glas	68	20	1	5	4	1	1
IV Soda-Kalk-Magn-Alu-Glas	63	17	2	5	5	5	3
V Kali-Kalk-Glas	50	1	25	20	2	1	1
Kali-Kalk-Glas	60	2	10	20	2	2	4
VI Kali-Kalk-Mag-Glas	60	1	17	15	1	5	1
VII Kali-Kalk-Alu-Glas	50	1	20	20	5	1	3
Kali-Kalk-Alu-Glas	60	1	6	20	6	1	6
VIII Kali-Kalk-Magn.-Alu-Glas	55	1	15	20	4	4	1
IX Soda-Kali-Kalk-Glas	70	15	5	5	2	2	1
X Soda-Kali-Kalk-Magn.-Glas	65	15	5	8	1	5	1
XI Soda-Kali-Kalk-Alu-Glas	60	15	5	8	8	2	2
XII Soda-Kali-Kalk-Mag-Alu-Glas	60	15	5	8	5	5	2
XIII Bleiglas	20	1	1	–	1	–	77 PbO
XIV Kali-Bleiglas	55	1	17	1	1	–	25 PbO
XV Soda-Bleiglas	60	10	–	–	–	–	30 PbO
XVI Kali-Soda-Bleiglas	65	5	10	–	–	–	20 PbO

Die angegebenen Zusammensetzungen sind Mittelwerte. Die Glaszusammensetzung der einzelnen Gruppen kann in weiten Grenzen schwanken.

Aus vielen Glasanalysen ergibt sich nach Bezborodov folgende zeitliche und regionale Verteilung der oben aufgeführten Glassorten (Tabelle 47).

Tabelle 47

Gruppe		% Anteil Antike	Mittelalter
I	Ägypten, Rom, Venedig	15	8
II	Ägypten, Mesopotamien, Osteuropa	5	8
III	Ägypten, Rom, Osteuropa, Venedig	8	3
IV	Ägypten, Asien, Osteuropa	1	4
V	Westeuropa	–	2
VI	Europa	–	3
VII	Westeuropa	–	2
VIII	Europa	–	2
IX	Ägypten, Indien, Italien, Japan	1	2
X	Indien, Osteuropa, Mittelasien	–	10
XI	Rom, Indien, Osteuropa	1	1
XII	Ägypten, Indien, Osteuropa, Mittelasien	–	9
XIII	Europa	–	6
XIV	Europa	–	7
XV	Osteuropa	–	1
XVI	Osteuropa	–	1

In der Antike gehörte der überwiegende Teil der Gläser zum Typ der Soda-Gläser, während reine Kaligläser in der Antike nicht vorkommen. Bei einem geringen Teil der antiken Gläser handelt es sich um Soda-Kali-Gläser. Bleigläser sind aus der Antike unbekannt. Als Stabilisator werden vorwiegend Calciumverbindungen verwendet. Calcium-Magnesium und Calcium-Aluminiumgläser sind nicht selten. Im Mittelalter kommen die reinen Kaligläser und die Bleigläser als neue Glassorten dazu, wobei die Sodagläser (30%) noch am häufigsten erzeugt wurden.

Was die in den verschiedenen kulturgeschichtlichen Perioden verwendeten Glasfarbstoffe betrifft, so kennt man einen frühen leberroten Glastyp, der in Ägypten bereits im 2. Jt. v. Chr. verbreitet war. Er wurde mit Kupferoxid aus der Kupferverhüttung gefärbt. Dann gibt es Gläser, bei denen reine Metalle zur Färbung verwendet wurden. Im 2. Jt. v. Chr. kannte man das Kupfer zur Erzeugung grüner und blauer Farbtöne verschiedenster Intensität, weiter das Kobalt, das schon in geringer Konzentration tiefblau färbt und das Eisen, das je nach der Schmelzatmosphäre und den Gehalten an anderen Metallelementen grüne, gelbe oder braune Farbtöne erzeugt. Weiter wurde in der Antike Mangan zur Herstellung purpurfarbener Gläser verwendet.

Neben den transparenten Gläsern gibt es opake Gläser, die entweder aus opaken Verbindungen, z. B. dem gelben Bleiantimoniat oder Bleistannat bestehen oder die Trübungsmittel in der Art von Zinndioxid enthalten. Neben der chemischen Materialanalyse sind Isotopenanalysen nützlich, um Gläsergruppen verschiedener Herkunft zu erkennen. Dabei sind sowohl das $^{18}O/^{16}O$-Verhältnis wichtig, als auch das $^{208}Pb/^{206}Pb$ zu $^{207}Pb/^{206}Pb$-Verhältnis. Sowohl mit dem Sauerstoff-, als auch Bleiisotopen-Verhältnissen gelang es, einzelne Glasgruppen mit extremen Werten recht genau festzulegen. So zeichnen sich etwa die mesopotamischen Gläser durch sehr geringe $^{207}Pb/^{206}Pb$-Werte und die Gläser von Nimrud aufgrund besonders starker Abweichungen von einem festgelegten Normalwert aus. In beiden Fällen waren Aussagen über die Rohstoffe und über den Zeitraum ihrer Verwendung möglich.

Schließlich gibt es für Gläser zwei Möglichkeiten der absoluten Altersbestimmung, die Spaltspurenmethode und die Zählung der Verwitterungsschichten, die bei der Beschreibung der Methoden der Altersbestimmung erläutert sind.

Keramik

Unter Keramik versteht man Erzeugnisse aus gebranntem Ton. Im engeren Sinne gelten die Erzeugnisse des Töpfers als keramische Waren. Man unterscheidet Grobkeramik (Baukeramik, Ziegel, Steinzeugrohre) von der kunsthandwerklichen und der technischen Feinkeramik. Die kunsthandwerkliche Feinkeramik untergliedert sich in folgende Gruppen:

Irdenware, Terrakotta
Hafnerware
Majolika
Fayence
Steingut
Steinzeug
Porzellan

Keramik wird aus Ton hergestellt. Tone entstehen bei der Verwitterung der Gesteine, wobei je nach der Art des verwitternden Gesteins unterschiedliche Tone gebildet werden. Gewöhnlich sind sie durch Eisenverbindungen gelb, rot, braun oder durch bituminöse Substanzen schwarz gefärbt. Aus feldspat-reichen Gesteinen entsteht weißer Kaolin. Kennzeichnende Merkmale von Tonen sind ihre gute Formbarkeit bei Wasserzugabe und die Härtung beim Brand. Je nach der herzustellenden Keramikart werden die Tone aufbereitet. Grobe Komponenten werden durch Schlämmen entfernt, feine (fette) Tone werden durch Zugabe von Sand gemagert.

Der Ton wird mit der freien Hand auf der Drehscheibe oder in Negativformen geformt. Der geformte Ton wird direkt oder nach einer Verzierung durch Glasur- und Dekortechniken gebrannt.

Irdenware, Terrakotta

Unter Irdenware oder Terrakotta versteht man keramische Erzeugnisse, die durch Brennen eines eisenhaltigen Tones hergestellt werden und die nicht mit einer Glasur überzogen worden sind. Eisenhaltige Tone, die zur Herstellung von Irdenware geeignet sind, sind weit verbreitet. Stark tonhaltige Gesteine, z. B. Mergel, können ebenfalls zur Keramikherstellung verwendet werden.

Die Formung

a. Die Wulsttechnik: Die ursprüngliche Art der Töpferei ist der Aufbau von Gefäßen durch Übereinanderlegen etwa fingerstarker, gerollter Wülste und nachfolgendes Glätten der Oberfläche.
b. Die Drehscheibe: Im 4. Jahrtausend v. Chr. entwickelte sich allmählich aus der drehbaren Arbeitsplatte die schnell um eine vertikale Achse rotierende Töpferscheibe, die in den verschiedensten Ausführungen zu finden ist. Entweder werden aus einem Tonklumpen mit der Hand oder mit Formwerkzeugen ganze Gefäße oder Gefäßteile gedreht, die dann zusammengesetzt oder mit der Hand weiterbearbeitet werden. Gewülstete Gefäße können auf der Scheibe abgedreht werden.
c. Die Formtechnik: Der Ton kann in Negativformen eingestrichen werden, wie es z. B. bei der Herstellung von Sigillaten üblich war.
d. Die freie Arbeit: Ton läßt sich mit bildhauerischen Techniken modellieren.
e. Gießen und Stanzen: Bei Irdenware sind die modernen Techniken des Gießens in Gipsformen oder des Stanzens von Teilen selten zu finden.

Verzierung der Oberfläche: In der Oberfläche der Keramik können im getrockneten Zustand Ornamente eingedrückt, eingeritzt oder im Kerbschnitt herausgearbeitet werden. Mitunter sind die Ornamente nach dem Brand mit weißen Farbstoffen ausgerieben worden. Eine weitere Art der Verzierung ist die polierte Oberfläche, die durch Reiben der Oberfläche mit einem Holz oder Stein vor dem Brand erzeugt wurde. Glänzende Oberflächen erhielt man auch durch Überziehen der Oberfläche mit feingeschlämmten Ton.

Bemalung vor dem Brand: Nach dem Trocknen der geformten Stücke kann die Oberfläche mit mineralischen Farben bemalt werden. Üblich ist die Verwendung eisenhaltiger Erdfarben, mit denen gelbe, braune, violette und schwarze Farbtöne erzeugt werden können. Als Weiß wird Kaolin, bei niedrig gebrannter Keramik auch Kalk und Gips verwendet. Eine besondere Bemalungstechnik

Keramik

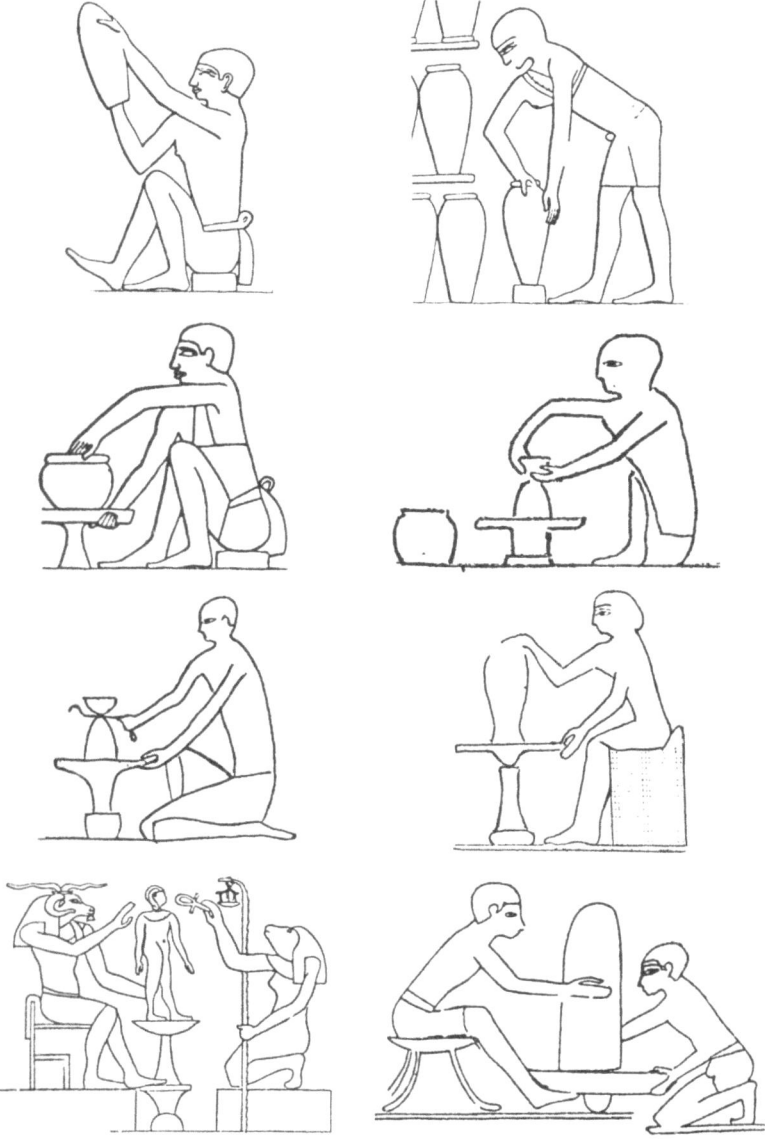

Abb. 12. Verschiedene Techniken der Keramikformung im antiken Ägypten nach Darstellungen in Gräbern (aus Arnold „Herstellungstechniken" in Meisterwerke Ägyptischer Keramik, Höhr – Grenzhausen 1978)

wurde bei griechischen Vasen angewendet, bei der für schwarze Flächen und Linien ein besonders zubereiteter Tonschlicker verwendet wurde. Ein dreimaliger, zuerst oxidierender, dann reduzierender, dann wieder oxidierender Brand ist notwendig, um die auf verschiedenen Oxidationsstufen des Eisens beruhenden Farbtöne zu erzeugen.

Der Brand: Der Brand der Keramik nach dem Formen, Trocknen und Bemalen erfolgt in Brennöfen, die es in den unterschiedlichsten Formen, von der mit Keramik und Brennstoff gefüllten Grube bis zu den entwickelten, indirekt befeuerten Muffelöfen gibt. Je nach den Brenntechniken liegen die Brenntemperaturen zwischen 500 und 1500°C.

Unter 700°C: ungenügender Brand
800–1000°C: übliche Brenntemperatur für Irdenware
1100–1300°C: Klinker, Steingut, Steinzeug
1300–1500°C: Schamotte

Bemalung nach dem Brand: Selten findet man Gefäße, die nach dem Brand ähnlich wie Wandmalereien oder Skulpturenfassungen bemalt worden sind (Beispiele: Centuripe).

Hafner-Keramik

Die Hafner-Keramik wird aus einem eisenhaltigen, gut formbaren Ton hergestellt. Der Scherben ist braun und porös. Durch Engoben, Lehmglasuren oder Bleiglasuren wird die Oberfläche abgedichtet.

Engobe: Um die Farbe und die Struktur des Scherbens zu überdecken, wird das getrocknete Gefäß mit einem dünnflüssigen Tonschlamm überzogen. Es werden weiße (Weißtöpferei) und braune (Brauntöpferei) Engoben oder weiße (für Innenflächen) und braune (für Außenflächen) Engoben gemeinsam verwendet.

Glasuren: Die für die Hafner-Keramik übliche Bleiglasur wird durch Schmelzen von Quarz und Bleiverbindungen (Mennige, Bleiweiß, Massicot) hergestellt. Durch Metalloxide kann die Glasur gefärbt, durch Lehm, Kalk, Feldspat widerstandsfähiger gemacht werden. Bleiglasuren sind gesundheitsschädlich und deshalb in Deutschland durch das Bleigesetz vom 25. 6. 1885 für Speisegeschirr verboten.

Verzierung: Üblich ist die Reedtechnik, bei der die Oberfläche geritzt wird. Die Ritzzeichnung kann mit metalloxidhaltigen Tonen ausgerieben werden. Weiter gibt es eine große Zahl von Techniken zur Verzierung der Glasur.

Keramik

Fayence

Nach einem ersten Brand wird der Scherben, im Gegensatz zur farbig glasierten Majolica, mit einer weißen, deckenden Zinnglasur überzogen, dann bemalt, nach einem Zwischenbrand wieder transparent glasiert und zum dritten Mal gebrannt. Geformt wird das Material freihändig, auf der Töpferscheibe, in Negativformen oder durch Guß.

Herstellung:
Trocknung
erster Brand bei 800–900°C
Auftragen der Zinnglasur (Zinnoxid, Bleioxid, Soda, Pottasche)
Trocknen oder Zwischenbrand
Bemalung mit Scharffeuerfarben oder Muffelfarben
Brand bei 1100°C
mitunter abschließende transparente Glasur
abschließender Brand

Diese Art der Herstellung läßt viele Variationen der Arbeitsgänge zu, aus denen sich eine Unterteilung in Inglasur-, Aufglasur- und Unterglasurtechnik ergibt:

Inglasurtechnik: Die Farben werden auf die getrocknete Zinnglasur aufgetragen und gemeinsam auf den Scherben aufgeschmolzen.

Aufglasurtechnik: Auf die eingebrannte Glasur werden bei einer niedrigen Temperatur die Farben aufgeschmolzen.

Unterglasurtechnik: Die bemalte Keramik wird mit einer transparenten, niedrig schmelzenden Glasur überzogen.

Scharffeuerfarben: Bei hoher Temperatur (bis 1100°C) einbrennbare Keramikfarben.

Muffelfarben: Bei geringerer Temperatur auf die gebrannte Glasur eingebrannte Keramikfarben. Die Keramik wird dabei durch Muffeln (Gefäße aus gebranntem Ton) vor dem Feuer geschützt.

Majolika

Verwendet wird ein eisenarmer Ton, der einen hellen Scherben ergibt. Nach einem ersten Brand werden deckende, durch Metalloxide gefärbte Glasuren mit der Hand oder mit Schablonen aufgetragen und durch einen zweiten Brand aufgeschmolzen. Abschließend wird eine transparente Glasur aufgetragen und im dritten Brand aufgeschmolzen.

Steingut

Der Scherben ist rein weiß, porös und undurchsichtig. Steingut ist gewöhnlich weißglasiert. Steingut wird aus einer Mischung von 50% Kaolin und 50% Quarzsand hergestellt. Anstelle von Quarz kann Feldspat verwendet werden. Weiter sind Zusätze von Kalk möglich (Feldspatsteingut, Kalkspatsteingut, Mischsteingut).

Formung: Gipsformen und Schablonen, Guß in Gipsformen.

Glasur: Üblich ist eine Frittenglasur: Quarz, Feldspat, Bleioxide, Soda und Pottasche werden zusammengeschmolzen, pulverisiert und als Glasurbrei aufgetragen.

Dekor: Vor allem Unterglasurdekor nach dem Glühbrand durch Handmalerei, Schablonen, Druck. Seltener findet sich Aufglasurdekor (vor allem Goldauflagen)

Brand: Erster Brand vor der Glasur (Glühbrand) bei 1200°C. Zweiter Brand nach der Glasur bei 1000°C.

Steinzeug

Der Scherben ist hell, dicht gebrannt, also nicht porös, lichtundurchlässig. Rohstoffe sind eisenfreie Tone, denen je nach der Zusammensetzung Quarz, Feldspat und Kalkspat zugegeben werden.

Glasur: Üblich ist die Salzglasur. In den brennenden Ofen wird Kochsalz gestreut, wodurch die Oberfläche glasig schmilzt.

Dekor

a. Schwämmeldekor: Das Muster wird mit Schwämmen aufgedrückt, die in Farbe getaucht werden.
b. Laufglasuren: Auf eine Grundglasur wird am Oberrand des Gefäßes die Laufglasur aufgetragen, die beim Brand herunterläuft.
c. Mattglasur: Durch Trübungsmittel (Zinndioxid) oder Feldspat wird die Glasur getrübt.
d. Kristallglasur: Die Glasur wird mit mineralischen Substanzen übersättigt, die bei der Abkühlung kristallisieren.
e. Aventuringlasuren: Die Glasur enthält Eisenoxidschuppen, die nach dem Abkühlen wie Goldflitter glänzen.
f. Craqueléeglasuren: Glasur und Scherben haben ein unterschiedliches Ausdehnungsverhalten, so daß sich beim Abkühlen feine Sprünge in der Glasur bilden.
g. Einlegeglasuren: Das Dekor wird mit Öl aufgetragen. Dann wird glasiert. Die mit Öl bedeckten Stellen nehmen die Glasur nicht an. Die frei gebliebenen Stellen werden nach dem Glasurbrand bemalt.

Keramik

h. Lüsterglasuren: Die Glasur, der Metallsalze zugefügt werden, wird reduzierend gebrannt.
i. Chinarot: Kupferhaltige Glasur, die reduzierend gebrannt wird.

Brand: bei 1200°–1350° C.

Steinzeugsorten

Westerwälder Steinzeug: Seit dem Mittelalter hat sich im Westerwald, vor allem in den Orten Höhr und Grenzhausen (Kannenbäckerland) ein Zentrum der Steinzeugproduktion entwickelt. Hergestellt wurde vor allem ein graues Gebrauchssteinzeug mit Salzglasur (Einmachtöpfe, Bierkrüge, Geräte für die chemische Industrie).

Brunzlauer Keramik: Feinsteinzeug, das sich allmählich aus Steingut entwickelte, mit kennzeichnender brauner Glasur.

Böttger-Steinzeug: Bei den Versuchen Porzellan herzustellen, erhielt Böttger aus rotbraunen Tonen, die bei hoher Temperatur gebrannt wurden, ein rotbraunes Steinzeug.

Porzellan

Porzellan ist ein keramisches Erzeugnis mit einem weißen oder künstlich gefärbten, dichten und durchscheinenden, hell klingenden Scherben. Der Name wird von Porcella, der italienischen Bezeichnung einer Muschel mit glänzender Schale, abgeleitet. Er wird zum ersten Mal von Marco Polo verwendet.

a. Hartporzellan: 50% Kaolin, 50% Quarz und Feldspat, Feldspatglasur, Brenntemperatur 1400° C.
b. Weichporzellan: 25% Kaolin, 25% Quarz, 50% Feldspat, Brenntemperatur 1250° C. Zweiter Glasurbrand bei 1000° C.
c. Frittenporzellan: Eine Fritte (pulverisierte Schmelze aus Ton, Quarz, Soda, Pottasche, Kochsalz, Gips) wird mit Kalkpulver gemischt und bei ca. 1000° C gebrannt.
d. Knochenporzellan: 15% Kaolin, 25% Quarz und Feldspat, 60% Knochenasche, Brenntemperatur 1250° C.
1. Seladon-Porzellan: Durch Chromoxid zart grün gefärbte Glasur oder Scherben.
2. Rosa-Porzellan: Der Scherben ist durch Mangansalze oder Gold rosa gefärbt.
3. Biskuitporzellan: Unglasiert gebranntes Weichporzellan, das vor allem für Skulpturen verwendet wird.

Formung

a. Drehen auf der Drehscheibe.
b. Überformen: Die Vorderseite wird durch eine Gipsform ausgeformt, die Rückseite wird durch eine Schablone abgenommen (Teller).

c. Einformen: Die Innenseite wird mit der Schablone geformt, die Außenseite wird in einer Gipsform geformt (Tassen).
d. Guß: Hohlguß und Flachguß in Gipsformen. Hohlguß: Die hohle Gipsform wird mit dem dünnflüssigen Porzellanbrei vollgegossen. Der Gips nimmt das Wasser auf. An der Gipsform trocknet eine Porzellanschicht an. Ist sie stark genug, wird der Rest ausgegossen. Flachguß: Die Gipsform besteht aus Ober- und Unterteil zwischen die der Porzellanbrei eingegossen wird. Nach dem Trocknen wird der Gußkörper der Form entnommen, überarbeitet, nachmodelliert und mit Henkeln und Knöpfen versehen.
e. Figurenguß: Es wird eine große Zahl von Teilformen verwendet. Die Einzelteile werden zusammengesetzt und überarbeitet.

Glasuren: Vor dem Glasieren wird die luftgetrocknete Ware bei 900° C gebrannt. Glasiert wird vor allem durch Eintauchen in die Glasurmasse. Seltener ist das Begießen oder Besprühen. Als Glasur wird eine Feldspatglasur verwendet.

Dekor

a. Unterglasurdekor: Begrenzte Farbenauswahl (blau, grün), da sie bei 1400° C eingebrannt werden. b. Inglasurdekor: Auf die gebrannte Glasur werden Scharffeuerfarben aufgetragen, die bei einem weiteren Brand bei 1400° C eingebrannt werden, wobei sie in die Glasur einsinken. Die Auswahl an Farben ist beschränkt. c. Aufglasurdekor: Das Dekor wird nach dem Glasurbrand aufgetragen und bei niedriger Temperatur eingebrannt (Schmelzbrand bei 900° C). Der Farbauftrag erfolgt mit der Hand oder in der Buntdrucktechnik.

Brand: Weißes Porzellan und Porzellan mit Unterglasurdekor wird zweimal, Porzellan mit In- oder Aufglasurdekor wird dreimal gebrannt.
1. Brand: Brennen des aus Ton geformten Objekts bei 900° C
2. Brand: Brennen des glasierten Objekts bei 1400° C
3. Brand: Brennen des mit In- oder Aufglasur versehenen Objekts bei 900° C
Früher wurde in Rundöfen gebrannt, heute verwendet man vorwiegend den Tunnelofen. Die Porzellanobjekte sind im Ofen durch Schamottekapseln geschützt.

Der Beitrag der Naturwissenschaften zur Untersuchung keramischer Erzeugnisse ist recht umfassend, wobei vor allem die Keramik der Vor- und Frühgeschichte, sowie der Antike gründlich bearbeitet ist, während über die glasierte Keramik aus nachantiker Zeit noch kaum Untersuchungen vorliegen. Ziel ist es die Herstellungstechnik zu erkennen, die Herkunft zu ermitteln und das Alter zu bestimmen. Durch die Beantwortung solcher Fragen kann ein großer Teil der kulturgeschichtlichen Probleme angegangen werden.

Keramik

Die wichtigsten Untersuchungsmethoden zur Materialanalyse sind
die Mikroskopie von Dünnschliffen,
die chemische Analyse der Haupt- und Nebenbestandteile durch die Röntgenfluoreszenzanalyse und die Neutronen-Aktivierungsanalyse,
die Bestimmung der mineralischen Komponenten durch die Röntgenfeinstrukturanalyse,
die Bestimmung der Brenntemperatur durch die Dilatometrie,
die Untersuchung des Brennverlaufes durch Mößbauer-Spektroskopie und Differentialthermoanalyse, sowie die
Altersbestimmung mit Hilfe der Thermolumineszenzanalyse, des Archaeomagnetismus und der Spaltspurenmethode.

An dieser Stelle sollen einige Ergebnisse der Untersuchung von Keramiken verschiedener kulturgeschichtlicher Bereiche beschrieben werden.

Gut untersucht sind Einzelgruppen der prähistorischen Keramik. Aus dem Berliner Raum wurde das gesamte Material vom Neolithikum bis ins Mittelalter untersucht, aus Süddeutschland einzelne Gruppen aus verschiedenen Perioden. Ziel dieser Untersuchungen war die Einbeziehung der genauen Materialbeschreibung in die Bearbeitung prähistorischer Fundkomplexe, wobei sich wie bei Formmerkmalen zeitliche und regionale Unterschiede erkennen ließen und der Stand der technischen Entwicklung anschaulich dargestellt werden konnte. In mehreren Fällen waren aufgrund der Mineralgesellschaft oder von Fossileinschlüssen auch Aussagen über die Herkunft der Tone möglich. So ergab sich bei einer Gruppe neolithischer Keramik aus Südbayern, daß deren Tone aufgrund hoher Diatomeengehalte aus dem Rosenheimer Becken stammen mußten. Bei der Latène- und Hallstattkeramik vom Dürrnberg bei Hallein deuteten Fossilien auf Tonlagerstätten in den alpinen Oberalmer Schichten hin. Amphoren die in Manching gefunden wurden, müssen aufgrund hoher Anteile an vulkanischem Material aus Süditalien stammen. Solche genauen Charakterisierungen des keramischen Materials lassen sichere Aussagen über die regionale Verbreitung zu.

Aus dem außereuropäischen Bereich wurde die *altägyptische Keramik* besonders eingehend untersucht. Ein ähnlich umfassendes Projekt behandelt die frühe persische Keramik des 4./3. Jahrtausends v. Chr.

Noch umfassender sind die Erfahrungen aus dem Bereich der griechischen Antike. Beinahe von jeder Objektgruppe liegen Materialanalysen vor, auch neutronen-aktivierungsanalytische Spurenelementbestimmungen, die gerade in diesem Raum überzeugend belegen, daß eine Lokalisierung aufgrund von Materialanalysen mit großer Sicherheit möglich ist.

Wichtig sind aus dem Bereich der griechischen Antike auch die Arbeiten über die Technik der Herstellung schwarz- und rotfiguriger Gefäße, die bis vor wenigen Jahrzehnten ungeklärt war. Durch Materialanalysen und durch experimentelle Arbeiten von Hampe und Winter konnte geklärt werden, daß es durch

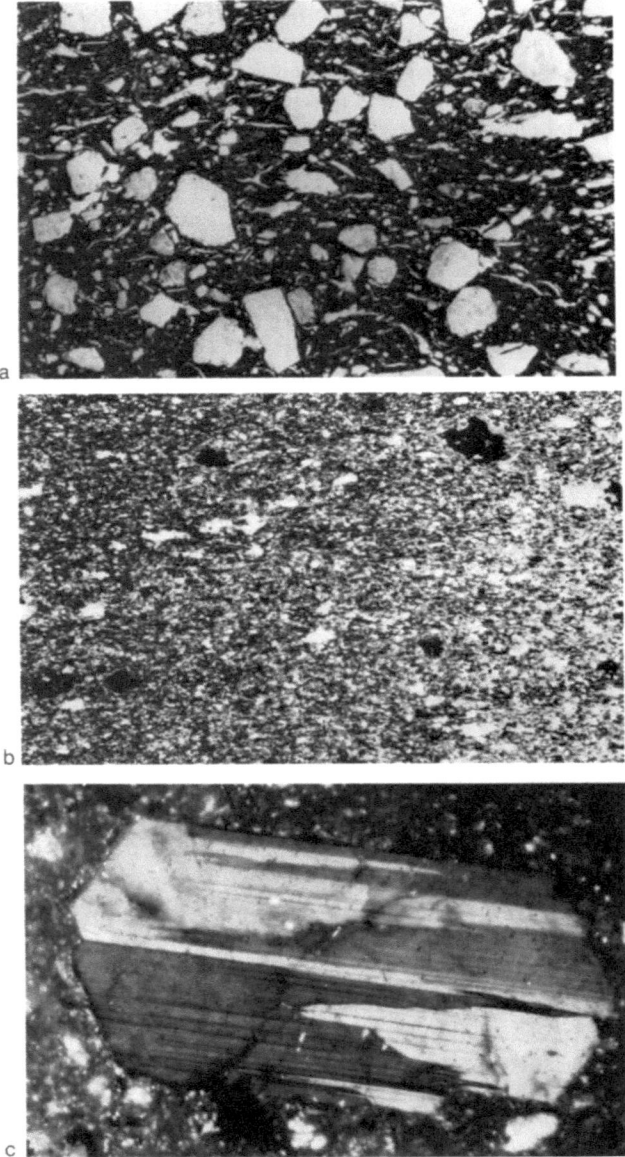

Abb. 13 a–f. Dünnschliffaufnahmen von Keramik (Vergr. 30–100×). a Gefüge einer grobkörnigen Keramik, b Gefüge einer feinkörnigen Keramik, c Einschluß eines Feldspats aus

Keramik

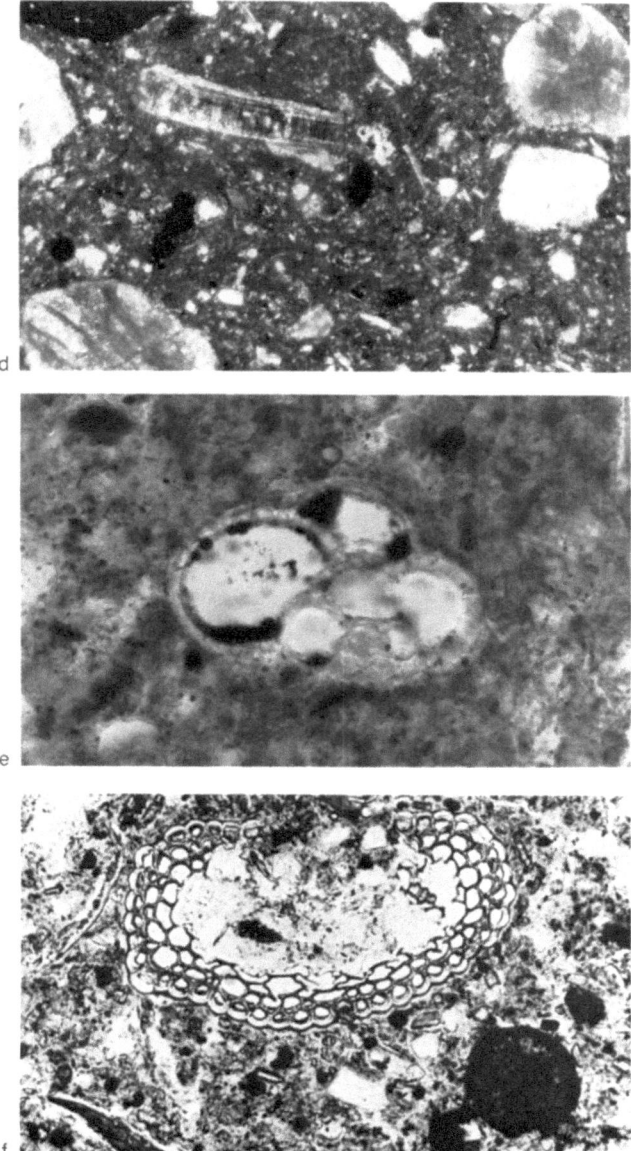

einem vulkanischen Gestein, d Kalkige Mineraleinschlüsse, e Fossileinschluß, f Pflanzeneinschluß

Tabelle 48. Schwankungsbreite von Haupt- und Nebenbestandteilen in Keramik (in %)

↔		↔	
SiO_2	47–65	Na_2O	0,5–3
Al_2O_3	16–22	K_2O	1–6
Fe_2O_3	5–7	TiO_2	0,5–1
FeO	0,1–0,5	P_2O_5	0,1–1
MgO	0,1–7	MnO	0,01–0,2
CaO	0,1–12		

Tabelle 49. Schwankungsbreite von Spurenelementen in Keramik (in ppm)

As	1–160	Ho	0,5–2	Sm	1–10
Ba	10–1000	La	1–100	Sr	100–9000
Ce	5–120	Lu	0,3–0,9	Ta	0,5–2,5
Co	10–40	Ni	90–300	Tb	0,5–2
Cr	70–780	Nd	10–120	Th	6–19
Cs	1–60	Pb	10–400	U	1–7
Cu	30–700	Rb	20–300	Yb	2–4
Dy	4–5	Sb	0,1–2	Zn	10–240
Eu	0,1–4	Sc	0,5–30	Zr	10–110
Hf	2–10				

einen dreifachen Brand gelingt, Vasen dieser Art herzustellen. Durch den ersten Brand bei oxidierender Atmosphäre wird das bemalte Gefäß rot gebrannt, durch den zweiten Brand bei reduzierender Atmosphäre wird das gesamte Gefäß schwarz. Bei einem dritten, reoxidierenden Brand bleiben schwarze Partien, die aus feinstem Tonschlicker gemalt sind, schwarz, während die roten Partien wieder die rote Farbe annehmen.

Die am häufigsten bearbeitete Keramikgruppe sind die *Sigillaten der römischen Zeit*. Schon im 19. Jahrhundert waren Preise ausgesetzt worden, um die Technik ihrer Herstellung zu klären. Es dauerte aber auch hier bis in die Zeit um 1950, ehe es gelang, Sigillaten in römischer Technik herzustellen. Wie bei der griechischen Keramik konnte auch bei Sigillaten gezeigt werden, daß sich die Keramik jedes Herstellungszentrums durch die chemische Zusammensetzung charakterisieren läßt, so daß heute umgekehrt in allen Fällen eine Lokalisierung eines Scherbens aufgrund der Materialanalyse möglich ist.

Auch aus Südamerika liegen chemische Analysen und Dünnschliffuntersuchungen vor, wobei die Zielsetzung in erster Linie wiederum die korrekte Materialbeschreibung war. Interessant sind einige Arbeiten von Danon über eine Serie verschieden alter Keramiken vom Amazonas (Ananatuba, Marajoara, Piratuba), die mit Hilfe der Mößbauer-Spektroskopie und der Differentialthermoanalyse untersucht wurden. Mit beiden Methoden gelang es, eine kontinuierliche Veränderung des keramischen Materials mit zunehmendem Alter nachzuweisen. Ursache der altersbedingten Veränderungen waren die Kornverfeinerung durch Verwitterungsvorgänge im Boden und die Wasseraufnahme der gebrannten Tonmineralien.

So kann zusammenfassend gesagt werden, daß Analysen in erster Linie geeignet sind, das Material durch zahlreiche Merkmale genau zu beschreiben und damit den Stilmerkmalen zusätzliche Kenndaten beizugeben. Lokalisierungsfragen und Fragen der Herstellungstechnik können am ehesten gelöst werden.

Glasierte Keramik

Geringer sind die Untersuchungen von glasierter Keramik. Die jüngeren europäischen Gruppen wie Porzellan, Steingut, Steinzeug, Majolika, Fayence und Hafner-Keramik sind in der Breite noch nicht bearbeitet. Auch die frühe glasierte Keramik des Orients, etwa die altägyptische glasierte Keramik, ist nur durch Einzeluntersuchungen unzureichend beschrieben. Lediglich über die islamische Keramik sind wir durch Serienanalysen an archäologischem Material besser informiert.

Die bei Analysen glasierter Keramik zu erwartenden Aussagen betreffen in erster Linie wieder die Beschreibung des Materials, sowohl der keramischen Grundmasse, als auch der Glasuren und der Farbstoffe, aus denen dann wieder die historische Entwicklung der Herstellungstechnik und Herkunftsangaben abgeleitet werden können.

Analysen von Hedges zeigen, daß im Vorderen Orient bis in die ersten nachchristlichen Jahrhunderte Alkaliglasuren mit durchschnittlich 5% K_2O von 1 bis 10% variierenden CaO-Gehalten und deutlichen Eisengehalten (1–10%) verwendet wurden. Die Blei- und Zinngehalte liegen im Spurenbereich. Diese Alkaliglasuren wurden im Vorderen Orient auch für transparente Glasuren verwendet, während für die opaken weißen Glasuren entsprechend den Vorschriften bei Abū'l-Quasim Blei-Zinn-Glasuren mit 10–20% PbO und 5–15% SnO_2 verwendet worden sind.

Von den Datierungsverfahren hat sich in der Praxis bisher nur die Thermolumineszenz-Analyse als Routine-Verfahren durchgesetzt, mit dem auch die größte Genauigkeit erzielt werden kann. Anwendbar ist sie jedoch lediglich auf Terrakotten, nicht auf höher gebrannte Keramiken. Datierungen wurden bereits an allen Gruppen kulturgeschichtlicher Keramik durchgeführt, wobei die zu erreichende Genauigkeit von ± 10% des absoluten Alters ausreichte, um in vielen Fällen kulturgeschichtliche Datierungsprobleme zu lösen. Ein Hauptanwendungsgebiet der Thermolumineszenzanalyse ist die Prüfung der Echtheit von

Keramiken, die gegenwärtig in ständig zunehmender Menge und in immer perfekterer Fälschungstechnik angeboten werden.

Eine grundlegende Arbeit auf dem Gebiet der Baugeschichtsforschung von Goedicke, Kubelik und Slusallek behandelt *Datierungsprobleme von Renaissancevillen in Norditalien*. Zuerst wurde durch die Thermolumineszenzdatierung der Villa Foscari (La Malcontenta), deren Baudatum 1559/60 archivarisch gesichert war, geklärt, wie groß der Fehler der analytischen Datierung ist. Alle Thermolumineszenzdaten von Proben dieser Villa lagen zwischen 1538 und 1575. Der maximale Fehler liegt damit für dieses Objekt bei ca. ± 20 Jahren. Nach diesem sehr positiven Ergebnis konnte der Versuch unternommen werden, die Villa Sarego (Sta. Sofia di Pedemonte) zu datieren, bei der die baugeschichtlichen Altersangaben zwischen 1541 und 1570/71 schwankten. Die Thermolumineszenzdaten fielen in eine Zeitspanne von 1516–1542, wodurch das frühe Baudatum gesichert ist. Ein drittes Teilprojekt betraf den Versuch, die Bauphasen analytisch zu bestimmen. Bei der Villa Pisani in Bagnolo wurden Ziegel eines Vorgängerbaues aus dem späten 13. Jh., zwei Gruppen von Ziegeln verschiedenen Alters um 1539 und 1560 aus dem Bau Palladios, sowie Ziegel von Umbauten um 1640 und 1850 in ihrer Altersstellung eindeutig festgelegt. Die Anwendung der Thermolumineszenz-Analyse in der Baugeschichtsforschung stellt somit neben der Datierung von Gefäßen und Statuetten einen besonders wichtigen Beitrag zur kulturgeschichtlichen Forschung dar. Die anderen zur Datierung von Keramik möglichen Verfahren, wie der Archäomagnetismus, die Spaltspurenanalyse oder die Alpha-Recoil-Technik sind nur vereinzelt erfolgreich eingesetzt worden.

Malerei

Die Beschreibung der Maltechnik und der verwendeten Materialien, mit dem Ziel, sie zur Darstellung der historischen Entwicklung einzusetzen, ist die Aufgabe der naturwissenschaftlichen Gemälde-Analytik.

Zur Charakterisierung der Maltechnik stehen Beleuchtungs-Verfahren mit verschiedenen Lichtarten, die Durchleuchtung und die Radiographie zur Verfügung. Sie sind zu Routineverfahren geworden, da sie keinen großen Aufwand erfordern. Die wichtigsten Untersuchungstechniken dieser Art sind

die Betrachtung bei sichtbarem Licht, wobei Änderungen von Lichtart und Lichteinfall Möglichkeiten zu vertieften Aussagen bieten,

die Betrachtung bei schwachen Vergrößerungen,

die Untersuchung im ultravioletten und infraroten Bereich und

die Durchleuchtung mit Röntgenstrahlen. Radiographische Techniken in der Art der Neutronen-Autoradiographie oder der Elektronenradiographie haben bislang kaum allgemeine Anwendung gefunden.

Malerei

Obwohl der wichtigste Gemälde-Bestand der großen Museen bereits derart untersucht ist und dokumentiert vorliegt, ist die Zahl der Publikationen, die zur Beschreibung des Werkes eines Künstlers auch die technologischen Befunde heranziehen, noch recht gering. Beschreibungen von Einzelobjekten mit gründlichen Informationen gibt es dagegen in sehr großer Zahl.

Als Beispiel der technologischen Gemäldeuntersuchung sei ein Beitrag von Filedtkok in den 1979 erschienenen Lucas van Leyden-Studies erwähnt. Er hat von 18 Gemälden dieses Künstlers Röntgenaufnahmen, Infrarotphotos, Infrarotreflektographien, sowie den Befund mikroskopischer Betrachtungen und physikalischer Untersuchungen vorgelegt und interpretiert. Die Maltechnik Lucas van Leydens ist damit umfassend dokumentiert. Ähnlich gründlich sind auch einige Aufsätze v. Sonnenburgs, vor allem über Bilder von Tintoretto, Rubens und Rembrandt. Die Befunde können, wie die Untersuchungen Brachert über einige Gemälde von Leonardo da Vinci, als Vorbild für maltechnische Untersuchungen dienen, naturwissenschaftliche Untersuchungen sollten Teil einer jeden Gemäldebearbeitung sein. Instruktive Einzelbeispiele sind in Fachbüchern über technologische Gemäldeuntersuchungen von Hours, Nikolaus, sowie von Gilardoni, Ascani Orsini und Taccani aufgeführt.

Bei der Materialanalyse der Gemälde liegt der Schwerpunkt auf dem Gebiet der Pigmentanalyse. Sie hat ihre Anfänge in den ersten Jahrzehnten des 19. Jahrhunderts. Inzwischen liegt ein sehr umfassendes Datenmaterial vor. Ein dafür geeignetes Analysenverfahren ist die Röntgenfluoreszenzanalyse, die keine Probenentnahme erfordert, sondern direkt durch Bestrahlung des Gemäldes durchgeführt werden kann. Sie ermöglicht aber leider nicht die sichere Bestimmung aller Pigmente, da organische Farbstoffe (wie Indigo oder die Farblacke) so nicht identifiziert werden können und einzelne Pigmente chemisch sehr ähnlich sind. Auch ist mit diesem Verfahren keine Unterscheidung von Sorten des gleichen Pigments möglich. So ist es zweckmäßig, als zweites Verfahren die Röntgenfeinstrukturanalyse in der Art des Debye-Scherrer-Verfahrens einzusetzen. Obwohl die Debye-Scherrer-Aufnahme direkt am Objekt möglich ist, zieht man noch die Entnahme einer winzigen Substanzmenge vor. Dieses Verfahren ermöglicht die Analyse aller kristallisierten Pigmente, wozu die Mehrzahl der früher und heute verwendeten Malerei-Farbstoffe, mit Ausnahme der organischen Farbstoffe und farbiger Gläser (z. B. der Smalte), gehört. Das Verfahren läßt auch die Unterscheidung chemisch ähnlicher oder gleicher Sorten, z. B. von basischem und neutralen Bleiweiß, basischem und neutralen Grünspan, Gips und Kreide, der Anatas- und Rutilform beim Titanweiß und der verschiedenen Blei-Zinn-Gelb-Modifikationen zu. Bei einigen Pigmenten, z. B. dem Neapelgelb, kann aus der Röntgenfeinstrukturanalyse durch Berechnung der kristallographischen Daten auch auf die Mengenverhältnisse der Ausgangsmaterialien geschlossen werden.

Als drittes Verfahren ist die mikroskopische und mikrochemische Analyse der Pigmente nützlich, um Pigmentgemische zu erkennen oder um durch Mikroreaktionen die organischen Farbstoffe nachzuweisen.

Wir haben heute einen umfassenden Überblick über die in der Malerei verwendeten Pigmente (ak = anorganisch, künstlich, an = anorganisch, natürlich, ok = organisch-künstlich, on = organisch, natürlich):

Weiß

Bleiweiß	ak	$PbCO_3 \cdot Pb(OH)_2$	Antike
Zinkweiß	ak	ZnO	ca. 1800
Titanweiß	ak	TiO_2	1928
Kreide	an	$CaCO_3$	Antike
Gips	an	$CaSO_4 \cdot 2H_2O$	Antike
Barytweiß	ak	$BaSO_4$	ca. 1800
Lithopone	ak	$ZnO + BaSO_4$	ca. 1850

Gelb

Ocker	an	Mineralgemisch	Antike
Eisenoxidgelb	ak	$FeOOH$	18. Jh.
Massikot	ak	PbO	Antike
Auripigment	an	As_2S_3	Antike
Blei-Zinngelb	ak	Pb_2SnO_4	Mittelalter
Neapelgelb	ak	$(Pb_3SbO_4)_2$	18. Jh.
Barytgelb	ak	$BaCrO_4$	19. Jh.
Strontiumgelb	ak	$SrCrO_4$	19. Jh.
Zinkgelb	ak	$K_2Cr_2O_7 \cdot 3ZnCrO_4$	19. Jh.
Kadmiumgelb	ak	CdS	1925
Chromgelb	ak	$2PbSO_4 \cdot PbCrO_4$	1818
Nickeltitangelb	ak	Nickeltitanat	
Kobaltgelb	ak	Kaliumkobaltnitrit	1848
Gummigutt	on	Pflanzengummi	Antike
Indischgelb	on	euxanthinsaure Magnesia	18. Jh.
Gelbe Farblacke	on	Pflanzenfarbstoff	Mittelalter

Rot

Ocker	an	Mineralgemisch	Antike
gebrannter Ocker	ak	Mineralgemisch	Antike
Eisenoxidrot	ak	Fe_2O_3	Antike
Mennige	ak	Pb_2O_3	Antike
Zinnober	an	HgS	Antike
Realgar	an	AsS	Antike
Chromrot	ak	$PbCrO_4 \cdot Pb(OH)_2$	19. Jh.
Kadmiumrot	ak	$CdS \cdot CdSe$	1910
Krapplack	on	Pflanzenfarbst.	Antike
Karmin	on	tierischer Farbst.	Antike

Malerei 81

Braun

Ocker	an	Mineralgemisch	Antike
Umbra	an	Mineralgemisch	Antike
gebr. Grüne Erde	ak	Mineralgemisch	Antike
Kasseler Braun	on	Braunkohle	16. Jh.
Sepia	on	tierischer Farbstoff	18. Jh.
Mumie	ok	Bitumen	19. Jh.
Asphalt	on	Bitumen	Antike

Grün

Malachit	an	$CuCO_3 \cdot Cu(OH)_2$	Antike
Paratacamit	ak	$CuCl_2 \, Cu(OH)_2$	Antike
Ägyptisch Grün	ak	$CaCuSi_4O_{10}$	Antike
Chrysokoll	an	$CuSiO_3 \cdot nH_2O$	Antike
Grüne Erde	an	Glimmer	Antike
Grünspan	ak	$Cu(CH_3COO)_2 \cdot H_2O$	Antike
Chromoxidgrün	ak	Cr_2O_3	1927
Chromoxidhydratgrün	ak	$Cr_2O(OH)_4$	1903
Permanentgrün	ak	$Cr_2O(OH)_4 + BaSO_4$	19. Jh.
Kobaltgrün	ak	$5ZnO \cdot CoO$	1780
Schweinfurter Grün	ak	$Cu(CH_3COO)_2 \cdot 3Cu(AsO_2)_2$	um 1800
Grünblauoxid	ak	$Cr_2O_3 \cdot CoO \cdot Al_2O_3$	um 1900
Zinkgrün	ak	Zinkgelb + Berlinerblau	19. Jh.
Chromgrün	ak	Chromgelb + Berlinerblau	19. Jh.
Kadmiumgrün	ak	Kadmiumgelb + Chromoxidhydrat	1925
Phtallocyaningrün	ak	organ. Verbindung	1827

Blau

Azurit	an	$2CuCO_3 \cdot Cu(OH)_2$	Antike
Ultramarin	an	$3Na_2O \cdot Al_2O_3 \cdot 2SiO_2 \cdot 2Na_2S$	Antike
Ägyptisch-Blau	ak	$Ca \, CuSi_4O_{10}$	Antike
Smalte	ak	Kobaltglas	15. Jh.
Kobaltblau	ak	$CoO \cdot Al_2O_3$	1775
Coelinblau	ak	$2CoO \cdot SnO_2$	1860
Preussischblau	ak	$Fe_7(CN)_{18}$	1704
Manganblau	ak	$BaMnO_4 \cdot BaSO_4$	1907
Mineralblau	ak	W_3O_5	19. Jh.
Indigo	on	Pflanzenfarbstoff	Antike
Phtallocyaninblau	ok	organ. Verbindung	1927

Violett

Manganviolett	ak	$(NH_4)Mn(P_2O_7)$	1925
Kobaltviolett	ak	$Co_3(PO_4)_2$	1800
Ultramarinviolett	ak	$3Na_2O \cdot Al_2O_3 \cdot 2SiO_2 \cdot 2Na_2S$	1878

Schwarz

Eisenoxidschwarz	ak	Fe_3O_4	19. Jh.
Manganschwarz	ak	MnO_2	19. Jh.

Elfenbeinschwarz	ok	Kohlenstoff	Antike
Beinschwarz	ok	Kohlenstoff	Antike
Pflanzenschwarz	ok	Kohlenstoff	Antike
Lampenruß	ok	Kohlenstoff	Antike

Da der Aufwand für Pigmentanalysen gering ist, liegen aus allen kulturgeschichtlichen Bereichen umfassende Informationen über die verwendeten Pigmente vor. Die Informationsfülle wird bereits bei den Pigmenten der ägyptischen Malerei deutlich, über die es, neben den schon weitgehend vollständigen Informationen bei Lucas, neuere Arbeiten über Wandmalereien und bemalte Statuetten von Riederer und bemalte Keramik von Noll gibt. Es handelt sich um relativ wenige Farben, wenn man ihr die große Menge der Malereien auf Stein, Holz, Keramik und Papyrus gegenüberstellt. Außergewöhnliche Pigmente, wie Huntit, Kobaltblau, Atacamit, Chrysocoll oder Jarosit konnten nur als Sonderfälle festgestellt werden.

Zahlreiche Arbeiten beschäftigen sich mit einzelnen Pigmenten, etwa dem Ägyptisch Blau oder dem Kobaltblau. Auch aus dem griechischen Bereich sind wir durch neuere Arbeiten von Filippakis, sowie durch Untersuchungen an einzelnen Bauwerken oder Museumsobjekten gut informiert.

Vollständig sind unsere Kenntnisse über die Pigmente der römischen Malerei, da seit dem frühen 19. Jahrhundert Analysen von reichen Grabfunden (z. B. Herne-St. Hubert/Belgien, St. Médard des Prés/Frankreich) und dem reichen Material aus Pompeji in großer Zahl publiziert wurden.

Weniger gründlich kennen wir die Pigmente des Mittelalters, da breitere Untersuchungen an Wandmalereien, Buchmalereien und Skulpturen fehlen. Doch reicht der spärliche Befund von Objektanalysen zusammen mit dem reichen Quellenmaterial dieser Zeit aus, eine verläßliche Vorstellung von den damals verwendeten Pigmenten zu erhalten. Aus späterer Zeit liegen dann relativ viele Pigmentanalysen von Gemälden vor, die vor allem in einigen Arbeiten Kühns aufgeführt sind. Er hat auch alle ihm bekannten Daten zusammenfassend dargestellt, so daß wir ein gutes Bild der Farbpaletten von der Renaissance bis in die Zeit des beginnenden 20. Jahrhunderts haben.

Aus dem außereuropäischen Bereich sind aus Indien und Ostasien durch Untersuchungen an Wandmalereien (Riederer) und Skulpturen (Yamasaki) schon recht breite Erfahrungen vorhanden, obwohl Detailuntersuchungen, z. B. von Buchmalereien, noch fehlen.

Aus den einzelnen Kulturkreisen sind durch Materialanalysen folgende Pigmente nachgewiesen.

Ägypten: Kreide, Huntit, Gips, weißer Ton, gelber Ocker, Auripigment, roter Ocker, Malachit, Paratacamit, Chrysokoll, Ägyptisch Grün, Ägyptisch Blau, Azurit, Ultramarin, Kobaltblau, brauner Ocker, Pflanzenschwarz, Ruß.

Malerei

Griechenland: Kreide, Huntit, Gips, weißer Ton, gelber Ocker, Auripigment, roter Ocker, Zinnober, Malachit, Paratacamit, Ägyptisch Blau, Azurit, Ultramarin, brauner Ocker, Magnetit, Pflanzenschwarz, Ruß.

Römisches Reich: Bleiweiß, Kreide, Gips, weißer Ton, gelber Ocker, Auripigment, roter Ocker, Mennige, Zinnober, Malachit, Paratacamit, Ägyptisch Blau, Azurit, Ultramarin, brauner Ocker, Pflanzenschwarz, Ruß.

Mittelalter: Bleiweiß, Kreide, Gips, weißer Ton, gelber Ocker, Blei-Zinn-Gelb, gelbe Lacke, Auripigment, roter Ocker, Mennige, Zinnober, rote Lacke, Malachit, Paratacamit, Grünspan, Grüne Erde, Ägyptisch Blau, Azurit, Ultramarin, brauner Ocker, Umbra, Pflanzenschwarz, Beinschwarz, Ruß.

16.–18. Jh.: Bleiweiß, Kreide, Gips, weißer Ton, gelber Ocker, Blei-Zinn-Gelb, Neapelgelb, Auripigment, Realgar, Mennige, roter Ocker, Zinnober, rote Lacke, Malachit, Grünspan, Kupferresinat, Grüne Erde, Azurit, Ultramarin, Smalte, Preussisch-Blau, brauner Ocker, gebrannte Grüne Erde, Umbra, Pflanzenschwarz, Beinschwarz, Ruß.

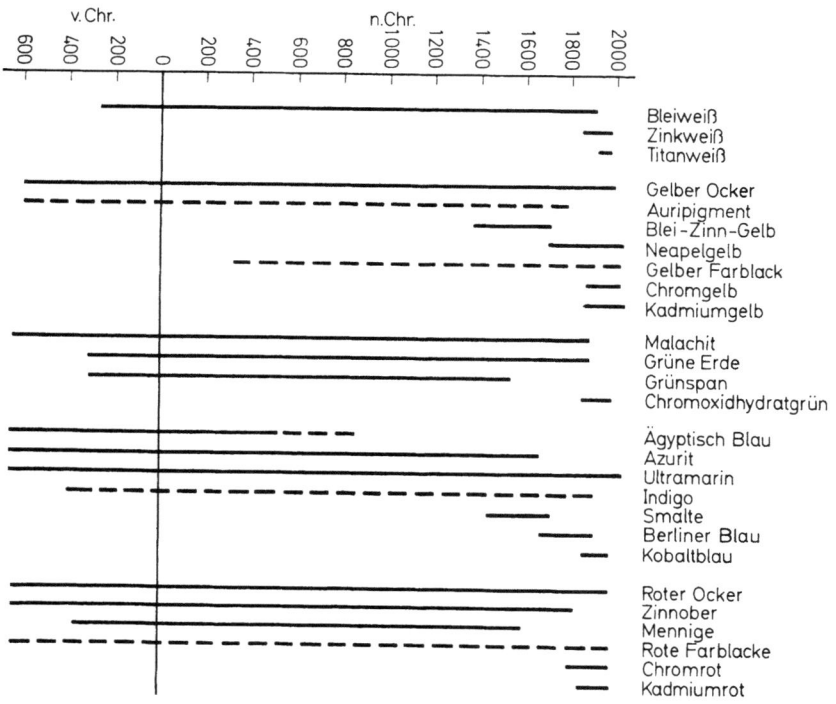

Abb. 14. Verwendungszeitraum der wichtigsten Pigmente der Malerei

19./20. Jh.: Bleiweiß, Zinkweiß, Titanweiß, Kreide, Gips, weißer Ton, gelber Ocker, Eisenoxidgelb, Neapelgelb, Cadmiumgelb, Chromgelb, Barytgelb, Strontiumgelb, Zinkgelb, Kobaltgelb, Nickel-Titan-Gelb, roter Ocker, gebrannte rote Ocker, Eisenoxidrot, Zinnober, Chromrot, Cadmiumrot, rote Lacke, Grüne Erde, Chromoxidgrün, Chromoxidhydratgrün, Permanentgrün, Kobaltgrün, Schweinfurter Grün, Grünblauoxid, Zinkgrün, Chromgrün, Cadmiumgrün, Phtallocyaningrün, künstliches Ultramarin, Kobaltblau, Coelinblau, Preussisch-Blau, Manganblau, Mineralblau, Phtallocyaninblau, Manganviolett, Kobaltviolett, Ultramarinviolett, brauner Ocker, gebrannte Grüne Erde, Kasseler Braun, Sepia, Mumie, Asphalt, Eisenoxidschwarz, Manganschwarz, Kohlenstoffschwarz.

Indien: Bleiweiß, Gips, Kreide, gelbe Ocker, Massicot, Auripigment, Gummigutt, Indisch Gelb, Mennige, rote Ocker, Zinnober, Malachit, Paratacamit, Chrysocoll, Azurit, Ultramarin, Indigo, Ägyptisch Blau, brauner Ocker, Pflanzenschwarz, Ruß.

Neben der Erstellung einer Pigmentgeschichte aufgrund der aus allen kulturgeschichtlichen Bereichen reichlich vorliegenden Analysen, spielt die Charakterisierung der Pigmente durch ihre Materialeigenschaften eine wichtige Rolle. Die wichtigsten Möglichkeiten sind hier die Isotopenanalyse und die neutronenaktivierungsanalytische Spurenanalyse. Bei der Isotopenanalyse interessieren wieder die Bleiisotope und zwar das Verhältnis von ^{208}Pb/^{206}Pb zu ^{207}Pb/^{206}Pb zur Lokalisierung von Bleipigmenten, da durch dieses Verhältnis das Blei von Erzen verschiedener Herkunft charakterisiert werden kann. Weiter ist der Gehalt an ^{210}Pb interessant, da der Anteil an diesem Isotop Hinweise zur Altersbestimmung gibt. Keisch und Callahan, die mehr als 400 Bleiweißproben von der Antike bis in unsere Zeit analysierten, fanden, daß die Verhältnisse von ^{206}Pb/^{204}Pb, ^{206}Pb/^{207}Pb und ^{208}Pb/^{206}Pb bei Proben aus der Zeit vor 1800 in sehr engen Grenzen liegen, während bei Proben aus dem 19. und 20. Jahrhundert eine große Schwankungsbreite festzustellen ist:

	^{206}Pb/^{204}Pb	^{206}Pb/^{207}Pb	^{208}Pb/^{206}Pb
Vor 1800	17,98–18,76	1,152–1,200	2,055–2,115
Nach 1800	15,96–22,04	1,038–1,406	1,862–2,237

Ursache dieser Ausweitung der Isotopenverhältnisse in neuerer Zeit ist die verstärkte Verwendung überseeischer Bleierze seit dem 19. Jahrhundert.

Die neutronen-aktivierungsanalytische Spurenanalyse konzentrierte sich bisher vor allem auf Untersuchungen an Bleiweiß, wobei Lux und Mitarbeiter

Holz

8 Sorten von Bleiweiß nachzuweisen in der Lage sind, die aus Erzen verschiedener Herkunft angefertigt wurden.

Als ein wichtiges Verfahren zur genaueren Charakterisierung von Erdfarben, wie Ocker, Umbren, Grüne Erden, hat sich die Infrarotspektralanalyse erwiesen, die vor allem im OH-Bereich und im Bereich der Si-O-Schwingungen eine genaue Kennzeichnung von Sorten zuläßt. Darüber hinaus läßt sie sogleich erkennen, ob Carbonate, Sulfate oder Quarz vorhanden sind. Damit ergibt sich, ob es sich um natürliche oder gebrannte Sorten handelt.

Ein weiteres Verfahren zur genaueren Kennzeichnung von eisenhaltigen Pigmenten ist die Mößbauer-Spektroskopie. Sie erlaubt die Unterscheidung von Erdfarben.

Die *Bindemittelanalyse* bereitet analytisch erhebliche Schwierigkeiten, da sich das organische Material durch Alterung verändert und nicht selten recht komplizierte Mischungen von Ölen, Harzen und anderen organischen Komponenten vorliegen. Zweckmäßig sind auf jeden Fall mikrochemische Reaktionen zur Feststellung der Bindemittelgruppe. Weiter gibt es Färbereaktionen, die Hinweise über die Art der vorhandenen Bindemittel geben. Chromatographische Verfahren haben noch keine überzeugenden Ergebnisse erbracht. Die Massenspektrometrie liefert die bisher besten Informationen, ist aber mit großem Geräteaufwand verbunden. Unser Wissen über die Bindemittel früherer Zeiten entstammt somit den zahlreichen überlieferten maltechnischen Anweisungen.

Thermoanalytische Untersuchungen an Bindemitteln, etwa die Schmelzversuche von Ewald oder die Differentialthermoanalysen von Preusser ließen Rückschlüsse auf das Alter zu.

Die Analyse des Bildträgers erfolgt aufgrund makroskopischer oder mikroskopischer Kennzeichen, die bei textilen Bildträgern eine Bestimmung des Fasermaterials und der Knüpfart, bei Bildträgern aus Holz eine Identifizierung der Holzart erlauben.

Holz

In der bildenden Kunst und in der Baukunst ist die Frage nach einer Holzart und die Bestimmung des Alters des betreffenden Holzes häufig entscheidend wichtig.

Die Identifizierung der Holzart gelingt mikroskopisch. Dazu werden von einer Holzprobe, mindestens von der Größe eines Streichholzkopfes, Schnitte quer, radial und tangential zur Stammrichtung ausgeführt, die die pflanzenanatomisch wichtigen Merkmale zeigen. Solche Untersuchungen werden an Holzforschungsinstituten durchgeführt, die über die nötigen Vergleichspräparate verfügen, um die Holzgattung und meist auch die Holzart sicher festzulegen. Bestimmungstabellen mit Abbildungen haben Grosser und Mitarbeiter veröffentlicht.

Einigermaßen gründlich untersucht sind die Hölzer der europäischen Malerei und Holzbildhauerei, die ein breites Spektrum von verwendeten Holzarten zeigen. Die wichtigsten Holzarten in den verschiedenen Gebieten sind:

	Hartholz	Weichholz
Italien	Zypresse, Edelkastanie	Pappel, Tanne
Niederlande	Eiche	
Süddeutschland	Nußbaum, Buche, Esche	Tanne, Linde, Kiefer
Frankreich	Eiche, Nußbaum	Pappel

Seltener kommen Obstbaumhölzer, Lärche, Ulme, Weide und tropische Hölzer, wie Mahagoni und Teak, vor.

Systematische Untersuchungen gibt es auch über die im antiken Ägypten verarbeiteten Hölzer, wobei es sich vor allem um Sykomoren, Zypressen und Zedern handelt.

Einen wichtigen Beitrag leisten die Naturwissenschaften zur Datierung von Holz. Dabei ist die Radiokohlenstoff-Methode universell anwendbar.

Die Dendrochronologie, bei der das Alter aus der Abfolge von Jahresringen abgeleitet wird, läßt sich gegenwärtig nur zur Datierung von Eichen und Nadelhölzern anwenden, da für sie Chronologien bis zurück in die Antike aufgestellt wurden. Sie liefert sehr präzise Altersangaben. Hauptanwendungsgebiete sind die Datierung von Hölzern aus frühgeschichtlichen und mittelalterlichen Siedlungen, von Balken aus dem Bereich der Architektur, besonders von Dach- und Fachwerkbalken, sowie von Skulpturen und Gemälden.

Interessante Ergebnisse erhielten Eckstein und Bauch (1974) bei der *dendrochronologischen Untersuchung* von holländischen und altdeutschen *Malereien auf Holztafeln,* deren Jahresringe sich ohne Schwierigkeiten abzählen und vermessen lassen. Durch die dendrochronologische Bestimmung des Fälljahres im Vergleich zu der Altersangabe datierter Gemälde konnte zum Beispiel geklärt werden, daß die Lagerzeit des Holzes ausgesprochen kurz war. In 70% aller untersuchten Gemälde betrug sie durchschnittlich 4 Jahre. Undatierte Gemälde lassen sich so auf jeden Fall auch von der Dendrochronologie her zeitlich in die Abfolge der Arbeiten eines Malers einordnen. Zur Datierungsgenauigkeit wurde festgestellt, daß häufig noch Reste des Splintholzes vorhanden waren, wodurch das Holz auf 5 Jahre genau datiert werden kann. Doch auch bei fehlendem Splintholz kann angenommen werden, daß lediglich dieses und nichts vom Kernholz entfernt wurde.

Papier, Papyrus, Pergament

Die Beschreibstoffe Papier, Papyrus und Pergament sind bisher kaum analytisch untersucht worden, da das Material wenig differenziert ist und die Datierung aufgrund der darauf befindlichen Schrift oder Darstellung sicherer ist.

Beim Papier sind die aus der Materialprüfung üblichen Prüfverfahren zur Bestimmung von Reißfestigkeit oder Knickfestigkeit oder zur Erkennung von Schadfaktoren (z. B. Säuregehalt) möglich. Aus diesem Bereich stammen auch mikroskopische Methoden im Auflicht und Durchlicht oder im Rasterelektronenmikroskop zur Beschreibung des Materials. Zur Charakterisierung kulturgeschichtlicher Objekte wurden diese Verfahren jedoch bislang kaum gebraucht.

Weiter sind am Papier chemische Analysen möglich, vor allem mit dem Ziel, Spurenelemente nachzuweisen, die zur Herstellungs-Lokalisierung oder Alterszuordnung verwendet werden können. Solche Untersuchungen lassen sich entweder mit der Röntgenfluoreszenz-Analyse direkt am Papier, durch die Atomabsorptionsanalyse oder die Neutronen-Aktivierungsanalyse durchführen.

Ein historisch interessantes Problem, das von Barrandon und Irigoin untersucht wurde, betrifft die Unterscheidung französischer und niederländischer Papiere aus der Zeit von 1650 bis 1810, als französisches Papier zur Versorgung des niederländischen Handels mit Amsterdamer Wasserzeichen versehen wurde, um ein dort hergestelltes, besonders begehrtes Papier vorzutäuschen. Die Unterscheidung gelang durch die neutronen-aktivierungsanalytische Bestimmung der Elemente Chrom, Gold, Scandium, Zink, Eisen, Kobalt, Arsen und Kupfer, wobei vor allem die Gehalte an Zink, Kobalt und Arsen in Papieren aus der Zeit nach 1746 die stärksten Unterschiede zeigen, als dem niederländischen Papier blaue Kobaltverbindungen als Weißmacher zugesetzt wurden.

Papyrus und Pergament waren bisher selten Gegenstand naturwissenschaftlicher Analysen. Wiedemann, Müller und Bayer untersuchten Papyrus mit der Differentialthermoanalyse, um Unterschiede zwischen neuem und antikem Papyrus und damit das Alterungsverhalten zu beschreiben.

Radiographisch gelingt das Sichtbarmachen von Wasserzeichen. Bei der β-Radiographie wird unter das zu untersuchende Blatt eine mit einem radioaktiven Material (z. B. ^{14}C) beschichtete Folie gelegt, die β-Strahlen aussendet. In Abhängigkeit von der Dicke des Papiers werden die Strahlen unterschiedlich geschwächt, so daß sich auf einem Film über dem Papier das Wasserzeichen deutlich abzeichnet.

Ähnlich arbeitet die Elektronenradiographie, bei der das Papier mit Elektronen durchstrahlt wird, die mit Hilfe von Röntgenstrahlen in einer Metallfolie erzeugt werden, die unter das zu untersuchende Blatt gelegt wird.

Textilien

Bei der naturwissenschaftlichen Untersuchung textiler Objekte interessieren die Art der Faserstoffe und der Farbstoffe.

Die Faserstoffe werden mikroskopisch, am zweckmäßigsten rasterelektronenmikroskopisch untersucht, wo die Merkmale am deutlichsten erkennbar sind. Systematische Analysen liegen bisher kaum vor, dagegen hat sich die analytisch abgesicherte Materialangabe zur Routinearbeit bei Objektbeschreibungen entwickelt. Der Vorteil der mikroskopischen Bestimmungen liegt in der Möglichkeit, die Fasersorten recht genau zu charakterisieren. Bei Wolle lassen sich mit ziemlicher Sicherheit die wichtigen Tierarten wie Schaf, Ziege, Kamel unterscheiden, während die Trennung von Wolle verwandter Tierarten, wie Lama, Alpaca, Vicuna und Guanako, bei südamerikanischen Textilien Schwierigkeiten bereitet.

Die Analyse der Farbstoffe von Textilien erfolgt am zweckmäßigsten durch chromatographische Methoden, die eine Trennung der wichtigsten Färbemittel zulassen. Lediglich gelbe Farbstoffe lassen sich auf einfachem Weg noch nicht mit der notwendigen Sicherheit trennen.

Serienuntersuchungen liegen bisher vor allem vor von südamerikanischen Textilien, koptischen Geweben, islamischen Teppichen und vereinzelt aus dem Bereich des europäischen Kunsthandwerks.

Grundlegende Untersuchungen über historische Textilfarbstoffe verdanken wir Schweppe, der eine umfassende Referenzsammlung von Dünnschichtchromatogrammen erstellte. Die Chromatogramme und die Verfahren, die verschiedenen Farbstoffe aus der textilen Faser zu extrahieren, sind von Schweppe publiziert worden. Wir wissen heute, daß als

gelber Farbstoff Ginster, Kreuzdornbeeren, Wau, Safran sowie Extrakte verschiedener Holzarten, als

roter Farbstoff Krapp, Kermes, Orseille, Cochenille und Purpur, als

blauer Farbstoff Indigo weit verbreitet sind,

daß daneben aber eine große Zahl lokaler pflanzlicher Produkte verwendet wurde, deren Identifizierung Schwierigkeiten bereiten kann.

Betrachtet man die Verteilung der Textilfarbstoffe auf kulturgeschichtliche Bereiche, so zeigt sich, daß nur Detailbefunde von Analysen einzelner Objekte vorliegen, etwa der Nachweis von Indigo in keltischen Geweben oder die Bestimmung von echtem Purpur in römischen Geweben. Aus dem koptischen Bereich weiß man, daß die kennzeichnenden braunen Farbtöne auf Mischungen von Indigo und Krapp zurückzuführen sind, während das tiefe Rot aus reinem Krapp besteht.

Sultzmann (1978) hat mit Hilfe der Spektralphotometrie im sichtbaren und ultravioletten Licht eine Reihe von Farbstoffen in peruanischen Textilien identi-

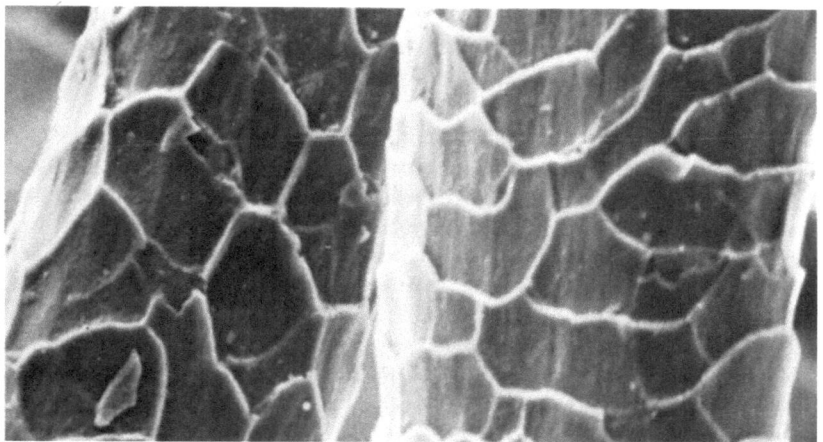

Abb. 15. Schafwolle im Rasterelektronenmikroskop (Vergr. 200×)

fizieren können. Indigo, Krapp und Cochenille waren die üblichen Farbstoffe, während ein dem Purpur ähnlicher Farbstoff einer Meeresschnecke, sowie ein krappähnlicher Farbstoff, das Relbunium, seltener vorkommt. Zeitliche und regionale Unterschiede zeichnen sich ab, konnten bisher aber noch nicht sicher bestätigt werden, da ein archäologisch gesichertes Material recht selten ist.

Wachs

Wachse sind organische Verbindungen, die unter 40° C fest und knetbar sind, über 40° C schmelzen und dünnflüssig werden. Man unterscheidet tierische Wachse (z. B. Bienenwachs, Walrat), pflanzliche Wachse (z. B. Carnaubawachs), mineralische Wachse (Ozokerit, Paraffin) und eine große Zahl synthetischer Wachse.

In der Kulturgeschichte fanden Wachse seit prähistorischer Zeit Verwendung zur Herstellung von kleinen Skulpturen und Amuletten, von Kerzen, in Form von Wachstafeln als Beschreibstoff, als Material für Siegel, als Bindemittel in der Malerei und zu vielfältigen Arbeiten des täglichen Lebens. Diese Vielfalt von Verwendungszwecken erfordert eine genaue Materialanalyse, die mit chromatographischen Techniken und der Infrarotspektralanalyse durchgeführt werden kann.

White veröffentlichte einige Beispiele der Anwendung der Gaschromatographie zur Analyse von Museumsobjekten aus Wachs, wobei festgestellt wurde, daß dem Bienenwachs häufig andere Wachse beigemischt waren, um die Verarbeitbarkeit zu erhöhen. Neben Wachsen, wie Carnaubawachs, Stearin oder Ozokerit, wurden auch Beimengungen von Harzen (z. B. Terpentin) und tierischen Fetten (z. B. Talg) gefunden.

Kühn untersuchte Wachsobjekte mit Hilfe der Infrarotspektrographie, wie das Punische Wachs, das von Plinius erwähnt wird, sowie Wachse von römischen Schreibtafeln und von Wachssiegeln. Auch beim Wachs der Schreibtafeln zeigte es sich, daß das Bienenwachs mit Harzen oder Talg versetzt wurde und das Bienenwachs durch Einwirkung von Soda oder Kalk unter Bildung von Salzen der Wachssäuren verändert worden war. In selteneren Fällen wurden Pflanzengummi, Leinöl und eine zuckerartige Masse gefunden. Die Analyse von Wachssiegeln aus der Zeit vom 10.–15. Jh. durch Kühn zeigen, daß neben reinem Bienenwachs auch Bienenwachs mit Zusätzen von Harzen und Punischem Wachs vorkommt. Das Punische Wachs ist ein Bienenwachs, das mit Salzlösungen (wie Meerwasser, Sodalösungen oder Lösungen von Erdalkalisalzen) gekocht wird, wodurch sich Alkali- und Erdalkaliwachsseifen bilden.

Wachsanalysen wurden schon in früherer Zeit ausgeführt. Aufschlußreich ist in diesem Zusammenhang der Versuch von Pinkus (im Jahre 1910) durch eine detaillierte Untersuchung zu beweisen, daß die Leonardo da Vinci zugeschriebene Flora-Büste der Berliner Museen ein Werk des englischen Bildhauers Lucas aus der Zeit um 1850 sei, wobei ihm der Nachweis von Walrat im Bienenwachs gelang. Die entscheidenden Argumente für die Echtheit lieferten Pigmentanalysen, die zeigten, daß zur Färbung der Flora-Büste typische Renaissancepigmente verwendet wurden.

Ostasiatischer Lack

Durch eine Reihe von Arbeiten wurde die Gewinnung des Lackrohstoffes, einem durch Anritzen verschiedener Rhus-Arten gewonnenen Baumsaft, und seine Verarbeitung zu Lackobjekten vielfältigster Art im Detail geklärt. Vor allem hat Nakasato durch eine Reihe detaillierter Beschreibungen der historischen Techniken und Materialien das Problem der Lackherstellung weitgehend geklärt. Eine zweite Serie von Arbeiten, besonders von Kenjo, befaßt sich mit den komplizierten chemischen Veränderungen, die der frische Pflanzensaft durch die Verarbeitung (z. B. das Versetzen mit Eisenlösungen oder Ölen) und durch die Alterung erleidet. Diese Untersuchungen wurden an Lackfilmen mit Hilfe der Infrarotspektrographie, sowie der Messung des Absorptionsverhaltens im sichtbaren und ultravioletten Licht durchgeführt. Die dritte Art von Analysen, die zur Zeit von Burmester in Zusammenarbeit mit dem Rathgen-Forschungslabor durchgeführt werden, betrifft die Untersuchung des fertigen Lackobjekts mit dem Ziel, regionale und zeitliche Unterschiede festzustellen, wofür vor allem massenspektrometrische Techniken eingesetzt werden.

Bernstein

Bei der Analyse von Bernstein konzentriert sich die Forschung auf die Frage nach seiner Herkunft, da bekannt ist, daß Bernstein in vor- und frühgeschichtlicher Zeit über weite Entfernungen verhandelt wurde. Eine genaue Herkunftsbestimmung könnte dann dazu beitragen, den Umfang des frühen Warenhandels mit größerer Sicherheit zu ermitteln.

Mit der Analyse von Bernstein haben sich in neuerer Zeit vor allem Rottländer, sowie Beck und Mitarbeiter befaßt. Sie bemühten sich mit Hilfe der Infrarotspektrographie, der Dünnschicht- und der Gaschromatographie, die überaus komplizierte Zusammensetzung des Bernsteins aus mehr als 40 organischen Einzelverbindungen zu klären, um aus den Unterschieden der Anteile der verschiedenen Komponenten auf die Herkunft schließen zu können. Es ergab sich, daß Unterschiede der Zusammensetzung mit der Alterung des als Baumharz entstandenen Bernsteins eng zusammenhängen. Aufgrund von Pflanzenresten im Bernstein konnte nachgewiesen werden, daß die Bernsteinarten verschiedener Herkunft, z. B. der Bernstein der Ostsee und der Bernstein des Libanons, auf verschiedene Baumarten zurückzuführen sind. Da die Bernsteine darüber hinaus aus unterschiedlichen geologischen Epochen stammen und in unterschiedlichem Maß gealtert sind, zeichnen sich Ansatzpunkte für eine Lokalisierung von Bernsteinfunden mit analytischen Methoden ab.

Elfenbein

Trotz der Bedeutung des Elfenbeins als Werkstoff von den frühesten Perioden der Vorgeschichte an, liegen über dieses Material kaum Arbeiten vor. Zur Bestimmung, ob es sich um Elfenbein vom Elefanten, vom Narwal, von größeren Tierzähnen oder vom fossilen Mammut handelt, werden optische Kennzeichen herangezogen. Das im Querschnitt zur Stoßzahnlängsachse sichtbare Rautenmuster ist für Elfenbein vom Elefanten kennzeichnend. Andere Merkmale fehlen.

Baer und Mitarbeiter haben Kohlenstoff- und Stickstoffgehalte und den Aschenanteil von Elfenbein aus Ausgrabungen früher Kulturen des Vorderen Orients mit modernem Elfenbein verglichen und folgende Werte erhalten:

	% Asche	% C	% N
Elfenbein (Afrika)	53,32	16,25	5,52
Mammut (Sibirien)	54,24	15,64	5,37
Nimrud/Irak (9./8. Jh. v. Chr.)	85,60	4,33	
Hasanlu/Iran (9. Jh. v. Chr.)	87,15	2,36	0,53
Acem Hüyük, Anatolien (19./18. Jh. v. Chr.)	92,60	2,12	–

Die Fluorgehalte von rezentem und archäologischem Elfenbein unterscheiden sich kaum. Die Werte liegen zwischen 0,01 bis 0,10%.

Newesely befaßte sich in einigen Arbeiten mit dem rasterelektronen-mikroskopischen Bild und der Röntgenfeinstrukturanalyse von modernem und altem Elfenbein, wobei der Ablauf der altersbedingten Veränderungen sowohl durch morphologische Merkmale, wie das Auftreten neugebildeter Mineralabscheidungen, als auch durch die Veränderung der mineralischen Komponenten dargestellt werden konnte.

Knochen

Die Untersuchung der menschlichen und tierischen Knochenreste gibt vielfältige Aufschlüsse über die Lebensbedingungen der frühen Kulturen. Drei Analysenarten haben sich als besonders nützlich erwiesen, nämlich die Röntgendiagnostik, die chemische Analyse der Knochen und die Altersbestimmung nach der Fluor-Stickstoff-Methode.

Röntgenuntersuchungen wurden in erster Linie an ägyptischen und südamerikanischen Mumien durchgeführt, um die Hüllen nicht öffnen zu müssen oder um den von der konservierten Haut umgebenen Knochenbau studieren zu können. Die wichtigsten Ergebnisse, die so erhalten wurden, betreffen das Alter, das Geschlecht, knochenverändernde Krankheiten, Todesursachen durch Knochenverletzungen und medizinische Eingriffe.

Die chemische Analyse des Knochens gibt wichtige Hinweise auf die Lebensgewohnheiten von Menschengruppen, da der Vergleich der nahrungsbedingten Unterschiede oder Ähnlichkeiten der Spurenelementgehalte zwischen Männern und Frauen, Erwachsenen und Kindern, Wohlhabenden und Armen, Bewohnern gleich- oder verschiedenalter Siedlungen, Hinweise auf die Art und die Differenzierung der Nahrungsmittel gibt. Erhöhte Gehalte an toxischen Elementen, wie Blei, Arsen, Quecksilber, lassen Rückschlüsse auf die Todesart zu.

In einer grundlegenden Arbeit befaßten sich Brätter und Mitarbeiter mit der Abhängigkeit der Spurenelementkonzentrationen in verschiedenen Teilen des

Skeletts, wobei einzelne Elemente (Fe, Br, La, Co, Sc) erhebliche Unterschiede zeigen, je nachdem ob die Proben aus Epiphyse oder Diaphyse stammen. Weiter wurde durch den Vergleich der Spurenelementkonzentrationen von Skeletten verschiedener Herkunft belegt, daß die Spurenelemente umweltabhängig und damit für die Herkunft typisch sind.

Um ein Beispiel der durchschnittlichen Gehalte an Spurenelementen zu geben, seien die Ergebnisse von Lambert, Szpunar und Buikstra aufgeführt, die als Mittelwert von Proben, die aus den Rippen von 86 verschiedenen Skeletten entnommen waren, folgende Elementkonzentrationen erhielten:

Sr	192 ± 105 ppm		Cu	10,6 ± 7,5 ppm
Zn	302 ± 158 ppm		Fe	3460 ± 2320 ppm
Mg	5870 ± 2380 ppm		Al	2260 ± 1840 ppm
Ca	33,0 ± 4,3%		Mn	338 ± 125 ppm
Na	4130 ± 1120 ppm		K	610 ± 384 ppm

Waldron und Mitarbeiter haben sich mit der Bleivergiftung der Römer durch Bleibestimmungen in Knochen auseinandergesetzt. Untersucht wurden 202 Proben aus römischen Gräbern in England. Während in den Knochen der Bleigehalt in der Regel unter 10 ppm liegt, wurden in Einzelfällen bei Erwachsenen Gehalte von 319 und 449 ppm gemessen, die meisten Werte lagen zwischen 50 und 100 ppm. Auch von anderen Stellen, wo die Verwendung von Bleigefäßen oder bleiglasierter Keramik nachgewiesen ist, wurden Werte von einigen 100 ppm Pb gefunden.

Zur Datierung von Knochen eignet sich die Bestimmung der Gehalte an Fluor, Uran und Stickstoff, die im Laufe der Zeit im Knochen eingelagert oder abgebaut werden.

Bestimmung von Knochen und Pflanzenresten

Ein spezielles Gebiet der Untersuchung von Ausgrabungsfunden, ist die Identifizierung von menschlichen und tierischen Knochen sowie von Pflanzenresten. Beide Gebiete haben sich zu eigenen Forschungsgebieten entwickelt, die von Anthropologen, Palaeozoologen und Palaeobotanikern bearbeitet werden. Über alle drei Gebiete existieren eine Reihe grundlegender Veröffentlichungen. Darüber hinaus gibt es viele Einzelveröffentlichungen, die in umfassenden Bibliographien erschlossen sind.

Kurz zusammengefaßt kann als wesentlicher Beitrag der Anthropologie die Bestimmung von Alter, Geschlecht, Blutgruppen und Krankheitsmerkmalen angesehen werden, woraus sich ein zuverlässiges Bild des historischen Menschen ableiten läßt.

Zur Bestimmung des Alters wird vor allem die Ausbildung des Gebisses, die Schädelnähte, die Schädelproportionen, sowie Veränderungen an einzelnen Knochen (Humerus, Femur, Schambein) herangezogen. Die Geschlechtsbestimmung erfolgt vor allem durch Merkmale des Schädels und die Beckenform. Die Blutgruppenbestimmung hat an Gewebeproben aus dem Gehirn oder von Haut und Muskeln von Mumien zu zuverlässigeren Ergebnissen geführt, als die Untersuchung von Knochen. Von den meisten kulturgeschichtlichen Bereichen liegen solche Bestimmungen vor, die bemerkenswerte Unterschiede zeigen.

Die Untersuchung des Skeletts läßt Rückschlüsse auf Erkrankungen zu. Nicht nur Knochenverletzungen, wie Brüche oder Schädeltrepanationen, sondern auch Mangelerkrankungen, einzelne Infektionskrankheiten, sowie Gelenkschäden lassen sich an Skeletten erkennen. Darüber hinaus lassen sich aus der Verheilung von Verletzungen Schlüsse auf die Heilmethoden ziehen. Ein aufschlußreiches Untersuchungsgebiet ist das Studium von Zahnerkrankungen und Zahnveränderungen, z. B. der Zahnabschleifung durch unterschiedliche Ernährungsgewohnheiten.

Die statistische Auswertung dieser Befunde läßt Rückschlüsse auf die Lebensumstände historischer Bevölkerungen zu, die zusammen mit den Ergebnissen der Untersuchung von Erzeugnissen dieser Menschen zur Charakterisierung einer Kultur notwendig sind.

Die Untersuchung tierischer Knochenfunde aus Siedlungen liefert nicht minder wichtige Erkenntnisse über die Lebensgewohnheiten früherer Kulturen. Die Bedeutung der Osteo-Archäologie liegt vor allem in der Möglichkeit, aus den Knochenresten die Tierarten bestimmen zu können, wodurch die im Zusammenhang mit einer Siedlung auftretenden Haustiere und Wildtiere erkannt werden können. Die Untersuchungen geben weiter Aufschluß darüber, welche Tiere als Nahrung dienten, aus anderen Gründen getötet wurden oder in der Siedlung starben. Eigene Forschungszweige sind Untersuchungen über die Entwicklung von Haustieren aus Wildtieren, ihrem ersten Auftreten und der Veränderung ihres Körperbaus durch Züchtung.

Die dritte Gruppe von Untersuchungen an biologischem Material aus Ausgrabungen befaßt sich mit den pflanzlichen Resten, die sich ebenfalls mit großer Sicherheit identifizieren lassen. Wie bei den Untersuchungen an Knochen, interessiert auch hier die Art der pflanzlichen Nahrung der Bevölkerung einer Siedlung oder eines Kulturkreises, der Übergang von Wildpflanzen in kultivierte Pflanzen, das erste Auftreten der kultivierten Pflanzen und ihre allmähliche Ausbreitung von den Zentren des ersten Auftretens.

Organische Gefäßinhalte

Die Analyse organischer Reste in Gefäßen gibt wichtige Aufschlüsse über die verwendeten Nahrungsmittel. Ihre Identifizierung ist nicht einfach, da es sich in der Regel um Gemische verschiedener Produkte handelt und die Grundkomponenten der Öle oder Fette so ähnlich sind, daß es schwierig ist, daraus das ursprüngliche Material abzuleiten. Dazu kommt, daß sich die organischen Nahrungsmittel rasch zersetzen und in Verbindungen umwandeln, die oft keinen Rückschluß auf das Ausgangsmaterial gestatten. Dennoch ist es gelungen, durch Extraktion des organischen Materials aus Keramikgefäßen und eine gaschromatographische Analyse, auf die ursprünglich vorhandenen Substanzen zu schließen. Um Untersuchungen dieser Art hat sich Rottländer verdient gemacht, der durch eine breit angelegte Analysenserie der wichtigsten organischen Verbindungen von Nahrungsmitteln eine Datenbank schuf, die geeignet ist, Speisereste in Gefäßen zu identifizieren oder eng einzugrenzen. Condamin und Mitarbeiter haben sich mit den Inhalten von Amphoren auseinandergesetzt und konnten durch eine Kombination gaschromatographischer und massenspektrometrischer Methoden mit Sicherheit Olivenöl nachweisen. Auch in römischen Öllampen wurde Olivenöl gefunden. Specht gelang es, in Gefäßen eingetrocknete Reste von Wein nachzuweisen, wobei die Anwesenheit einer bitteren Gewürzdroge darauf hindeutete, daß es sich um einen Gewürzwein handelte.

Als Beispiel der Anwendung der Aminosäureanalyse zur Untersuchung von Gefäßinhalten, sei eine Arbeit von v. Endt genannt. Er hat in dem Rückstand in einem Gefäß aus dem 6. Jh. v. Chr. 19 Aminosäuren nachweisen können, die mit Sicherheit den Schluß erlauben, daß in dem Gefäß ein Parfüm mit dem Duftstoff der Zibetkatze gewesen ist.

Die Beispiele zeigen, daß die Untersuchung von organischen Gefäßinhalten zu recht aufschlußreichen Ergebnissen führen kann. Die Ausführung solcher Analysen ist jedoch nur an wenigen Laboratorien möglich.

Die Phosphat-Analyse

Für die Archäologie ist die Phosphat-Analyse von Böden eine wichtige Methode zum Erkennen von Siedlungsgebieten, denn diese zeichnen sich durch erhöhte Phosphatkonzentrationen aus. Die Phosphatgehalte lassen sich mit hoher Genauigkeit spektralphotometrisch bestimmen. Es gibt auch Schnelltestverfahren, die zwar weniger genau sind, aber die Analyse sehr großer Probenmengen in kurzer Zeit erlauben, so daß ein Siedlungsgebiet rasch mit einem engmaschigen Netz von Bodenproben überdeckt werden kann. Die Phosphatkonzentrationen liegen in Siedlungsbereichen im allgemeinen um 0,5% P_2O_5, die übliche Schwankung reicht von 0,1 bis 1% P_2O_5.

Erkennen von Fälschungen

Zum Nachweis, daß es sich bei einem Sammlungsobjekt nicht um ein aus der angegebenen Entstehungszeit stammendes Stück, sondern um eine Nachahmung aus späterer Zeit handelt, stehen dem Naturwissenschaftler vier Möglichkeiten zur Verfügung, die Materialanalyse, die technologische Untersuchung, die Prüfung von Alterungserscheinungen und die Verfahren der absoluten Altersbestimmung.

Die Materialanalyse erweist sich als besonders zweckmäßig, wenn Objekte aus vielen verschiedenen Werkstoffen zusammengesetzt sind, etwa Gemälde, bei denen der Fälscher sowohl den Bildträger, mehrere Pigmente und das Bindemittel in einer dem Original entsprechenden Art beschaffen mußte. Weiter ist die Materialanalyse zweckmäßig, wenn künstliche Materialien, wie Bronzen, geprüft werden sollen, da hier oft die Art der Legierung eine Entscheidung über die Echtheit zuläßt.

Die technologische Analyse bietet ähnliche Ansatzpunkte, da frühere Techniken der Materialverarbeitung in Vergessenheit geraten sind oder nur mit großen Schwierigkeiten nachgeahmt werden können. Auch hier bietet das technologisch kompliziert aufgebaute Objekt, etwa eine aus vielen Schichten aufgebaute alte Malerei oder das in verschiedenen Dekortechniken verzierte Metallobjekt, bessere Ansatzpunkte, als ein in einheitlicher Technik gearbeitetes Objekt, wie eine Elfenbeinschnitzerei oder ein Kupferstich.

Wichtig ist die Beurteilung von Alterungserscheinungen wie Sinter, Patina oder Irisbildung. Das gilt vor allem für antike Bodenfunde, da sich solche, in langen Zeiträumen entstandenen Merkmale in kurzen Zeiten nicht nachahmen lassen. Für Erzeugnisse des nachantiken Kunsthandwerks spielt diese Art der Prüfung jedoch keine Rolle. Alterungsvorgänge können mitunter mit solcher Regelmäßigkeit vor sich gehen, daß darauf Methoden zur Bestimmung des absoluten Alters aufgebaut werden können. Die Thermolumineszenz-Analyse zur Datierung von Keramik, die Radiokohlenstoff-Methode zur Datierung kohlenstoffhaltiger Substanzen und die Dendrochronologie sind die in der Praxis wichtigsten Methoden.

Fälschungen aus Gold gibt es vor allem aus dem Bereich der Frühgeschichte aus den verschiedenen antiken Kulturkreisen. Vor allem sind es Schmuckstücke

Erkennen von Fälschungen

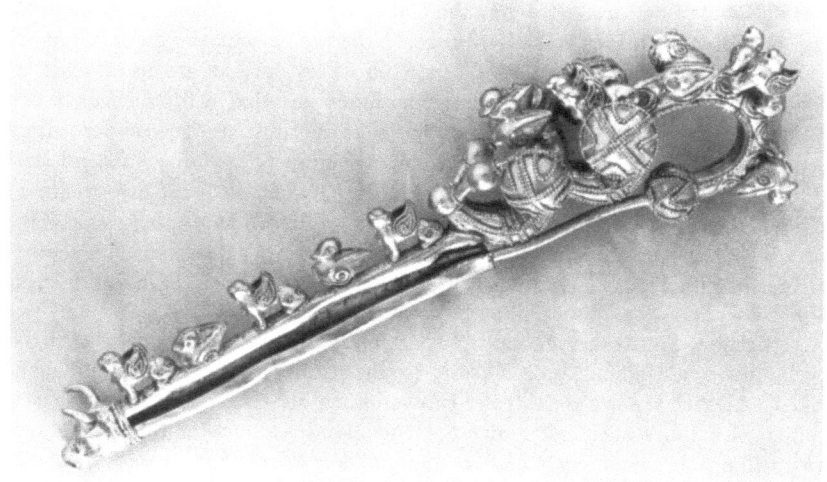

Abb. 16. Gefälschte etruskische Goldfibel

und Münzen, die heute in besonders großen Mengen imitiert werden, da aus den Mittelmeerländern und dem Vorderen Orient kaum mehr originales Material in den Kunsthandel gelangt.

Beim antiken Schmuck, vor allem bei Armbändern, Ohrgehängen, Fibeln, Ringen und Goldmünzen der Antike und des Mittelalters, werden Materialanalyse und technologische Prüfung zur Klärung von Echtheitsfragen eingesetzt. Verfahren der absoluten Altersbestimmung oder auswertbare Materialveränderungen gibt es nicht. Bei der chemischen Analyse, etwa der Röntgenfluoreszenzanalyse, der Neutronen-Aktivierungsanalyse oder der Emissionsspektralanalyse interessieren Hauptbestandteile und Spurenelemente gleichermaßen. Die Hauptbestandteile Gold, Silber und Kupfer sind vor allem für Münzen geradezu kennzeichnend, so daß Abweichungen davon schon Anlaß zu Zweifeln geben. Es wurden Fälle bekannt, bei denen zur Herstellung von Fälschungen reines, 24 karätiges Gold verwendet wurde, das in historischer Zeit kaum Verwendung fand. Wichtig sind aber auch die Spurenelemente, deren Gehalte der Fälscher nicht bestimmen kann. Während früher verwendetes Gold ein recht charakteristisches Spektrum an solchen Spurenelementen aufweist, fehlen diese im modernen, durch Raffinationsprozesse hergestellten Gold. Andererseits kann modernes Gold Elemente enthalten, die es in früher verwendetem Gold nicht gab, weil sie bei neuzeitlichen Verarbeitungsprozessen zugesetzt werden.

Bei Schmuckstücken ist die technologische Untersuchung aufschlußreich, da der Fälscher seine Ausgangsmaterialien, also das Goldblech, den Golddraht und die Granulationskugeln von der heutigen Industrie bezieht, die meist schon bei schwachen Vergrößerungen unter dem Mikroskop als moderne Erzeugnisse erkennbar sind. Moderne Bleche sind maschinell gewalzt, während früher das Blech gehämmert wurde. Der Draht von Fälschungen ist gezogen, in der Antike wurde der Draht noch nicht auf diese Weise hergestellt. Kennzeichnend sind auch die Merkmale der Granulation, die der Fälscher oft nicht beherrscht, so daß er einen Kugeldraht, also einen modernen gekerbten Draht, der so aussieht, als ob Kugeln aneinandergelötet wären, verwenden muß. Diese beiden Eigenheiten reichen im allgemeinen aus, um antike Stücke von modernen Imitationen zu unterscheiden.

Auch bei Silberobjekten sind die Ergebnisse der Materialanalyse und die technologische Untersuchung wichtige Methoden der Echtheitsprüfung. Bei antiken Objekten kommt die Art der Umwandlung der Oberfläche hinzu, da sich Silberobjekte im Boden rasch mit einer Umwandlungsschicht, z. B. dem braunen Hornsilber, aber noch einer großen Zahl anderer Oxide, Sulfide und Mischsalzen überziehen. Im Vergleich zu Gold, wird Silber weniger häufig gefälscht, so daß hier noch keine allzu großen Erfahrungen des naturwissenschaftlichen Nachweises von Fälschungen vorliegen.

Bemerkenswert ist bei der Echtheitsprüfung von Silberobjekten die Beobachtung Schweizers, daß sich an den Korngrenzen des Silbergefüges als Folge eines Entmischungsprozesses Kupfer abscheidet. Die Bildungsgeschwindigkeit der Kupferschichten beträgt 10^{-3} μm/Jahr, so daß bei antiken Objekten Schichten von 1,5 μm Stärke ausgebildet sein müssen, die lichtmikroskopisch im Anschliff sichtbar sind.

Fälschungen aus Kupfer, Bronze und Messing gehören zu den am häufigsten produzierten Imitationen. Prähistorische Geräte, Schmuckstücke, Waffen und Votivstatuetten aus den früheren Kulturen des Vorderen Orients, ägyptische, griechische, etruskische und römische Statuetten, die ganze Breite des mittelalterlichen Bronze- und Messing-Gusses, sowie außereuropäische Objekte, vor allem aus dem indischen Raum, werden besonders häufig gefälscht. Bei der Untersuchung von Objekten des europäischen Mittelalters oder den indischen Statuetten von Gottheiten ergibt sich als zusätzliche Schwierigkeit die in neuerer Zeit ohne fälscherischer Absicht ausgeführte Herstellung solcher Stücke. In Europa setzte im 19. Jahrhundert plötzlich ein starkes Interesse an mittelalterlicher Kunst ein, die zu fabrikmäßigen Nachahmungen führte. In Indien dagegen haben wir ein kontinuierliches Fortbestehen der handwerklichen Tradition vom Mittelalter bis in unsere Zeit, die keine Veränderung der Form und des Stils mit sich brachte.

Der erste Schritt der Echtheitsprüfung ist die Metallanalyse nach den herkömmlichen Methoden, wie der Atomabsorptionsanalyse. Sie gibt Aufschluß

Erkennen von Fälschungen

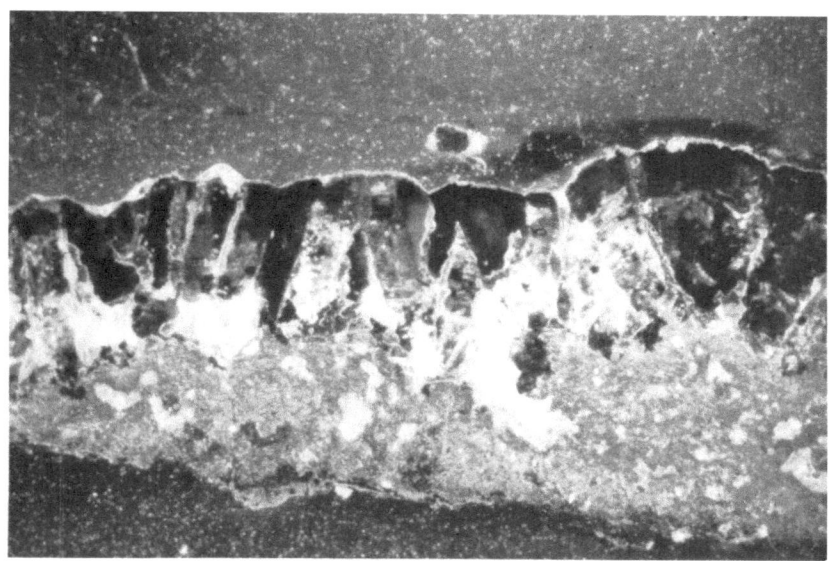

Abb. 17. Eine echte Patina (oben) besteht aus deutlich kristallisierten Kupferverbindungen, während eine fälscherisch erzeugte Patina (unten) feinpulverig ist und auf dem von Säuren zerfressenen Metall liegt. Anschliff, Vergr. 60×

darüber, ob eine Legierung vorliegt, wie sie zur angeblichen Entstehungszeit verwendet wurde. Wie bei der Beschreibung der Kupferlegierungen bereits erwähnt wurde, enthalten vor-römische Objekte kein Zink; bei Messingen aus der Zeit der römischen Antike bis ins 18. Jh. darf der Zinkgehalt 30% nicht übersteigen. Auch bei den Gehalten an Blei, Arsen, Antimon und Eisen gibt es ähnliche Datierungshilfen. Sie geben schon erste Hinweise darauf, ob eine Imitation vorliegen kann.

Der zweite Ansatzpunkt bei der Echtheitsprüfung von antiken Objekten aus Kupfer- und Kupferlegierungen ist die Prüfung der Patina. Die Patina entwickelt sich auf dem Objekt bei der Lagerung im Boden oder im Wasser durch die Einwirkung der Bodenlösungen oder der im Wasser gelösten Salze. Je nach der Art des Bodens entstehen unterschiedliche Patinaverbindungen, so daß schon die Art der Patina Hinweise zur Echtheit gibt. Das wichtigere Argument ist aber der Aufbau der Patina. Die Umwandlungsprodukte, die an der Oberfläche des Metalles entstehen, haben zwei oder noch mehr Jahrtausende Zeit zum wachsen. Dadurch entstehen ausgesprochen gut kristallisierte Verbindungen, wobei mehrere Millimeter große Kupferoxid-, Malachit- oder Azurit-Kristalle nicht selten sind. Sowohl im Anschliff als auch aus der Röntgenfeinstrukturanalyse werden diese Kristallisationsmerkmale deutlich, wobei oft in der Kupferoxid-Schicht das ursprüngliche dendritische Gefüge der Bronzen noch erkennbar ist. Solche Erscheinungen lassen sich fälscherisch nicht imitieren. Dem Fälscher bleibt keine andere Wahl, als mit Chemikalien eine als solche erkennbare künstliche Patina zu erzeugen oder das Stück unpatiniert zu lassen, um mit dem Argument zu kommen, die Patina hätte aus konservatorischen Gründen entfernt werden müssen.

Während bis vor kurzem eine Malachitpatina noch als sicherer Echtheitsbeweis für einen antiken Bodenfund galt, kennt man seit 1977 auch Fälschungen mit einer Patina aus künstlich erzeugtem Malachit. Bei dem ersten Stück, an dem erkannt wurde, daß der Malachit künstlich erzeugt war, handelt es sich um einen römischen Münzbarren (Aes grave), der vor zehn Jahren aufgrund einer künstlich erzeugten Chloridpatina als Fälschung erkannt wurde. Derselbe Barren tauchte kürzlich mit einer Malachitpatina wieder im Handel auf. Inzwischen kennt man noch weitere Objekte aus dem römischen Bereich, auf denen zur Täuschung Malachit künstlich erzeugt wurde.

Antike Objekte sind von vornherein suspekt, wenn sie ihrer Patina beraubt sind oder wenn angegeben wird, sie hätten aus Gründen der Erhaltung neu patiniert werden müssen.

Eine weitere Möglichkeit, die sich jedoch nur bei hohl gegossenen Objekten einsetzen läßt, ist die Thermolumineszenz-Analyse. Nach diesem Verfahren, das zur Datierung keramischer Materialien entwickelt wurde, lassen sich die Gußkerne von hohl gegossenen Statuetten, von denen meist Reste erhalten sind,

Erkennen von Fälschungen

untersuchen, wobei die absolute Altersbestimmung nicht einfach, die Entscheidung echt oder falsch jedoch sehr sicher ist.

Schließlich können auch technologische Merkmale zur Echtheitsprüfung herangezogen werden. Bei Hohlgüssen gibt die Röntgenaufnahme oft wichtige Hinweise über den Aufbau des Inneren, über die Lage von Kernstützen oder die diversen Verzierungstechniken.

Antike Objekte aus Eisen werden kaum gefälscht. Das Problem des Nachweises von Fälschungen betrifft hier in erster Linie das nachantike Kunstgewerbe, vor allem das Gebiet der Waffen und Rüstungen. Dieses Thema wurde bisher von naturwissenschaftlicher Seite kaum bearbeitet, so daß nur geringe Erfahrungen über Werkstoffe und Herstellungstechniken vorliegen, die zur Echtheitsprüfung dienen können. Die chemische Analyse könnte Hinweise zur Altersstellung geben, Vergleichsdaten fehlen jedoch vollständig. Wichtige Hinweise könnten aus dem Gebiet der Metallographie kommen, die aus dem Metallgefüge Hinweise auf die Herstellungstechnik ableitet und aus dem Grad der Reinheit des Eisens Rückschlüsse auf die Entstehungszeit ziehen kann. So gelang es bei der Untersuchung einer gotischen Räderuhr, die originalen Zahnräder von den in späterer Zeit ersetzten zu unterscheiden, da der Anteil an Schlackenresten in den originalen Zahnrädern deutlich höher war, als in den jüngeren Zahnrädern.

Auch bei Blei und Zinn scheitern analytische Bemühungen bei der Echtheitsprüfung meist an den fehlenden Erfahrungen aus der Untersuchung originaler Stücke. Beim Blei bietet sich die Blei-210-Methode an, wenn es darum geht, ältere Objekte von Fälschungen aus jüngster Zeit zu unterscheiden. Die Methode läßt sich auch auf Blei-Zinn-Legierungen anwenden.

Bei der Aufzählung der Möglichkeiten zur Untersuchung der Echtheit von Keramik, muß zwischen den verschiedenen keramischen Materialgruppen unterschieden werden, da für Terrakotta und alle bei niedriger Temperatur gebrannten glasierten Keramiken die Thermolumineszenz-Analyse anwendbar ist. Für die Analyse hoch gebrannter Keramiken ist sie nicht geeignet.

Die Echtheitsprüfung der gesamten antiken Keramik, der Terrakotten des Mittelalters und der neueren Zeit, der völkerkundlichen Keramik, sowie einzelner Gruppen glasierter Keramik (Hafnerwaren, einzelne islamische Fayencen, Keramiken der T'ang-Zeit Chinas) ist in der Regel mit Hilfe der Thermolumineszenz-Analyse möglich. Schwierigkeiten gibt es, wenn die Keramik bei zu niedriger Temperatur gebrannt ist, da die ursprünglich im Ton vorhandene, ein sehr hohes Alter vortäuschende Thermolumineszenz, dann noch teilweise erhalten ist. Auch kennt man Tonarten, die aufgrund ihrer mineralischen Zusammensetzung keine Thermolumineszenz zeigen, oder die Komponenten enthalten, deren Eigenlumineszenz die altersbedingte Lumineszenz überdeckt. Ferner können Imprägnierungen, die zur Festigung der Keramik aufgetragen werden, die Messung

Abb. 18. Fälschung einer griechischen Vase

stören oder unbrauchbar machen. Schließlich ist die Thermolumineszenz-Analyse bei solchen Stücken nicht möglich, die in neuerer Zeit auf Temperaturen über 200 °C erwärmt wurden.

Trotz dieser Einschränkungen ist bei 95% der dem Rathgen-Forschungslabor vorgelegten Stücke eine einwandfreie Entscheidung möglich. Nach den Erfahrungen an über 1000 zur Echtheitsprüfung vorgelegten Stücken, konzentriert sich die Aktivität der Fälscher auf den gesamten Mittelmeerraum mit besonderen Schwerpunkten bei der etruskischen, der korinthischen, der schwarz- und rotfigurigen Keramik und bei den frühen kleinasiatischen Kulturen. Bei diesen Gruppen überwiegt die Zahl der Fälschungen die der echten Stücke bei weitem. Ein zweites, nicht minder bedeutendes Fälschungsgebiet, ist die präkolumbianische Keramik mit Schwerpunkten bei einzelnen mexikanischen Gruppen, wie der olmekischen und zapotekischen Keramik und den meisten attraktiven Grup-

Erkennen von Fälschungen

pen Ecuadors und Perus, wie Nasca, Moche, Chimu oder Valdivia. Im ostasiatischen Raum werden vor allem Objekte der T'ang-Zeit fälscherisch erzeugt. Andere Verfahren zur Prüfung der Echtheit erübrigen sich meist, da das Thermolumineszenz-Ergebnis eindeutig ist.

Schwieriger ist die Feststellung der Echtheit von Majolica, Fayence, Steinzeug, Steingut und Porzellan, da bei diesen Gruppen die Thermolumineszenz-Analyse nicht funktioniert und breitere analytische Erfahrungen, die zum Vergleich herangezogen werden könnten, fehlen. Erschwert wird die Aussage zur Echtheit bei dieser Gruppe auch durch das Fehlen charakteristischer Alterungserscheinungen, da es sich vor allem um Gegenstände aus nachantiker Zeit handelt.

Ähnlich verhält es sich mit dem Glas. Auch hier helfen naturwissenschaftliche Methoden beim nachantiken Glas wenig, da bisher keine Vergleichsanalysen bekannt sind und auswertbare Veränderungen des Materials nicht vorkommen. Beim antiken Glas gibt sowohl die chemische Analyse als auch die Prüfung der Oberflächen-Umwandlung des Glases sichere Hinweise zur Echtheit.

Bei Objekten aus Stein nehmen die Chancen, durch naturwissenschaftliche Analysen etwas über die Echtheit zu erfahren, ab, je jünger die Objekte sind. Das Material, also die Gesteinsart, entspricht meist dem der nachgeahmten Originale, die Bearbeitungstechniken sind untypisch und an dem Objekt gehen, vom Zeitpunkt der Herstellung bis in unsere Zeit, keine Veränderungen vor sich, die analytisch nachzuweisen sind.

Bei antiken Stücken bietet vor allem die Prüfung der Oberflächenverwitterung Ansatzpunkte zum Echtheitsnachweis. Bei Kalksteinen und Marmoren wird die Oberfläche durch Bodenlösungen angegriffen und feinteilig zerlegt, so daß das ultraviolette Licht nach Rorimers Erfahrungen fleckig gelblich-weiß reflektiert wird, während frisch bearbeiteter Marmor oder Bruchstellen rotviolett erscheinen. Auch der Sinter, der sich auf Marmoren und Kalken bildet, zeigt so charakteristische Merkmale eines langen Wachstums, daß seine Eigenschaften bei der Prüfung der Echtheit von ausschlaggebender Bedeutung sein können. Auf diese Art konnten in den vergangenen Jahren weit über 100 Idole und Gefäße der Kykladen-Kultur als Fälschungen erkannt werden. Schwierigkeiten bereiten kristalline Gesteine, wie Granit, Diorit oder Basalt, da sie sich auch durch eine Jahrtausende lange Lagerung im Boden so wenig verändern, daß ein originaler Bodenfund von einer modernen Imitation nicht zu unterscheiden ist.

Ein wichtiges Anwendungsgebiet finden naturwissenschaftliche Techniken bei der Untersuchung der Echtheit von Gemälden und bemalten Objekten. Für sie muß stets eine große Zahl von Materialien verwendet werden, von denen jedes einzeln überprüft werden kann, ob es in der Art und in seinen Alterungsmerkmalen dem entspricht, was von einem Material aus der angeblichen Entstehungszeit zu erwarten ist. Die Pigmentanalyse ist ein besonders wichtiger Schritt

Abb. 19. Gefälschtes Idol der Kykladenkultur mit künstlich erzeugten Alterungserscheinungen

beim Echtheitsnachweis. Bei der Beschreibung der Werkstoffe der Malerei wurde gezeigt, daß heute nur noch wenige der früher verwendeten Pigmente, etwa die Ocker, in Gebrauch sind. Da der Fälscher, von Ausnahmen abgesehen, nur versucht, das Auge zu täuschen, das Material aber außer acht läßt, kann der größte Teil der Fälschungen schon durch die Pigmentanalyse erkannt werden. Schwierigkeiten bereiten Fälschungen von Malereien aus dem 19. und 20. Jahrhundert, da die Originale bereits mit den für unsere Zeit typischen Pigmenten hergestellt sein können.

Die Überprüfung der Art des Bindemittels bereitet analytisch wesentlich größere Schwierigkeiten, so daß sie seltener zum Einsatz kommt, wenn es um Fragen der Echtheit geht. Nützlich ist jedoch die Untersuchung der Alterung des Bindemittels in der von Ewald und in verfeinerter Form von Preusser vorgeschlagenen Art.

Nur in wenigen Fällen, etwa bei den Fälschungen von van Meegeren, wurde versucht, materialgetreu zu fälschen. Das bringt für den Fälscher das Problem, daß er nicht nur einen originalen Bildträger, also eine alte Holztafel oder Leinwand benötigt, die sich noch leicht beschaffen lassen, sondern auch Bindemittel und Pigmente der zu fälschenden Periode entsprechen müssen. Darüber kann sich der Fälscher wohl in der umfassenden Literatur, sowohl den Quellenschriften aus früherer Zeit und den Analysenberichten aus unserer Zeit informieren, aber erhalten kann er diese Materialien kaum. Daran scheiterte schließlich auch van Meegeren, der wohl wußte, daß Vermeer, de Hooch oder Frans Hals, die er fälschen wollte, Bleiweiß verwendeten, aber er konnte es sich nur aus dem Pigmenthandel beschaffen. Dieses moderne Bleiweiß war aber durch die Analyse der Spurenelemente und nach der Blei 210-Methode zu erkennen. Auch das Ultramarin, das van Meegeren aus dem Farbhandel bezog, erwies sich als modern, da es feiner gemahlen war als das handgeriebene Pigment der frühen Niederländer und darüber hinaus war es mit Kobaltblau verschnitten. Van Meegeren scheiterte auch am Bindemittel, da er durch Kunstharzzugaben versuchen mußte, den Trocknungsvorgang so zu verändern, daß sich in kurzer Zeit ein Craquelée entwickelte.

Neben der Materialanalyse haben die Untersuchungen mit Röntgenstrahlen, die Infrarotvideographie, sowie die Betrachtung unter verschiedenen Beleuchtungsarten Bedeutung bei der Überprüfung der Echtheit eines Gemäldes.

Unter ähnlichen Gesichtspunkten werden bemalte Skulpturen, Wandmalereien, Buchmalereien sowie farbig gefaßte Objekte aus dem völkerkundlichen Bereich untersucht.

Bei ungefaßtem Holz gibt es für die naturwissenschaftliche Analyse meist kaum praktisch zweckmäßige Ansatzpunkte, wenn es um Echtheitsfragen geht. Die Holzart, die sich mikroskopisch sicher bestimmen läßt, entspricht bei Fälschungen in der Regel dem der Vorbilder. Die Dendrochronologie zur Bestimmung des Alters läßt sich nur bei Eichen und Nadelhölzern anwenden. Obwohl sie für einzelne Fälschungsgruppen, z. B. Musikinstrumente oder Möbel, ausgearbeitet werden könnte, sind keine Beispiele einer tatsächlichen Anwendung bekannt. Die Radiokohlenstoff-Methode wurde ebenfalls bisher kaum benutzt, um Fälschungen zu erkennen. Bei dieser Methode bleibt auch zu bedenken, daß für die Fälschungen antiker Objekte und früherer völkerkundlicher Gegenstände oft entsprechend altes Holz verwendet wird.

Bei textilen Objekten bringt die Analyse der Art der Faser und der Farbstoffe, die keinen großen Aufwand erfordern, in der Regel Klarheit darüber, ob es sich um originale Stücke oder um moderne Imitationen handelt.

Bei den sonstigen organischen Werkstoffen, wie Elfenbein, Knochen, Bernstein, Wachs oder ostasiatischem Lack, ist der Nachweis einer Fälschung nur möglich, wenn zu ihrer Herstellung ein synthetisches Material verwendet wurde, das analytisch leicht zu erkennen ist. Die Untersuchung einer Elfenbein-Nachahmung des 19. Jahrhunderts von einem gotischen Original oder der sichere Nachweis, daß eine Ritzzeichnung in einem prähistorischen Knochen original ist oder in jüngerer Zeit mit fälscherischer Absicht angebracht wurde, ist nicht möglich.

Die Methoden der Materialanalyse

Untersuchung im sichtbaren Licht

Ein Objekt kann beim Licht verschiedener Wellenlängen betrachtet werden, wodurch unterschiedliche Merkmale sichtbar werden. Als Bereich des sichtbaren Lichtes bezeichnet man den zwischen dem infraroten und dem ultravioletten Licht liegenden Teil des elektromagnetischen Wellenlängenspektrums von 400–760 µ. In der Regel betrachtet man die Objekte im gesamten Wellenlängenbereich, man kann sie aber auch beim Licht bestimmter Wellenlängen prüfen, z. B. im intensiv gelben Licht der Natriumdampflampe (Wellenlänge von 589 µ). Die Untersuchung geschieht in der Regel im auffallenden Licht, bei durchsichtigen oder transparenten Objekten auch im Durchlicht. Eine besondere Art des Auflichts ist das Streiflicht, das man parallel zur Oberfläche des Untersuchungsobjekts auffallen läßt, wodurch Strukturen der Oberfläche deutlicher hervortreten. Besonders bei der Gemäldeuntersuchung wird das Streiflicht angewandt, um die Art des Farbauftrages oder die Struktur der Leinwand besser erkennen zu können.

Das wichtigste Merkmal, das im sichtbaren Licht beschrieben wird, ist die Farbe. Mit Meßgeräten läßt sich die Farbe eines Gegenstandes nur schwer bestimmen, da sich der Sinneseindruck, den das Auge empfängt, aus drei Faktoren zusammensetzt, dem Farbton, der Sättigung oder Farbintensität und der Dunkelstufe. Das bedeutet, daß sich die verschiedenen Farben nicht zweidimensional, also in einem Farbkreis oder einer anderen geometrischen Figur darstellen lassen. Um eine Übersicht über alle Farben zu erhalten, muß man für verschiedene Farbtöne Blätter anlegen, auf denen die Farbtöne durch Veränderung ihrer Intensität und ihrer Dunkelwerte variiert werden. Auf diese Weise ergeben sich Farbkarten und daraus Farbatlanten, in denen die Farben mit Bezeichnungen versehen sind, die sich zur Kennzeichnung von Farben kulturgeschichtlicher Objekte als recht brauchbar erwiesen haben. So ist es bei der Keramikbeschreibung üblich, die Farben nach dem Munsell-System zu beschreiben, da sich zu diesem Zweck die „Munsell Soil Color Charts" besonders eignen, die auf 7 Karten 199 Farbtöne von Erden enthalten. Die umfassendsten in der Praxis gebräuchlichen Systeme sind die nach DIN 6164 festgelegten „Normfarben-Karten" und das US-amerikanische „Munsell-System".

Von den Untersuchungen bei monochromatischem Licht hat zur Beschreibung von Gemälden lediglich die Beleuchtung mit dem gelben Natriumlicht Bedeutung. Sie läßt die Malerei einfarbig erscheinen, wobei die Dunkelstufen stark differenziert werden und die maltechnischen Merkmale stärker zur Geltung kommen. Darüber hinaus verschwindet der die Betrachtung störende Einfluß einer gegilbten Firnisschicht.

Untersuchung im infraroten Licht

Infrarotes Licht hat die Eigenschaft, tiefer in Werkstoffe einzudringen als das sichtbare Licht. Diesen Effekt nutzt man vor allem bei der Untersuchung von Malereien aus, um tiefere Schichten zu untersuchen, etwa Vorzeichnungen oder Darstellungen unter Übermalungen. Zu Untersuchungen im infraroten Licht ist eine Lichtquelle zweckmäßig, die einen erhöhten Anteil an langwelligem Licht abgibt, z. B. Halogen- oder Nitraphot-Lampen. Das durch Bestrahlung mit infrarotem Licht erzeugte Bild ist mit dem bloßen Auge nicht sichtbar, aber es kann mit einem infrarotempfindlichen Film oder mit Hilfe der Infrarot-Reflektographie sichtbar gemacht werden. Zur photographischen Aufnahme auf dem Infrarotfilm ist die Verwendung spezieller, auf die Art des Filmes abgestimmter Filter, die das sichtbare Licht zurückhalten, notwendig. Die Infrarot-Reflektographie, ist technisch aufwendiger, hat aber gegenüber der Photographie den Vorteil, daß sofort festgestellt werden kann, ob im infraroten Licht überhaupt etwas Brauchbares zu erkennen ist. Darüber nützt die Infrarotreflektographie einen wesentlich größeren Wellenlängenbereich des infraroten Lichtes aus. Die Aufnahme des infraroten Bildes erfolgt mit Hilfe einer Fernsehkamera mit einer infrarotempfindlichen Röhre. Das Bild wird auf einem Monitor sichtbar gemacht, von dem es auch abfotografiert werden kann. Die Infrarot-Reflektographie wird heute an allen größeren Gemäldegalerien zur Routineuntersuchung von Gemälden angewandt. In Deutschland wird unter anderem an der Gemäldegalerie der Staatlichen Museen Preußischer Kulturbesitz in Berlin, am Herzog Anton Ulrich-Museum in Braunschweig, am Restaurierungszentrum der Landeshauptstadt Düsseldorf, am Institut für Technologie der Malerei in Stuttgart, am Germanischen Nationalmuseum und am Doerner-Institut in München mit diesem Verfahren gearbeitet.

Die Infrarotphotographie läßt sich für alle Arten der Malerei anwenden. Erfahrungen liegen bisher in größerem Umfang von Malerein auf Leinwand und Holz vor, während Wandmalereien, Buchmalereien und Manuskripte weniger häufig untersucht wurden.

Untersuchung im infraroten Licht 109

Abb. 20. Die Infrarotaufnahme (unten) macht die Vorzeichnung von Malereien sichtbar

Untersuchung im ultravioletten Licht

Im Bereich der kürzeren Wellenlängen schließt sich an das sichtbare Licht das ultraviolette Licht an. Es wird mit Hilfe von Quecksilberdampf-Lampen, die als Niederdruckstrahler oder Hochdruckstrahler in zahlreichen Modellen im Handel erhältlich sind, erzeugt. Aufgrund der einfacheren Handhabung und der längeren Lebensdauer, ist die Verwendung von Niederdrucklampen zweckmäßiger. Das ultraviolette Licht kann eine große Zahl organischer und anorganischer Materialien zur Fluoreszenz anregen, wobei in Abhängigkeit von der Wellenlänge unterschiedliche Fluoreszenz-Erscheinungen auftreten. Deshalb sind die meisten Handgeräte auf zwei Wellenlängen (z. B. 366 µ und 254 µ) umschaltbar.

Ultraviolettes Licht dient bei der Gemäldeuntersuchung dazu, den Zustand der Firnisschicht zu prüfen. Ein gealterter Firnis zeigt eine deutliche, charakteristische gelbliche Fluoreszenz. Wurden Teile des Gemäldes in jüngerer Zeit übermalt oder ausgebessert, so sind diese Stellen als dunkle, nicht fluoreszierende Partien erkennbar. Die Untersuchung im ultravioletten Licht ergibt somit wichtige Hinweise auf den Zustand eines Gemäldes. Auch bei keramischen Objekten, an denen Schäden so ausgebessert werden können, daß es mit bloßem Auge kaum erkennbar ist, zeigen sich im ultravioletten Licht die Reparaturen mit aller Deutlichkeit. Bei der Untersuchung von Zeichnungen, Graphiken oder Manuskripten werden im UV-Licht Ausbesserungen oder weitgehend entfernte Darstellungen oder Schriftzüge mitunter recht deutlich sichtbar. Bei anderen organischen Materialien wie Textilien oder Holz zeigen sich im ultravioletten Licht Ausbesserungen oder Veränderungen der Oberfläche durch unterschiedliche Fluoreszenzfarben.

Besondere Bedeutung hat das ultraviolette Licht bei der Echtheitsprüfung von Marmoren. Antike Marmore reflektieren das Ultraviolett fleckig und gelblich-bläulich, während ein frisch bearbeiteter Marmor, auch wenn er künstlich gealtert ist, rotviolett erscheint. Die Ursache dieser Erscheinung ist weniger das Fluoreszenzverhalten des Marmors als die unterschiedliche Reflektion des Lichts an der gut geglätteten Oberfläche eines frisch bearbeiteten Objekts im Gegensatz zum natürlich gealterten Objekt, dessen Oberfläche durch Bodenlösungen feinteilig zerstört ist.

Auf andere Steinarten läßt sich diese Art der Echtheitsprüfung leider nicht anwenden. Dagegen ist bei einigen Edelsteinen und Halbedelsteinen aufgrund der Fluoreszenz ein sicherer Nachweis der Echtheit möglich.

Das Lichtmikroskop

Der nächste Schritt nach der makroskopischen Untersuchung bei verschiedenen Beleuchtungsarten, ist die mikroskopische Untersuchung zur Erkennung und Dokumentation von Detailmerkmalen. Drei mikroskopische Betrachtungsarten sind dabei zu unterscheiden: die Stereomikroskopie, die Auflichtmikroskopie und die Durchlichtmikroskopie.

Die Stereomikroskopie vermittelt einen räumlichen Eindruck des Objekts, da es durch zwei schräg zueinander stehende Objektive und Okulare mit beiden Augen betrachtet wird. Man arbeitet in der Regel mit geringen, 10–50fachen Vergrößerungen, um Oberflächenstrukturen zu studieren. Üblich ist die Betrachtung im auffallenden Licht, welches das Objekt von mehreren Seiten schräg beleuchtet.

Bei der Auflichtmikroskopie wird das Objekt im reflektierten Licht untersucht. Da man bei der eigentlichen Auflichtmikroskopie im Gegensatz zur Stereomikroskopie mit stärkeren, bis zu 2000fachen Vergrößerungen arbeitet, ist es notwendig, daß die zu untersuchenden Stellen eben sind, um Unschärfen durch ein Relief zu vermeiden. Zu diesem Zweck werden Proben entommen, in Kunstharze eingebettet und angeschliffen oder am Objekt selbst wird eine Stelle eben geschliffen. Bei Metallen ist es in der Regel notwendig, das geschliffene und polierte Metall anzuätzen, um die Metallstruktur sichtbar zu machen. Proben von 1 mm Kantenlänge können bei homogenen Werkstoffen zur Anschliffanalyse ausreichen.

Hauptanwendungsgebiete der Auflichtmikroskopie von Kunstwerken sind die Querschnittuntersuchungen von Malereien im weitesten Sinn und die Gefügeanalyse von Metallen. Bei Malereien, ganz gleich, ob es sich um Arbeiten auf Holz, Leinwand, um Wandmalerei oder um bemalte und glasierte Keramik handelt, interessiert der Schichtenaufbau vom Bildträger über Grundierungen, Vorzeichnungen, Malschichten bis zum Firnis oder zur Glasur, da sich daraus die Art der Herstellung recht genau ableiten läßt. Bei den Metallen geht es ebenfalls um die Herstellungstechnik, da sich gegossene, geschmiedete, geprägte und getemperte Gefüge unterscheiden lassen, aber auch um die Unterscheidung von Sorten, etwa Gußeisen und Schmiedeeisen, Zinn- oder Bleibronzen. Auch Hinweise zur Altersstellung sind möglich, da moderne Hüttenprodukte im Vergleich zu historischen Werkstoffen weniger Einschlüsse enthalten. Auch Echtheitsfragen lassen sich im Anschliff klären, da eine Patina auf einer antiken Bronze gut kristallisiert über einer Schicht von rotem Kupferoxid liegt, während eine fälscherisch erzeugte Patina pulverig das stark verätzte Metall bedeckt.

Zur Durchlichtmikroskopie sind transparente Präparate notwendig, die vom Licht durchstrahlt werden. Die häufigste Art von Präparaten sind Dünnschliffe von Gesteinen und Keramiken, Dünnschnitte von Holz oder transparente Materialien, wie Textilfasern, die bei Vergrößerungen von 10 bis 1000fach betrachtet werden. Die Dünnschliffanalyse von Gesteinen ist die einzige sichere Methode der sicheren Bestimmung der Gesteinsart. Dünnschliffe von Keramiken ermöglichen die Erkennung der mineralischen Komponenten und lassen quantitative Aussagen über die Mengenanteile, die Korngröße und die Form der Zuschlagstoffe zu, wodurch Gruppen verschiedener Herkunft unterschieden und die Lagerstätten der Tone identifiziert werden können. Zur Identifizierung von Hölzern sind Quer-, Radial- und Tangentialschnitte nötig, um Arten unterscheiden zu können. Weiter lassen sich im Durchlicht Textilfasern identifizieren, obwohl bei einzelnen Problemen, etwa der Bestimmung der Tierart bei Wollen, das Rasterelektronenmikroskop bessere Informationen liefert.

Auflicht- und Durchlichtmikroskopie können mit unterschiedlichen Lichtarten durchgeführt werden. Üblich ist die Untersuchung beim Kunstlicht einer Niedervoltlampe oder intensiveren Leuchten, wie Halogen-Glühlampen oder Gasentladungslampen. Für spezielle Untersuchungen wird polarisiertes Licht verwendet, das nach dem Durchgang durch einen Polarisationsfilter in einer Ebene schwingt und die Erscheinung der Doppelbrechung erkennbar werden läßt, die vor allem zur Identifizierung von kristallisierten Proben, wie Pigmente oder die mineralischen Bestandteile von Stein und Keramik, nützlich ist. Weiter können Fluoreszenzleuchten verwendet werden, die vor allem bei organischen Präparaten eingesetzt werden. Die Phasenkontrastmikroskopie bewirkt, daß transparente Proben, wie Gläser oder Fasern, im Einbettungsmittel deutlicher sichtbar werden. Weitere Varianten sind die Hellfeld- und die Dunkelfeldmikroskopie, je nachdem, ob der Hintergrund zur Verdeutlichung der mikroskopischen Strukturen hell oder dunkel eingestellt ist.

Moderne Mikroskope sind in der Regel mit Einrichtungen für die Mikrophotographie ausgestattet, die Aufnahmen im Kleinbild, 6 × 9, 13 × 18 Format oder auf Polaroidfilme ermöglichen. Bei einfacheren Mikroskopien kann durch den Tubus fotografiert werden.

Elektronenmikroskopie

Das Elektronenmikroskop unterscheidet sich vom Lichtmikroskop lediglich durch die Verwendung von Elektronen an Stelle von Lichtstrahlen und von elektrischen und magnetischen Spulen an Stelle der Optik aus Glaslinsen. Die Elektronen werden mit Hilfe einer Glühkathode in einem Hochspannungsfeld erzeugt, das die Elektronen stark beschleunigt. Die Elektronen fallen auf das Präparat, das extrem dünn (ca. 1000 Å) sein muß, um die Elektronen durchdringen zu lassen. Das elektronenmikroskopische Bild, das Vergrößerungen bis zu

500 000 × erlaubt, wird auf einem Bildschirm sichtbar gemacht, von dem es abfotografiert wird.

Die Elektronenmikroskopie, die wie die Lichtmikroskopie flächig wirkende Bilder erzeugt, ist heute durch die Rasterelektronenmikroskopie völlig abgelöst worden.

Rasterelektronenmikroskopie

Bei der Rasterelektronenmikroskopie wird der Elektronenstrahl über das Objekt bewegt, das unregelmäßig geformt sein kann und lediglich die Anforderung erfüllen muß, daß es in den Probenraum des Gerätes passen muß, der bei manchen Geräten mehrere Dezimeter, in der Regel aber nur einige Zentimeter groß ist. Die Probe muß elektrisch leitend sein. Nichtleitende Objekte werden mit Gold bedampft. Die an der Oberfläche der Präparate rückgestrahlten Elektronen, werden auf einen Fernsehbildschirm übertragen. Die Menge der rückgestrahlten Elektronen hängt vom Einfallswinkel ab, wodurch auf dem Bildschirm räumlich wirkende Bilder entstehen. Diese Eigenschaft spielt bei der Untersuchung von Kunstwerken eine besondere Rolle, da Formmerkmale nun mit besonderer Deutlichkeit dokumentiert werden können. Die häufigsten Anwendungsgebiete sind Darstellungen von Pigmentformen, Aufnahmen von keramischen Erzeugnissen zur Charakterisierung von Glasur, Bemalung und Scherben, sowie Aufnahmen von Textilfasern, die genau bestimmt werden können. Die üblichen Arbeitsvergrößerungen bei der Untersuchung von Proben von Kunstwerken liegen im Bereich von 50 bis 10000 ×. Ein wichtiger Punkt der Rasterelektronenmikroskopie ist die Möglichkeit, kleinste Details, etwa einzelne Pigmentkörner, Glasurschichten oder Einschlüsse in Metallen, chemisch zu analysieren, da die Elektronen auch Röntgenstrahlen erzeugen, die mit Hilfe der Röntgenfluoreszenz-Analyse ausgewertet werden können.

Durchstrahlungstechniken

Seit Wilhelm Conrad Röntgen im Jahre 1895 die nach ihm benannten Strahlen entdeckte, die in der Lage sind, Materie völlig zu durchdringen, hat sich die Durchleuchtung von Kunstwerken zu einem eigenen Arbeitsgebiet entwickelt, das sich heute noch einer Reihe anderer Verfahren bedient.

Die Durchleuchtung mit Röntgenstrahlen beruht auf dem hohen Durchdringungsvermögen und der Eigenschaft, Fluoreszenz zu erzeugen bzw. die Photoplatte zu schwärzen, wodurch das Röntgenbild sichtbar gemacht werden kann. Röntgenstrahlen dringen um so besser durch einen Gegenstand, je dünner er ist und je niedriger die Ordnungszahl der Elemente ist, aus denen er besteht. An

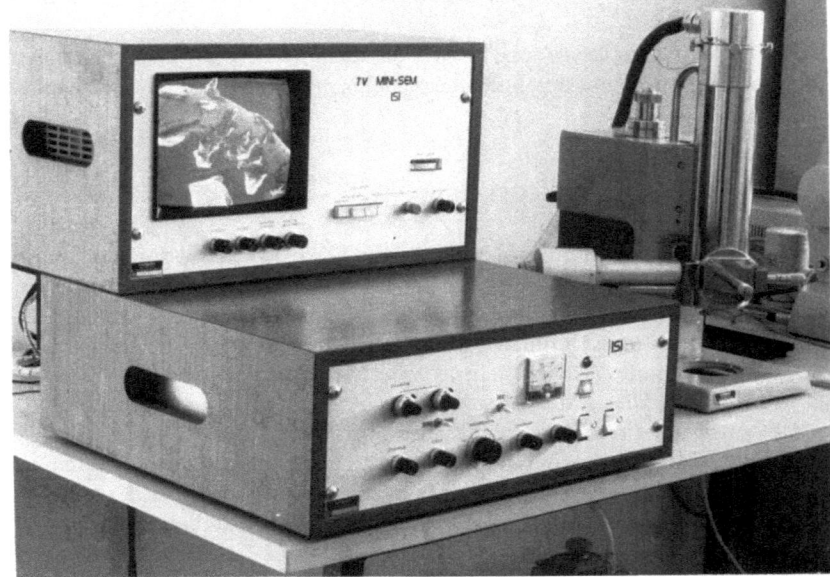

Abb. 21. Untersuchung eines Silberdrahtes im Rasterelektronenmikroskop

Stellen, die für die Röntgenstrahlen besser durchdringbar sind, erscheint das Fluoreszenzbild heller, der Film ist an diesen Stellen stärker geschwärzt.

Die Röntgendurchleuchtung wird heute zur Untersuchung fast aller Werkstoffe von Kunstwerken angewandt, hat aber bei der Untersuchung von Gemälden und komplizierter aufgebauten Metallobjekten ihre hauptsächliche Anwendung. Der Gemäldedurchleuchtung kommt der Glücksfall zugute, daß Bleiweiß, das bis ins 19. Jahrhundert vom Künstler zur Formgebung der Darstellung durch die Aufhellung der lichten Partien verwendet wurde, die Röntgenstrahlen besonders stark absorbiert. Die Bleiweißzeichnung erscheint auf dem Röntgenfilm hell. Veränderungen der Komposition und völlig übermalte Darstellungen werden auf den ersten Blick sichtbar. Darüber hinaus lassen sich Merkmale der Maltechnik, des Zustandes und der Echtheit ableiten. Die herkömmliche Technik, bei der das Gemälde von den senkrecht auffallenden Röntgenstrahlen durchstrahlt wird, kann durch eine schwenkbare Röntgenröhre modifiziert werden. Dadurch kann der störende Einfluß eines Parketts auf der Rückseite einer Holztafel ausgeschaltet werden.

Das zweite Hauptanwendungsgebiet der Durchleuchtung mit Röntgenstrahlen ist die Untersuchung des Aufbaues kompliziert zusammengesetzter Metall-

Abb. 22. Die Durchleuchtung von Corregios „Leda mit dem Schwan" mit Röntgenstrahlen zeigt umfangreiche Schäden an der Leinwand, die in der Malerei nicht erkennbar sind

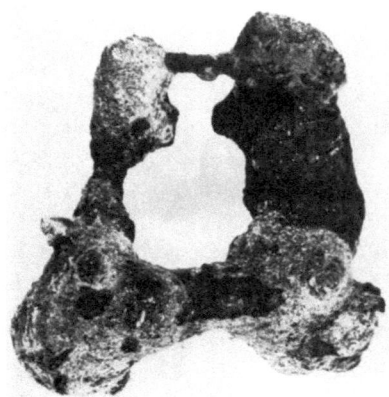 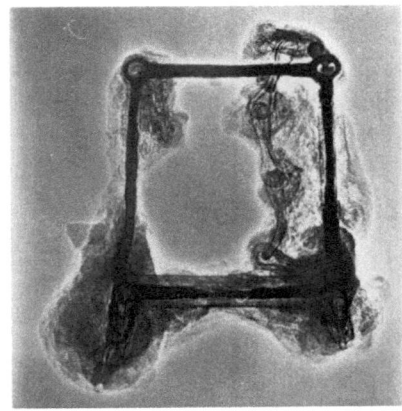

Abb. 23. Erst die Röntgenographie zeigt, daß sich in einem verkrusteten Erdklumpen ein gut erhaltener, mittelalterlicher Steigbügel befindet

objekte. Vor allem von frühgeschichtlichen Schwertern wurden am Römisch-Germanischen Zentralmuseum in Mainz größere Serien untersucht, wodurch die Herstellungstechnik geklärt werden konnte. Auch bei Hohlgüssen von Bronzestatuetten gibt das Röntgenbild wichtige Aufschlüsse über das Innere.

Wichtige Erkenntnisse liefert die Röntgendurchleuchtung im Bereich der Anthropologie. Besonders umfangreiche Erkenntnisse liegen bisher über ägyptische und peruanische Mumien vor. In beiden Fällen ließen sich krankhafte Veränderungen des Knochenbaus, Folgen von Verletzungen und Hinweise zum Alter erkennen. Bei den peruanischen Mumien, die in Säcken eingepackt bestattet wurden, konnten darüber hinaus die Beigaben identifiziert werden, ohne die Umhüllung zu öffnen.

Vor einigen Jahren wurde als Weiterentwicklung der Röntgenuntersuchung die Xeroradiographie vorgestellt. Dieses Verfahren eignet sich vor allem zur Analyse organischer Werkstoffe, wie Holz oder Wachs, da es wesentlich kontrastreichere Aufnahmen ergibt. Dies wird erreicht, indem die Röntgenstrahlen, nachdem sie das Objekt durchdrungen haben, nicht auf einem Film, sondern auf einer elektrostatisch aufgeladenen Selen-Aluminiumplatte erzeugt werden, die in der Art von Xerokopien entwickelt wird. Obwohl von Testobjekten recht ansprechende Aufnahmen erhalten wurden, ist dieses Verfahren an Museen noch nicht weit verbreitet.

Bei harten, dickwandigen Gegenständen reichen die Röntgenstrahlen oft nicht mehr aus, um sie zu durchdringen. In solchen Fällen erreicht man mit Gammastrahlen noch zufriedenstellende Ergebnisse. Dazu wird das Objekt der

Gamma-Strahlung von radioaktivem Kobalt ausgesetzt, die in der Lage sind, auch mehrere Zentimeter starke Metallplatten zu durchdringen. Da die radioaktive Quelle und die Aufnahmeeinrichtung transportabel sind, können sie auch zum Objekt gebracht werden. Es ist daher durchaus möglich, größere Metallskulpturen an Ort und Stelle zu durchleuchten. Die Arbeit mit Gammastrahlern unterliegt strengen Strahlenschutzauflagen, so daß diese Untersuchungen nur von spezialisierten Instituten, z. B. der Bundesanstalt für Materialprüfung in Berlin, ausgeführt werden können.

Eine weitere Möglichkeit, Kernstrahlen zur Durchleuchtung einzusetzen, bietet die Beta-Radiographie. Da die Reichweite der Betastrahlen wesentlich geringer ist, als die der Gammastrahlen, eignen sie sich nur zur Durchstrahlung dünner organischer Materialien. Als besonderes Anwendungsgebiet hat sich dabei die Sichtbarmachung von Wasserzeichen entwickelt, da es dazu genügt, eine mit radioaktivem Kohlenstoff ^{14}C imprägnierte Folie unter das zu untersuchende Blatt zu legen und die Radiographie auf der anderen Seite auf einem Film festzuhalten. Auf diese Weise können auch Wasserzeichen in Büchern mühelos aufgenommen werden.

Ähnliche Effekte können mit der Elektronenradiographie erzielt werden. Legt man unter ein Blatt mit einem Wasserzeichen eine Metallfolie und bestrahlt Folie und Blatt mit Röntgenstrahlen, so treten aus dem Metall Elektronen aus, die das Blatt durchdringen. Dabei kommt es wieder zu einer Abschwächung in Abhängigkeit von der Dicke und der Ordnungszahl der vorhandenen Elemente. Neben der Wasserzeichenanalyse hat sich dieses Verfahren vor allem zur Durchleuchtung von Miniaturen bewährt, deren Pigmente unterschiedlich absorbieren, so daß, wie bei der Gemäldedurchleuchtung, Aussagen über Maltechnik, Erhaltung oder die Art der Pigmente möglich sind. Wichtig ist auch bei diesem Verfahren, das es sich mit jeder Röntgeneinrichtung durchführen läßt, so daß ganze Bücher auf einmal aufgenommen werden können.

An die Elektronenradiographie schließt sich das Verfahren der Elektronen-Reemission. Dabei werden die Elektronen ausgewertet bzw. auf einem Film registriert, die vom graphischen Dokument selbst abgegeben werden, wodurch sich Pigmente und Beschreibstoffe deutlich abzeichnen und Einschlüsse im Papier erkennbar werden. Boutange (1976), der die verschiedenen Techniken der Papierdurchstrahlung erprobt hat, gibt eine Reihe vergleichender Beispiele von Durchstrahlungsaufnahmen, die die Notwendigkeit der Verwendung solcher Verfahren bei der Papieruntersuchung verdeutlichen.

Eine neuere Entwicklung der Durchleuchtung ist die Tomographie. Durch eine gegensinnige Bewegung von Röntgenröhre und Film erreicht man, daß Teile des Objekts, die in der Drehebene liegen, scharf abgebildet werden, während die Umgebung nicht sichtbar wird. Mit dieser Technik können Einschlüsse in räumlichen Objekten, etwa Grabbeigaben in einem Gefäß oder anatomische Details von Skeletten in einem Mumienbündel mit großer Deutlichkeit sichtbar gemacht werden. Die extrem teuren Geräte werden bisher nur für medizinische Zwecke in Großkliniken eingesetzt.

Die Durchleuchtung von Kunstwerken wirft die Frage nach der Gefährdung der Objekte auf. Bei organischen Werkstoffen, wie Holz, Papier, Textilien, Elfenbein und Lackobjekten ist bei den relativ kurzen Bestrahlungszeiten keine nachteilige Veränderung zu erwarten. Für Gemälde ist die Unschädlichkeit der Durchleuchtung nachgewiesen und auch bei Metallen ist eine Schädigung ausgeschlossen. Bei Gläsern, Glasuren und manchen Halbedelsteinen können bei hohen Strahlungsdosen Verfärbungen auftreten, die nur schwer rückgängig zu machen sind.

Neutronen-Autoradiographie

Ein Verfahren zur Gemäldeanalyse, das nur mit einem gewissen kernphysikalischen Aufwand durchgeführt werden kann, ist die Neutronen-Autoradiographie. Dazu wird das ganze Gemälde mit Neutronen bestrahlt. Die Neutronen erzeugen in den Pigmenten radioaktive Isotope, die mit einer für sie charakteristischen Halbwertszeit zerfallen, wobei Beta-, Gamma- und Röntgenstrahlen ausgesandt werden. Da diese Strahlen einen photographischen Film schwärzen, kann die Intensität und die Verteilung der aus dem Bild austretenden Strahlung auf dem Film registriert werden. Die Verteilung der Strahlung auf dem Film ist durch die Art und den Umfang der Verwendung der verschiedenen Pigmente, also die Maltechnik gegeben. Die Intensität der Strahlung hängt von der Halbwertszeit der chemischen Elemente der Pigmente ab, die im Bereich von wenigen Minuten bis zu einigen Monaten liegt. So ist es möglich, durch wiederholtes Auflegen von Filmen auf das aktivierte Bild, die Verteilung der wichtigsten Elemente und dadurch der Pigmente auf dem gesamten Bild zu erkennen.

So ist unmittelbar nach der Bestrahlung im Reaktor die Intensität von Aluminium (Halbwertszeit 2,3 Minuten) am intensivsten, die sofort abklingt. Dann folgen Mangan (2,68 Stunden) und Natrium (15 Stunden), so daß auf den kurz nach der Bestrahlung aufgelegten Filmen die Verteilung der aluminium-, mangan- und natrium-haltigen Pigmente erkennbar wird. Arsen und Antimon strahlen nach 3 Tagen, Quecksilber erst nach 2 Wochen am intensivsten und zeichnen sich dann am deutlichsten auf dem Film ab.

Die Neutronen-Autoradiographie ist neben der Pigmentbestimmung das einzige Verfahren, das Aussagen über die Art der Verwendung der Pigmente in der Malerei zuläßt. Die Merkmale der Malweise werden mit ihrer Hilfe deutlich sichtbar.

Chemische Analyse

Die ursprüngliche Analysentechnik war die naßchemische Analyse, bei der die Probe in einem Lösungsmittel aufgelöst wurde, um in der Lösung die Menge der einzelnen Elemente zu bestimmen. Diese Technik war bis in die Zeit um 1930, als die Spektralanalyse allgemeinere Anwendung fand, die einzige quantitative Analysenmethode. Die Spektralanalyse, die ein rascheres Arbeiten erlaubte und mit wesentlich kleineren Probenmengen auskam, ist heute noch in Gebrauch, obwohl seit 1950 eine Reihe weiterer Analysentechniken entwickelt wurden, wie die Spektralphotometrie, Flammenphotometrie, Atomabsorptionsanalyse, Röntgenfluoreszenzanalyse und die Neutronen-Aktivierungsanalyse. Heute stehen also eine ganze Serie von Analysenverfahren zur Verfügung, die sich gezielt für spezielle Probleme, wie Serienanalysen, Nachweis von Spurenelementen, Analysen ohne Probenentnahme und ähnliche Aufgaben einsetzen lassen.

Die große Zahl von Analysenverfahren verlangt die Klärung der Frage, ob sich die Ergebnisse der verschiedenen Verfahren vergleichen lassen. Dazu ist festzustellen, daß man von jedem Verfahren den Analysenfehler kennt. Er liegt bei den üblichen Verfahren bei ± 2% des gefundenen Mengenanteils. Bei einer Bronze, die 80% Kupfer, 15% Zinn, 4% Blei, 0,9% Arsen, 0,09% Antimon und 0,01% Eisen enthält, darf der Gehalt an Kupfer um ± 1,6%, an Zinn um ± 0,3%, an Blei um ± 0,08%, an Arsen um ± 0,02, an Antimon um ± 0,002 und an Eisen um ± 0,0002% schwanken. Innerhalb dieser Grenzen müssen alle sachgemäß ausgeführten Analysen einer gleichen Probe übereinstimmen. Diese Übereinstimmung wurde häufig überprüft. Am aufwendigsten war der Vergleich der Analysengenauigkeit durch ein Projekt der Freer Gallerie in Washington, die von einem antiken Kupferobjekt und einem antiken Bronzeobjekt Proben an 34 Laboratorien verschickte, die 10 verschiedene Analysenverfahren (Naßchemie, Emissionsspektralanalyse, Spektralphotometrie, Atomabsorptionsanalyse, Polarographie, Elektrolytische Messung, Röntgenfluoreszenzanalyse, Neutronen- und Photonenaktivierungsanalyse, Funkenmassenspektrometrie) einsetzten. Alle analytisch sachgerecht bestimmten Elemente lagen dabei innerhalb der engen Fehlergrenzen von wenigen Prozenten der nachgewiesenen Mengen.

Die zweite Frage, mit der die Aussagekraft von Materialanalysen für kulturgeschichtliche Fragestellungen eng verbunden ist, betrifft die Homogenität der Objekte. Auch diese Frage wurde häufig geprüft. Lediglich zwei Möglichkeiten sind bekannt, bei denen die Inhomogenität von Objekten zu Fehlern führen kann, wenn dieser Umstand nicht bedacht wird. Erstens können Analysen grobkörniger Keramiken ungenau werden, wenn eine zu kleine Probe analysiert wird, in der ein größeres Magerungskorn zur Verfälschung der Werte führen kann. Zweitens können bei Metallskulpturen durch Seigerungsvorgänge einzelne Elemente in den Teilen angereichert werden, die sich beim Guß an der tiefsten Stelle befanden. Dies tritt jedoch erst bei Objekten von über 30 cm auf und auch dann nur bei stärker bleihaltigen Bronzen. Bei Geschützen, die senkrecht, mit der Mündung nach unten gegossen wurden, traten derartige Seigerungen nicht in Erscheinung.

Die naßchemische Analyse

Dieses Verfahren hat in der Praxis fast nur noch historisches Interesse, da es von den vorteilhafteren modernen Verfahren abgelöst wurde. Zu ihrer Durchführung wurde eine relativ große Probenmenge im Bereich von einigen Zehntelgramm gebraucht. Die Probe wurde in der Regel in einer Säure aufgelöst oder durch einen Aufschluß in eine lösliche Form gebracht und dann gelöst. In der Lösung wurden die einzelnen Elemente nach verschiedenen Techniken bestimmt, entweder gravimetrisch, durch Ausfällen und Wiegen des Niederschlages, titrimetrisch durch Zugabe eines Nachweisreagenz bis zum Erreichen eines Umschlagpunktes, kolorimetrisch durch Bestimmung der Intensität der Färbung nach einer Farbreaktion und eine Reihe damit verwandter Meßmethoden. Die Genauigkeit ist für jedes Element verschieden.

Die Ultramikroanalyse

Die Analyse von Kunstwerken bringt in vielen Fällen das Problem mit sich, daß von einem Objekt keine Proben entnommen werden können und eine zerstörungsfreie Analyse, etwa aus Gründen des apparativen Aufwandes, nicht durchgeführt werden kann. Für solche Fälle haben Ballczo und Mauterer auf die Möglichkeiten der Ultramikroanalyse hingewiesen und am Beispiel der Untersuchung antiker Bronzen beschrieben, wo diese Schwierigkeiten, z. B. bei der Münzanalyse, auftreten.

Ballczo und Mauterer verwenden als Analysensubstanz den Abstrich des Untersuchungsobjekts auf einem Korundstäbchen. Die so erhaltene Probenmenge liegt bei einem 4 cm langen Abstrich im Bereich von 50–300 µg. Die Probe wird mit Salpetersäure gelöst. Die Lösung wird mit Schwefelsäure eingeengt und mit Wasser wieder aufgenommen, wobei das Zinn als Metazinnsäure ausfällt, die zur quantitativen Bestimmung des Zinns abgetrennt wird. Die Lösung, die alle übrigen Metalle enthält, wird mit einer Lösung von Dithizon in Chloroform behandelt. Durch eine stufenweise extraktive Titration lassen sich die im Chloroform gelösten Metalldithizonate quantitativ abtrennen. Die Arbeitsanweisung ist von Ballczo und Mauterer im Detail beschrieben. Ein Vergleich der nach diesem Verfahren erhaltenen quantitativen Analysen mit Werten die mit anderen Analysenverfahren erhalten wurden, belegen die Zuverlässigkeit dieser Methode.

Spektralphotometrie

Bei diesem Verfahren wird der Mengenanteil eines Elements an einer Verbindung aus der Intensität einer Farbreaktion in der Lösung bestimmt.

Die Stärke der Spektralphotometrie, die Serienanalyse eines einzelnen Elements bei geringem Arbeits- und Kostenaufwand, nützt man zum Beispiel bei der Phosphatanalyse in der Archäologie aus. Da ein erhöhter Phosphatgehalt im Boden auf Siedlungsreste schließen läßt, werden im Bereich archäologischer Fundplätze Bodenproben entnommen und auf ihren Phosphorgehalt überprüft. Nach dem Lösen der Probe wird die Lösung mit Ammoniumvanadat und Ammoniummolybdat versetzt, wobei in Abhängigkeit vom Phosphorgehalt eine mehr oder weniger starke gelbe Färbung auftritt, deren Intensität photometrisch gemessen werden kann.

Flammenphotometrie

Wird die Lösung einer chemischen Verbindung in eine Flamme geblasen, so wird die Flamme durch eine Reihe von Elementen gefärbt, die Elemente senden also ein charakteristisches Licht aus. Die Intensität des Lichts entspricht dem Anteil des Elements an der Verbindung. Zur Analyse wird aus dem gesamten Spektrum der zu analysierenden Verbindung eine für das zu bestimmende Element charakteristische Linie mit Hilfe von Filtern oder einem Monochromator ausgeblendet, um die ankommende Lichtmenge über einen Photomultiplier zu verstärken und zu messen. Die Flammenphotometrie hat heute vor allem bei der Bestimmung der Elemente Kalium, Natrium, Kalzium und der verwandten Alkali- und Erdalkalielemente (Lithium, Rubidium, Strontium, Barium, Magnesium) Bedeutung, wofür relativ kleine Probenmengen von einigen Milligramm ausreichen. Diese Technik ist in Archäometrie-Laboratorien wenig verbreitet.

Atomabsorptions-Spektralanalyse

Die Atomabsorptions-Spektralanalyse gehört zu den wichtigsten Verfahren zur Untersuchung von Kunstwerken. Die apparative Ausstattung ist preiswert, wenig störanfällig und das Verfahren selbst zeichnet sich durch hohe Genauigkeit

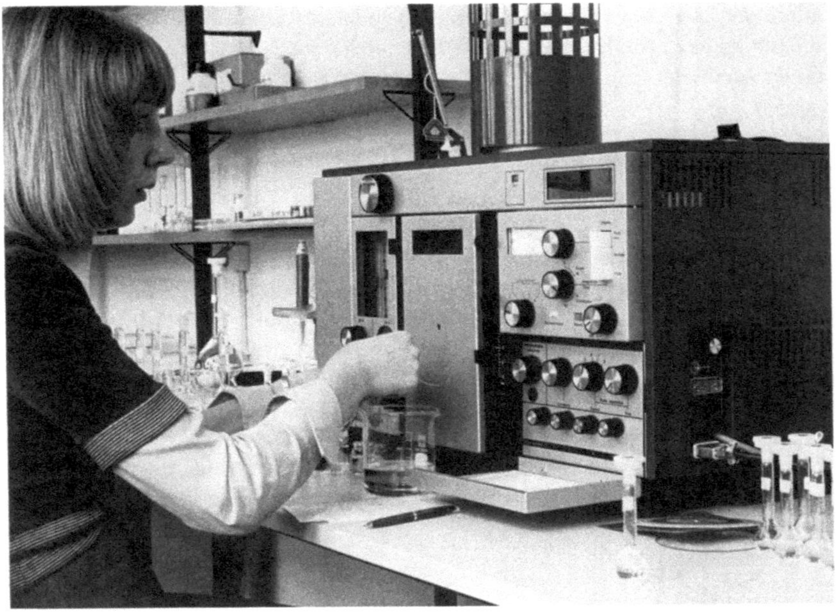

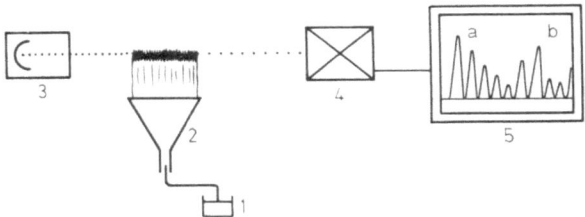

Abb. 24. Die Atomabsorptionsanalyse: Die Probe (1) wird im Brenner (2) verbrannt. Die Absorption des Lichtes von Hohlkathodenlampen (3) wird mit einem Photomultiplier (4) gemessen und auf dem Schreiber (5) wiedergegeben. 5a Spektrum der Standardproben, 5b Spektrum der Meßproben

und hohe Nachweisempfindlichkeit aus. Anzuwenden ist es zur Bestimmung fast aller festen Elemente, wobei die metallischen Elemente besonders geeignet sind.

Zur Analyse wird eine Probe im Bereich von wenigen hundertstel Gramm, das entspricht etwa einem kleinen Stecknadelkopf, in einer Säure oder durch ein Aufschlußverfahren gelöst. Die Lösung wird in einer Flamme verbrannt, wodurch die in der Lösung enthaltenen Elemente in den Atomzustand gebracht werden. Durch die aus einem schlitzförmigen Brenner austretende Flamme, schickt man das Licht von Hohlkathoden-Lampen der Elemente, die nachzuweisen sind. Das Licht der Hohlkathodenlampen wird in der Flamme umso stärker absorbiert, je höher die Konzentration des nachzuweisenden Elements in der Lösung ist. Die Stärke der Absorption kann digital angezeigt, ausgedruckt oder auf einem Schreiber registriert werden.

Die Atomabsorptions-Spektralanalyse wird in erster Linie zur Metallanalyse eingesetzt. In einer Bronzeprobe von einem hundertstel Gramm lassen sich mindestens 12 Elemente, wie Kupfer, Zinn, Blei, Zink, Eisen, Kobalt, Nickel, Silber, Antimon, Arsen, Wismut, Gold quantitativ mit größter Genauigkeit bestimmen. Ein weiteres, nicht minder ergiebiges Anwendungsgebiet ist die Analyse von Glas und Glasuren. Auch hier genügt die winzige Probenmenge, um die ganze Serie der färbenden und der glasbildenden Elemente nachzuweisen.

Seit einiger Zeit ist eine neue Technik der Atomabsorptions-Spektralanalyse in Gebrauch gekommen, das sogenannte flammenlose Verfahren. Dazu ist es nicht mehr notwendig, das zu untersuchende Material zu lösen und in einer Flamme zu verbrennen, sondern die Probe selbst wird in einem Graphitröhrchen auf die notwendigen hohen Temperaturen gebracht und dadurch atomisiert. Die Absorption der Strahlen von Hohlkathodenlampen in dieser Atomwolke kann dann wieder in der üblichen Art gemessen werden. Diese Technik eignet sich für unlösliche oder schwerlösliche Proben wie Papier, Knochen, Elfenbein, aber auch alle anderen Werkstoffe, wobei man oft mit noch kleineren Probenmengen auskommt als bei der herkömmlichen Atomabsorptions-Spektralanalyse.

Emissionsspektralanalyse

Zu den lang erprobten Analysenverfahren gehört die Emissionsspektralanalyse, die vor ca. 50 Jahren allgemeine Anwendung fand und schon zu dieser Zeit der Archäometrie entscheidende neue Erkenntnisse brachte. Gegenüber der Naßchemie hat die Emissionsspektralanalyse den wichtigen Vorteil, daß alle vorhandenen Elemente auf der Spektralplatte registriert werden, während bei der Naßchemie gezielt nach den einzelnen Elementen gesucht werden muß. So kam es, daß man bis 1941 bei den gelben Pigmenten lediglich gelbes Bleioxid PbO (Massicot) und Bleiantimoniat $PbSb_2O_4$ (Neapelgelb) durch die Prüfung, ob Antimon vorhanden war oder fehlte, unterschied. Ein Grund nach anderen Elementen zu suchen bestand nicht, da in der Literatur nur diese beiden gelben Bleipigmente erwähnt waren. 1941 stellte aber Jacobi fest, daß das angebliche Massicot stets große Mengen Zinn enthielt, also Blei-Zinn-Gelb war, das, wie man heute weiß, in der alten Malerei universell verwendet wurde, während Massicot nur in seltensten Fällen vorkommt. Ähnliche Überraschungen gab es bei der Metallanalyse, der Glas- und Glasuranalyse und auf anderen Gebieten der Pigmentanalyse.

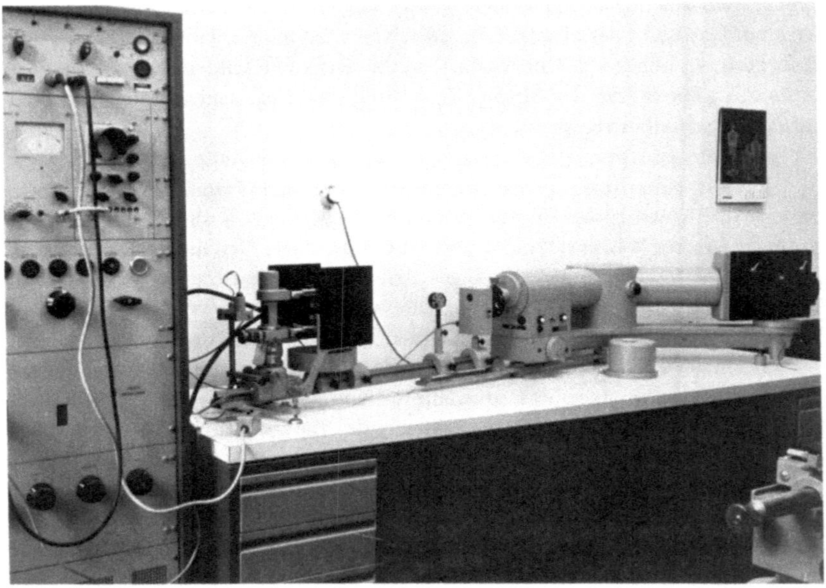

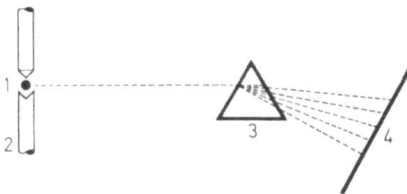

Abb. 25. Die Emissionsspektralanalyse: Die Probe (1) wird zwischen zwei Kohleelektroden (2) verdampft. Das ausgesandte Licht wird von einem Prisma (3) oder einem Gitter in die Spektrallinien der in der Probe enthaltenen Elemente zerlegt und auf einer Spektralplatte (4) registriert

Die Emissionsspektralanalyse, die sich auch durch einen extrem geringen Probenverbrauch auszeichnet, brachte somit der Archäometrie in der Zeit von 1940–1960 neue starke Impulse.

Das Analysenverfahren selbst ist einfach. Die Probe wird zwischen zwei Elektroden im elektrischen Lichtbogen oder durch einen Funken verdampft, wodurch die in der Probe enthaltenen chemischen Elemente ihr charakteristisches Licht, also ein Wellenlängenspektrum aussenden. Dieses Licht wird durch ein Prisma oder durch ein Gitter in die einzelnen Spektrallinien zerlegt, die auf der Photoplatte registriert werden. Die Lage der Linien im Spektrum legt die Art des Elements fest, aus ihrer Schwärzung kann der Mengenanteil abgeleitet werden.

Für qualitative Analysen ist die Spektralanalyse ein ideales Verfahren. Das Spektrum wird aufgenommen, die Spektrallinien identifiziert und man kennt die in der Probe enthaltenen Elemente. Die quantitative Analyse ist aufwendiger, aber bei einzelnen Problemen der Archäometrie noch durchaus üblich.

Die Technik der Emissionsspektralanalyse wurde in den letzten Jahren durch zwei Entwicklungen verbessert. Während die übliche Technik der Probennahme für die Emissionsspektralanalyse das Anbohren oder Abschaben eines Objekts ist, kann die Probe auch mit Hilfe einer Laser-Zusatzeinrichtung entnommen werden, die aus der Oberfläche eine winzige Menge herausschlägt, wodurch ein kaum sichtbarer Krater entsteht, so daß erstens sehr kleine Probenkörper, wie Drähte, Einschlüsse, Malschichten, zweitens kostbare Objekte, wie Münzen oder Schmuckstücke, auf diese Weise analysiert werden können. Die Probemenge wird unmittelbar über der Einschlagstelle des Lasers zwischen zwei Elektroden im elektrischen Bogen in der üblichen Art analysiert.

Die zweite Weiterentwicklung der Emissionsspektralanalyse ist die automatische Auswertung des Spektrums durch direkte Messung der Intensität ausgewählter Nachweislinien für die einzelnen Elemente, wodurch die aufwendigen Arbeitsgänge der Aufnahme auf Photoplatten und ihrer Entwicklung, sowie der Schwärzungsmessung der Linien und Berechnung der Mengenanteile wegfallen.

Röntgenfluoreszenz-Analyse

Zu den wichtigsten Einrichtungen der modernen Analytik gehören die Röntgenfluoreszenz-Geräte. Zu diesem Analysenverfahren nutzt man die Erscheinung aus, daß Röntgenstrahlen oder ähnlich wirkende Kernstrahlen die chemischen Elemente zur Aussendung einer Sekundärröntgenstrahlung oder Fluoreszenzstrahlung anregen können. Da die Fluoreszenzstrahlung eines jeden Elements charakteristische Eigenschaften hat, kann sie zur Identifizierung der Elemente verwendet werden, wobei sich gleichzeitig aus ihrer Intensität die Mengenanteile der chemischen Elemente in einer Probe ableiten lassen.

Bei der Analyse wird also eine Probe mit Röntgenstrahlen aus einer Röntgenröhre oder der Kernstrahlung eines radioaktiven Isotops bestrahlt. Für die qualitative Analyse kann die Probe beliebig geformt werden und jede Größe haben, das heißt, daß auch ein ganzes Objekt, etwa ein Gemälde, eine Skulptur, eine Miniatur, in einem Buch direkt bestrahlt werden kann, um die darin enthaltenen Elemente festzustellen. Für die quantitative Analyse sind jedoch Proben mit einer ebenen Oberfläche Voraussetzung. Keramikproben werden dazu pulverisiert und zu Preßlingen geformt, Edelmetalle können auf einem ebenen Polierstein

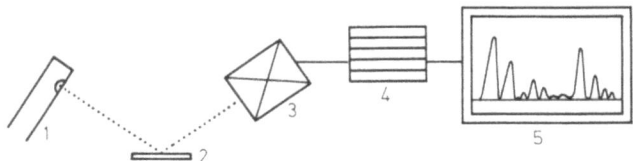

Abb. 26. Energiedispersive Röntgenfluoreszenzanalyse eines Gemäldes: Das Gemälde (2) wird mit Röntgen- oder Kernstrahlen (1) bestrahlt. Dadurch entsteht eine Fluoreszenz-Strahlung, die mit dem Detektor (3) registriert und mit dem Vielkanalanalysator (4) nach Energien getrennt wird. Das Spektrum wird auf dem Bildschirm (5) sichtbar gemacht.

abgerieben werden und lösliche Proben können auf Filterpapier getropft werden, um eine ebene Fläche zu erhalten, die bestrahlt wird. Die Fluoreszenzstrahlung, die bei der Bestrahlung entsteht, kann auf zwei unterschiedliche Arten gemessen werden. Bei der wellenlängendispersiven Technik wird das Spektrum kontinuierlich mit einem Goniometer abgefahren, so daß ein Element nach dem anderen gemessen und auf einem Schreiber registriert wird. Bei der zweiten, der energiedispersiven Technik, wird das gesamte Spektrum gleichzeitig mit Hilfe eines Vielkanalanalysators registriert, auf einem Bildschirm sichtbar gemacht oder ausgedruckt. Beide Techniken haben Vor- und Nachteile. Das wellenlängendispersive Verfahren ist geringfügig empfindlicher und etwas genauer, dafür wesentlich zeitaufwendiger, als das energiedispersive Verfahren, bei dem alle Elemente gleichzeitig identifiziert und quantitativ gemessen werden. Hauptanwendungsgebiet der Röntgenfluoreszenzanalyse im qualitativen Bereich ist die rasche Übersichtsanalyse, die direkt am Objekt ohne Probenentnahme vorgenommen werden kann. Bei Gemälden lassen sich auf diese Weise die meisten Pigmente sofort bestimmen, bei Metallen ist die Art der Legierung auf einem Blick erkennbar, bei Gläsern und Glasuren weiß man sofort über die färbenden Elemente Bescheid. Besonders die Echtheitsprüfung wird durch dieses Verfahren enorm erleichtert, da sofort erkennbar ist, ob die Pigmente, Legierungen oder Glasuren Elemente moderner Herkunft enthalten.

Im quantitativen Bereich sind die Anwendungsmöglichkeiten nicht minder vielseitig. Wichtig ist die Analyse von Goldlegierungen, da es genügt, auf dem Probierstein eine geringe, am Objekt nicht erkennbare Menge abzureiben, so daß die verlangte ebene Probenmenge gegeben ist. Weiter spielt dieses Verfahren bei der Keramikanalyse eine wichtige Rolle, da sich Hauptbestandteile wie Silicium oder Aluminium auf diese Weise genauer analysieren lassen als mit anderen Verfahren.

In jüngster Zeit fand die quantitative energiedispersive Röntgenfluoreszenz-Analyse mit Isotopenanregung verstärkt Anwendung zur Untersuchung von Metallobjekten, da die Kernstrahlung, die die Elemente der Probe zur Fluoreszenz anregt, auf eine sehr kleine Fläche gerichtet werden kann, so daß der Effekt des Oberflächenreliefs nicht stört. Nach diesem Verfahren wurden vor allem von Cesareo antike Goldobjekte und Bronzen untersucht, Barrandon und Mitarbeiter analysierten auf diese Art mehrere Münzserien, Carlson befaßte sich mit der Zusammensetzung von Gefäßen aus Blei-Zinn-Legierungen. Das Verfahren kann als Routinemethode zur Untersuchung kulturgeschichtlicher Objekte angesehen werden.

Röntgenfluoreszenzeinrichtungen können in ihrer Größe so reduziert werden, daß sie beweglich, selbst tragbar werden. In der Industrie werden tragbare Röntgenfluoreszenzgeräte zur Qualitätsprüfung von Werkstoffen auf Lagerplätzen oder nach ihrem Einbau in größere Konstruktionen verwendet, in der Geologie setzt man sie zur Suche nach Lagerstätten ein. So ist es auch möglich, mit tragbaren oder auf einen Wagen montierten Geräten in die Sammlungen zu gehen, um nicht transportable Objekte ohne Entnahme von Proben analysieren zu können.

Noch jünger ist die Entwicklung der PIXE-Technik, der Proton-Induced-X-Ray Emission Spektroscopy. Dabei werden die Atome der Probe durch Protonen angeregt, die mit Hilfe eines Beschleunigers erzeugt werden. Dadurch wird eine charakteristische Röntgenstrahlung erzeugt, die mit einem Si(Li)-Detektor registriert und in der üblichen Art quantitativ ausgewertet werden kann. Die Möglichkeit, alle vorhandenen Elemente gleichzeitig nachzuweisen, die hohe Nachweisempfindlichkeit und eine ausreichende Genauigkeit, haben die PIXE-Technik rasch in die Archäometrie eingeführt, so daß bereits zahlreiche Analysen damit erstellt wurden.

Die elektroanalytischen Methoden

Diese Gruppe von Analysenverfahren soll nicht unerwähnt bleiben, obwohl sie in die Archäometrie kaum Eingang gefunden hat. Sie beruhen auf Vorgänge, die sich in Lösungen zwischen zwei Elektroden abspielen. Da die elektrischen Vorgänge in einer Lösung durch die darin enthaltenen Elemente bestimmt werden, sind qualitative und quantitative Aussagen über die Bestandteile der Lösung möglich. Von den Verfahren, die als Potentiometrie, Voltametrie, Amperometrie, Coulorimetrie, Konduktometrie und Polarographie bezeichnet werden, hat lediglich die letztgenannte Analysentechnik Anwendung in der Archäometrie gefunden, da sie bei der Analyse von Spurenelementen besonders zweckmäßig ist. Dazu werden Strom-Spannungskurven zwischen einer Quecksilbertropfelektrode und einer Bezugselektrode registriert. Aus Kurvenanstiegen lassen sich Art und Menge der in der Lösung vorhandenen Elemente ableiten.

Die Mikrosonde

Ein sehr spezialisiertes Gerät, das der Archäometrie wichtige Erkenntnisse liefert, ist die Mikrosonde. Ihr Einsatzgebiet ist die punktförmige oder lineare Analyse kleinster Probenflächen. Dies gelingt mit Hilfe eines Elektronenstrahls, der auf die Probe trifft und an dieser Stelle eine sekundäre Röntgenstrahlung der dort vorhandenen Elemente erzeugt. Die Röntgenstrahlung kann dann mit dem Röntgenspektrometer nach der Art und der Menge der an der bestrahlten Stelle vorhandenen Elemente ausgewertet werden. Man setzt dieses Verfahren also zweckmäßig zur Analyse dünnster Schichten, etwa Glasur- oder Malschichten oder zur Analyse von Proben ein, die schon im Kleinbereich inhomogen sind.

Die Mikrosondenanalyse hat darüber hinaus den Vorteil, daß man die Verteilung der Elemente im Kleinbereich sichtbar machen kann. So läßt sich zum Beispiel auf dem Bildschirm bei Schnitten durch Malschichten erkennen, wo Quecksilber des Zinnobers oder Antimon des Neapelgelbs vorkommt, so daß schon aus dem Röntgenbild allein die in den verschiedenen Malschichten vorkommenden Pigmente und ihre Verteilung abgeleitet werden können.

Die Ionensonde, die in jüngster Zeit entwickelt wurde, beruht auf einem ähnlichen Prinzip. Die Probe wird mit einem Ionenstrahl bestrahlt, wodurch vor allem Atome freigesetzt werden, die mit einem Massenspektrometer identifiziert und in ihren Mengenanteilen angegeben werden. Diese extrem teuren Einrichtungen finden sich in wenigen Forschungslaboratorien. Für Probleme der Archäometrie wurden sie nur vereinzelt eingesetzt.

Die Aktivierungsanalysen

Besondere Bedeutung hat in den vergangenen Jahren die Aktivierungsanalyse für die Archäometrie erlangt, da sie, durch eine besondere Nachweisempfindlichkeit, die quantitative Analyse einer sehr großen Zahl von Spurenelementen zuläßt, die zur Charakterisierung eines Objekts aufgrund seiner Werkstoffeigenschaften sehr hilfreich sind.

Bei der Aktivierungsanalyse wird die Probe in einem Kernreaktor oder einem Beschleuniger mit Teilchen oder Quanten hoher Energie (meist Neutronen) aktiviert, wodurch metastabile Folgeprodukte entstehen, die unter Aussendung einer charakteristischen radioaktiven Strahlung zerfallen. Vor allem die Gammaquanten lassen sich zur Bestimmung der Art und Menge der in der Probe enthaltenen Elemente heranziehen.

Der Analysenablauf beginnt mit der Bestrahlung der Probe, für die wenige Milligramm Substanz ausreichen. Von der aktivierten Probe wird das Gammaspektrum aufgenommen, aus dem mit Hilfe von Rechenprogrammen die quantitative Analyse erstellt wird.

Die Aktivierungsanalyse läßt sich zur Untersuchung aller Werkstoffe einsetzen. Hauptanwendungsgebiete sind Keramik, Gläser, Glasuren, Pigmente und verschiedene Metalle. Aus dem organischen Bereich liegen Untersuchungen über Metallelemente in Papier vor, die eine zeitliche und regionale Zuordnung ermöglichen.

Die Aktivierungsanalyse ist nur in Zusammenarbeit mit Kernforschungszentren oder großen Forschungslaboratorien, die über einen Reaktor oder Beschleuniger verfügen, möglich. Die Auswertung und der Umgang mit den radioaktiven Proben unterliegt strengen Strahlenschutzbestimmungen, so daß auch diese Arbeiten am zweckmäßigsten in spezialisierten Instituten durchgeführt werden, wo auch entsprechende Recheneinrichtungen zum Auswerten der Spektren vorhanden sind.

Röntgenfeinstrukturanalyse

Im Gegensatz zu den bisher beschriebenen Verfahren der chemischen Analyse, dient die Röntgenfeinstrukturanalyse nicht der Bestimmung der Zusammensetzung, sondern der Art eines Materials. Will man etwa die Pigmente eines Gemäl-

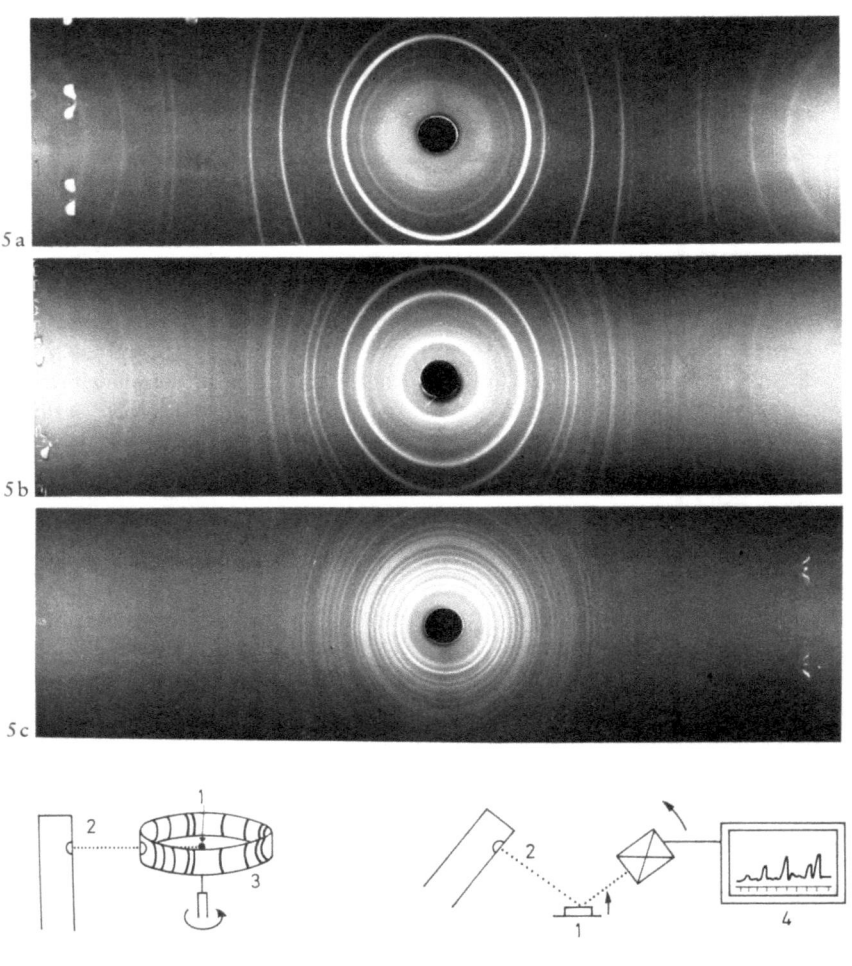

Abb. 27. Röntgenfeinstrukturanalyse: Die Probe (1) wird mit Röntgenstrahlen (2) bestrahlt, die am Kristallgitter der Probe gebeugt werden und auf einem Film (3) oder einem Schreiber (4) Beugungsbilder (5a Kupferoxid, 5b Gips, 5c Kupfersulfat) erzeugen, die die eindeutige Identifizierung der Art der Probe zulassen

Röntgenfeinstrukturanalyse

des feststellen, so interessieren weniger die chemischen Elemente, die in ihnen enthalten sind, als die direkte Information über ihre Art, die aus der Kristallstruktur abgeleitet werden kann. Die Kristallstruktur läßt sich mit Hilfe der Röntgenfeinstrukturanalyse ermitteln. Dazu wird die unbekannte Probe mit Röntgenstrahlen bestrahlt. Die Röntgenstrahlen werden am Kristallgitter gebeugt und erzeugen ein Beugungsbild, das die Substanz charakterisiert.

Die zwei grundsätzlichen Techniken der Praxis sind die Debye-Scherrer-Methode und die Diffraktometrie. Bei der Debye-Scherrer-Methode wird eine winzige Probenmenge, etwa der Bruchteil eines Mohnkornes, auf einem Glasfaden festgeklebt und mit den Röntgenstrahlen bestrahlt. Das Beugungsbild wird auf einem Film festgehalten, der die Probe in einer zylindrischen Kammer umgibt. Als Beugungsbild entstehen auf dem Film konzentrische Ringe unterschiedlicher Schwärzung. Aus dem Durchmesser der Ringe und der Intensität der Schwärzung kann die unbekannte Substanz mit Hilfe von Tabellen identifiziert werden. Verwandte Techniken, die im Prinzip ähnlich arbeiten, sind die Laue-Aufnahme, die Straumanis-Aufnahme oder die Guinier-Aufnahme.

Bei der Diffraktometrie wird eine größere Probenmenge mit Röntgenstrahlen bestrahlt, das Beugungsbild mit einem Goniometer abgenommen und mit Hilfe eines Schreibers registriert. Auch hier gilt, daß der Abstand und die Höhe der Schreiberausschläge für die Substanz charakteristisch sind, so daß sie aus diesen Meßwerten eindeutig identifiziert werden können.

Die wichtigsten Anwendungsgebiete der Röntgenfeinstrukturanalyse sind die Identifizierung von Pigmenten, von Patinaverbindungen, von Salzausblühungen, sowie die Bestimmung der Komponenten von Keramiken. Für die Pigmentanalyse ist die Röntgenfeinstrukturuntersuchung von besonderer Bedeutung, weil sie die Unterscheidung chemisch sehr ähnlicher, kristallographisch aber völlig verschiedener Pigmente, wie basisches und neutrales Bleiweiß, basischen und neutralen Grünspan, die Anatas- und Rutilform des Titanweiß oder die verschiedenen Blei-Zinn-Gelbsorten zuläßt. Beim Neapelgelb ist es sogar möglich, das Blei-Antimon-Verhältnis und damit das Herstellungsrezept aus der Kristallstruktur abzuleiten.

Bei der Bestimmung der Komponenten einer Keramik, wird das Spektrum des gepulverten Materials aufgenommen. Jede darin enthaltene mineralische Verbindung ergibt kennzeichnende Beugungsreflexe, die sich identifizieren lassen. Ihre Intensität ergibt darüber hinaus Hinweise auf die Mengenanteile der einzelnen Komponenten.

Ein besonderes Anwendungsgebiet ist die Strukturanalyse von Metallen, da die Orientierung der Kristalle in einer Substanz das Beugungsdiagramm beeinflußt. Dadurch kann auch auf diese Art festgestellt werden, ob ein Blech getrieben oder gegossen ist.

Infrarotspektrographie

Die Infrarotspektrographie dient zur Molekularstrukturuntersuchung. Man durchstrahlt eine Probe mit infrarotem Licht, dessen Wellenlänge kontinuierlich verändert wird. In Abhängigkeit vom Molekülbau der unbekannten Verbindung, wird das infrarote Licht bei charakteristischen Wellenlängen absorbiert. Daraus ergibt sich ein Absorptionsspektrum, aus dem die in der Verbindung vorhandenen Molekülgruppen identifiziert werden können. Mit Hilfe von Tabellen und umfangreichen Spektrensammlungen, ist meist eine eindeutige Bestimmung der unbekannten Substanz möglich.

Die Infrarotspektrographie eignet sich in gleicher Weise zur Identifizierung anorganischer wie organischer Verbindungen. Bei den anorganischen Verbindungen hat sich die Infrarotspektrographie vor allem zur genauen Unterscheidung von Erdfarben bewährt. Auf organischem Gebiet lassen sich nach diesem Verfahren Wachse, Öle, Harze, Textilfarbstoffe und verwandte Werkstoffe identifizieren. Besondere Bedeutung hat die Infrarotspektrographie zur Lokalisierung von Bernstein erlangt.

Die magnetische Resonanzspektroskopie

Eine Gruppe von Analysenverfahren untersucht magnetische Vorgänge im Atom- und Molekularbereich, wobei die Elektronenspinresonanzspektroskopie und die Kernresonanzspektroskopie die wichtigsten Varianten sind. Durch Variation der Frequenz eines Wechselfeldes oder des Magnetfeldes in der Umgebung der Probe, wird diese zu einer sich ändernden Abgabe von Energie angeregt, die als Spektrum aufgezeichnet wird. Das Spektrum läßt Rückschlüsse auf den Molekülbau zu.

In die Archäometrie haben diese Verfahren bisher kaum Eingang gefunden, es deuten sich aber Entwicklungen an, die nützliche Beiträge liefern können. So hat Ikeya auf die Möglichkeit der Altersbestimmung archäologischer Objekte mit Hilfe der Elektronenspinresonanzspektroskopie aufmerksam gemacht, wobei, wie bei der Thermolumineszenz-Analyse, Strahlungsschäden, die kontinuierlich zunehmen, ausgewertet werden. Ikeya hat nach diesem Verfahren vor allem Tropfsteine aus prähistorisch bewohnten Höhlen untersucht (z. B. Petralona in Griechenland), wobei die Ergebnisse mit den nach anderen Verfahren erhaltenen Alterswerten vergleichbar sind. Weitere Anwendungsgebiete sind Knochen und Elfenbein.

Auch die Kernresonanzspektroskopie wurde bisher nur vereinzelt, etwa zur Beschreibung von Hydrationsvorgängen beim Obsidian (Laursen und Lanford 1978) eingesetzt. 1977 hatte Lanford bereits auf die Möglichkeit hingewiesen, Glas mit Hilfe eines Kernresonanz-Tiefenprofils durch die Bestrahlung mit ^{15}N

Die magnetische Resonanzspektroskopie 133

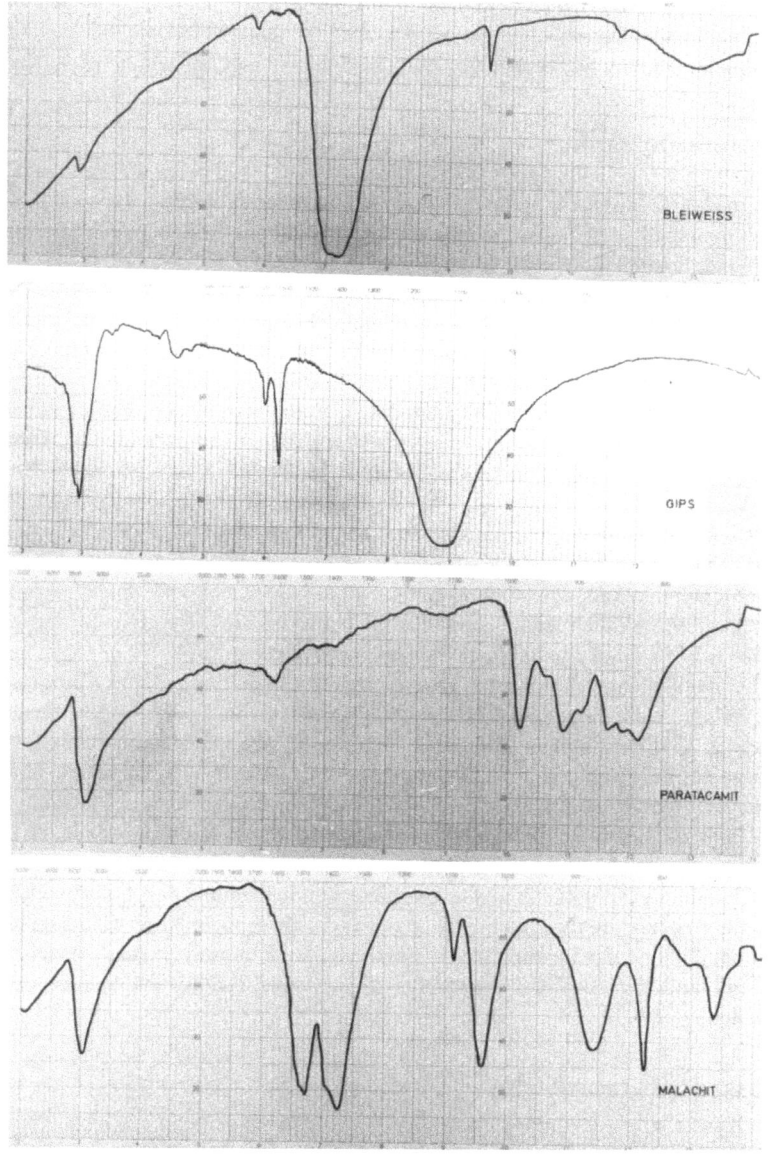

Abb. 28. Infrarotspektren können zur Identifizierung unbekannter organischer und anorganischer Verbindungen verwendet werden.

eines Beschleunigers zu datieren. Beck und Mitarbeiter geben einen Überblick über Anwendungsmöglichkeiten in der Archäologie, wobei sie Beispiele der Identifizierung von Gefäßinhalten und der Analyse von Bernstein vorstellen.

Chromatographie

Chromatographie ist ein Sammelbegriff für eine größere Zahl analytischer Techniken, bei denen eine Substanz durch spezielle Trennmethoden in Grundkomponenten zerlegt wird, die eine Identifizierung zulassen.

Die zur Untersuchung von Kunstwerken am häufigsten angewandten Methoden, sind die Dünnschicht-Chromatographie und die Gaschromatographie.

Bei der Papierchromatographie, einer der Dünnschichtchromatographie sehr ähnlichen Methode, wird eine Lösung des zu untersuchenden Materials auf ein saugfähiges Papier getropft. Die Flüssigkeit breitet sich in dem Papier konzentrisch um einen Mittelpunkt aus, wobei sich einzelne Komponenten in Abhängigkeit von der Wanderungsgeschwindigkeit im Papier in verschiedenen Zonen um den Mittelpunkt anreichern. Das Chromatogramm kann sowohl zur Identifizierung aufgrund einer charakteristischen Aufeinanderfolge der Zonen, als auch zur weiteren Analyse der so getrennten Komponenten verwendet werden.

Die Dünnschicht-Chromatographie unterscheidet sich von der Papierchromatographie lediglich dadurch, daß als Fließmittel nicht Papier, sondern eine dünne Schicht eines saugfähigen Pulvers verwendet wird.

Bei der Gaschromatographie wird eine gasförmige Phase in ihre Komponenten zerlegt. Dazu wird die Untersuchungsprobe in den gasförmigen Zustand gebracht und mit einem Trägergas (Stickstoff, Argon, Helium) durch eine Trennsäule geschickt, die mit Adsorptionsmitteln (Aktivkohle, Kieselgel, Aluminiumoxid) gefüllt ist. Die Komponenten des Gases durchwandern die Säule mit unterschiedlicher Geschwindigkeit und erscheinen am Ende der Säule, wo sie durch einen Detektor registriert werden.

Chromatographische Analysen werden im Museumsbetrieb fast ausschließlich zur Analyse organischer Stoffe angewandt. Bevorzugte Anwendungsgebiete sind die Analyse der Farbstoffe von Textilien, die Analyse von Bindemitteln der Malerei und die Analyse organischer Ausgrabungsfunde, wie Speisereste in Gefäßen.

Massenspektrometrie

Die Massenspektrometrie ist ein Verfahren, mit dem Bestandteile von Verbindungen aufgrund unterschiedlicher Massen identifiziert werden. Die Analyse erfolgt mit dem Massenspektrometer, indem Ionen oder Molekülbruchstücke

Massenspektrometrie 135

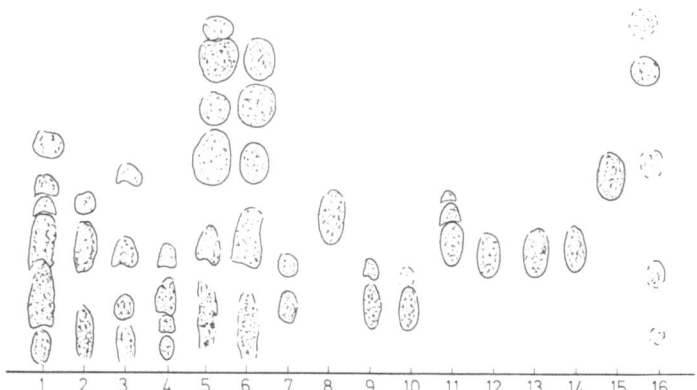

Abb. 29. Chromatogramm verschiedener gelber Pflanzenfarben nach Schweppe (1976)
Schicht: Mikropolyamid F 1700 (Schleicher & Schüll)
Fließmittel: Methyläthylketon + Ameisensäure (95 + 5)
Farbreaktion: Eisen-(III)-chlorid

1 Gelbholz	5 Kreuzdornbeeren	9 Myricetin	13 Morin
2 Fisetholz	6 Färbeginster	10 Maclurin	14 Quercetin
3 Wau	7 Quercitrin	11 Fisetin	15 Kämpferol
4 Quercitron	8 Dihydrofisetin	12 Luteolin	16 Rhamnazin

der unbekannten Verbindung durch ein Magnetfeld geschickt werden, in dem sie in Abhängigkeit von ihrer Masse unterschiedlich abgelenkt werden. Ein Detektor registriert Art und Mengenanteile der getrennten Bruchstücke.

Die Massenspektrometrie hat zwei für die Archäometrie sehr wichtige Anwendungsgebiete, erstens die Isotopenanalyse von Elementen anorganischer Verbindungen, zweitens die Identifizierung komplizierter organischer Verbindungen.

Bei der Isotopenanalyse wird das Verhältnis der Isotope eines Elements oder das Verhältnis der Isotope zweier Elemente bestimmt. Heute durchaus übliche Routineverfahren sind die Lokalisierung von Blei aus metallischem Blei, aus Bleipigmenten, aus Bleilegierungen oder Bleiglasuren aufgrund der Blei-Isotopenverhältnisse. Schwefel-Isotope wurden bei der Untersuchung schwefelhaltiger Pigmente, wie Ultramarin oder Zinnober, gemessen. Zur Lokalisierung von Marmor, ist die Analyse der Kohlenstoff- und Sauerstoff-Isotopen der einzig mögliche Weg.

Das zweite Anwendungsgebiet der Massenspektrometrie ist die Analyse komplizierter organischer Verbindungen. Bindemittel der Malerei, organische Reste aus Ausgrabungen und ostasiatische Lacke sind Gebiete, auf denen heute massenspektrometrisch gearbeitet wird.

Thermoanalyse

Zur Differentialthermoanalyse wird eine Probe kontinuierlich erwärmt und ihre Temperaturveränderung registriert. Es zeigt sich, daß bei einzelnen, für das Material charakteristischen Temperaturen, ein Wärmeverlust oder eine Wärmezunahme aufgrund endothermer oder exothermer Reaktionen festzustellen ist. Dieser Befund läßt Aussagen über Bestandteile von Stoffen und die Anwesenheit oder das Fehlen bestimmter Komponenten zu. In der Gemäldeuntersuchung wird dieses Verfahren zur Feststellung des Trocknungsgrades von Bindemitteln verwendet, wodurch Fälschungen erkannt werden.

Enriquez, Danon und Beltrao haben einen Zusammenhang zwischen dem Alter von Keramik und dem Ergebnis der Differential-Thermo-Analyse nachgewiesen, wobei sich der endotherme Peak bei 100° C mit zunehmendem Alter vergrößert, da die brandentwässerten Tonmineralien im Laufe der Zeit wieder Wasser einbauen.

Durch Dilatometrie wird das Ausdehnungsverhalten von festen Stoffen untersucht. Auf diesem Analysenverfahren beruht z. B. eine Möglichkeit der Brenntemperaturbestimmung von Keramik. Dazu wird ein ca. 1 cm langer, bleistiftstarker Probekörper kontinuierlich erwärmt, der sich entsprechend ausdehnt. Wird nun die ursprüngliche Brenntemperatur erreicht, so setzen Sintervorgänge ein, d. h. der Probekörper zieht sich merkbar zusammen. Die Temperatur, bei der das Sintern beginnt, also der ursprünglichen Brenntemperatur, kann auf einem Schreiber abgelesen werden.

Ein drittes Verfahren dieser Gruppe ist die Thermogravimetrie, bei der die Änderung der Masse oder des Gewichts bei zunehmender Temperatur festgestellt wird. Nach diesem Verfahren werden z. B. wasserhaltige Proben analysiert, um festzustellen, welche Mengenanteile Wasser in der Probe enthalten sind und ob das Wasser absorbiert oder chemisch gebunden ist. Eine weitere analytisch interessante Möglichkeit bietet die chromatographische oder massenspektrometrische Analyse der gasförmigen Komponenten, die beim Erwärmen freigesetzt werden.

Mößbauer-Spektroskopie

Ein sehr spezialisiertes Untersuchungsverfahren ist die Mößbauer-Spektroskopie, die aus der Wechselwirkung von Atomkernen mit verschiedenen Strahlungsarten Aussagen über Zustände und Eigenschaften des Atomkerns einzelner Elemente zuläßt, die für die Beschreibung von Werkstoffen nützlich sein können. Die Analyse wird in der Art durchgeführt, daß eine Strahlungsquelle zur Untersuchungsprobe hin bewegt wird. Dabei kommt es zu Resonanzerscheinungen

Mößbauer-Spektroskopie

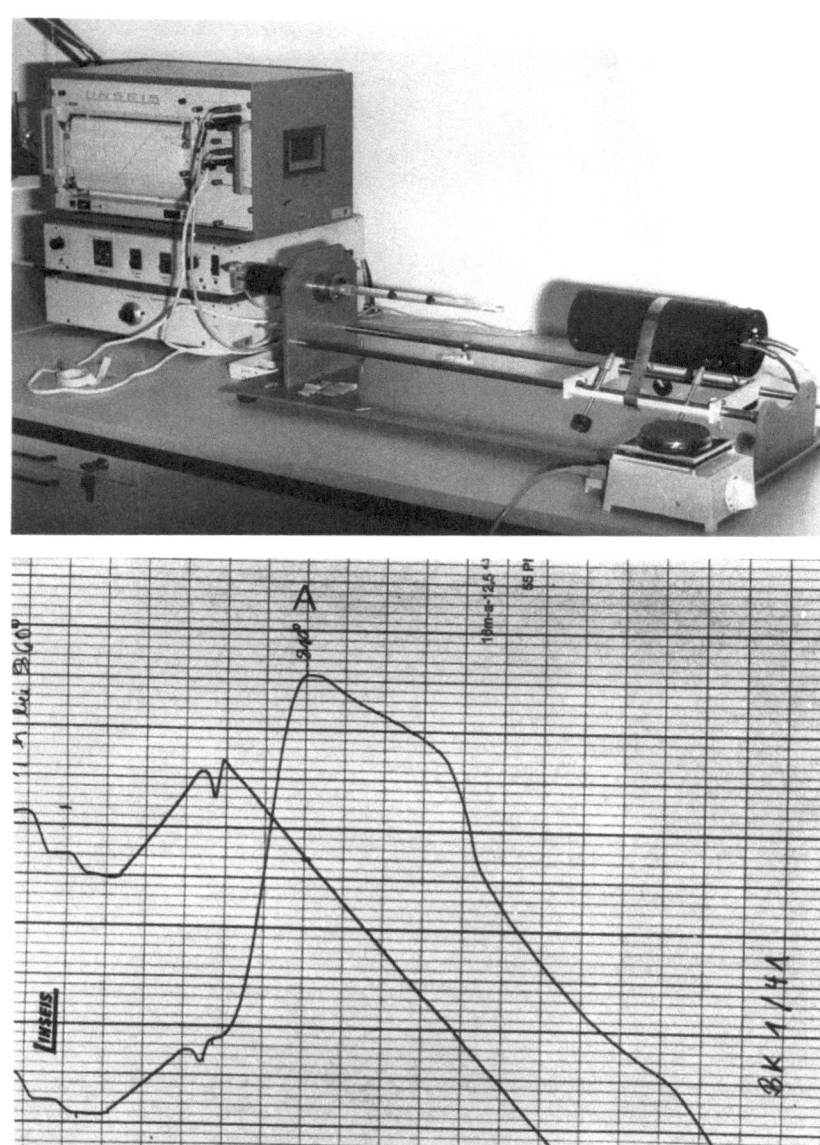

Abb. 30. Dilatometeranalyse: Zur Bestimmung der Brenntemperatur einer Keramik wird die Probe kontinuierlich erhitzt, wobei sie sich ausdehnt, bis sie sich bei einer bestimmten Temperatur (A) aufgrund von Sintervorgängen stark zusammenzieht. Aus der Temperatur A kann die Brenntemperatur ermittelt werden.

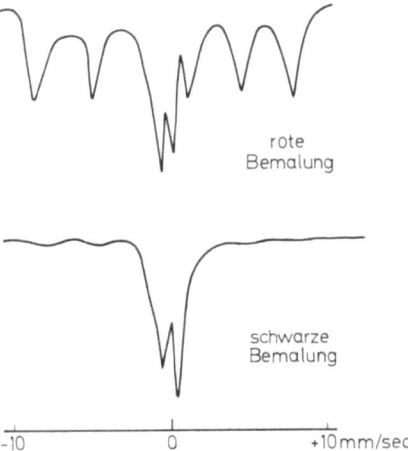

Abb. 31. Die rote und die schwarze Bemalung ergeben aufgrund der verschiedenen Oxidationszustände des Eisens verschiedene Mößbauer-Spektren

von Quelle und Probe, aus denen die charakteristischen Merkmale des Kernes abgeleitet werden. Als wichtigstes Anwendungsgebiet hat sich bisher die Bestimmung der Wertigkeiten und der magnetischen Eigenschaften des Eisens erwiesen. Diese Daten können herangezogen werden, um den Brennverlauf von Keramiken, ihre Korngröße, mit Einschränkungen auch ihr Alter abzuleiten. Weiter wurde die Mößbauer-Spektroskopie zur Analyse von eisenhaltigen Pigmenten, wie Ocker, Umbren, grüne Erden verwendet. Die Mößbauer-Spektroskopie ist ein instrumentell aufwendiges Verfahren, das am zweckmäßigsten an spezialisierten Forschungsinstituten durchgeführt wird.

Radiometrische Analyse

Beim Zerfall radioaktiver Substanzen werden α-, β- und γ-Strahlen freigesetzt. Die Art und die Zahl der beim radioaktiven Zerfall ausgesandten Kernteilchen kann gemessen und zur Beschreibung der radioaktiven Substanzen verwendet werden. Zu ihrer Sichtbarmachung und Messung stehen eine Reihe von Einrichtungen zur Verfügung, wie Nebelkammer, Ionisationskammer, Geiger-Müller-Zählrohre, Ionisationsdetektoren und Halbleiterdetektoren. Da die Nachweisempfindlichkeit dieser Meßmethoden deutlich über der anderer analytischer Verfahren liegt, können geringste Anteile radioaktiver Komponenten gemessen werden.

In der Archäometrie hat zum Beispiel die Messung des ^{210}Blei-Isotops auf radiometrischem Weg besondere Bedeutung, da es zur Altersbestimmung geeignet ist. Auch die analytisch aufwendigen Messungen für andere Altersbestimmungsverfahren, wie die Radiokarbonmethode, werden radiometrisch ausgeführt.

Bestimmung physikalischer Eigenschaften

Nur vereinzelt werden Materialeigenschaften, wie Härte, spezifisches Gewicht, Schmelzpunkt und Lichtbrechung zur Charakterisierung der Werkstoffe historischer Objekte herangezogen.

Die *Härtebestimmung* aus der Eindringtiefe eines Prüfkörpers, z. B. einer Stahlkugel (Brinellhärte) oder einer Diamantpyramide (Vickershärte) hat für die Metalluntersuchung Bedeutung. Nach diesem Verfahren läßt sich feststellen, ob ein Werkzeug oder eine Waffe aus Eisen oberflächlich gehärtet ist, ob harte Bleche mit weichen verschmiedet sind oder ob eine harte Schneide auf einen weichen Kern aufgeschmiedet ist.

Thomsen hat bei der metallographischen Untersuchung wikingerzeitliche Äxte, die aus Eisen unterschiedlicher Härte zusammengeschmiedet waren, Unterschiede der Vickers-Härte von 121 bis 199, bzw. von 96 bis 142 an einer Axt festgestellt.

Zur Härtebestimmung von Keramiken kann dieses Verfahren bei feinkörnigem Material ebenfalls herangezogen werden, da die Härte zunimmt, je höher der Ton gebrannt ist. Bei grobkörniger oder stark poröser Keramik ist dieses Verfahren aber nicht zulässig.

Zur Bestimmung von Edelsteinen oder Halbedelsteinen, vor allem zu ihrer Unterscheidung von Glas, hat die Bestimmung der Ritzhärte nach Mohs Bedeutung. Mit Hilfe von Prüfstiften lassen sich 10 Härtegrade unterscheiden, die den Härten zehn wichtiger Mineralien entsprechen (1: Talk, 2: Steinsalz, 3: Kalkspat, 4: Flußspat, 5: Apatit, 6: Feldspat, 7: Quarz, 8: Topas, 9: Korund, 10: Diamant).

Die Bestimmung des *spezifischen Gewichtes* hat als Analysenmethode für kleine Objekte, von denen keine Probe entnommen werden kann, Bedeutung. Häufig angewandt wird die Bestimmung des Gold/Silber-Verhältnisses bei Goldmünzen. Zur Bestimmung des spezifischen Gewichts genügt es, das Volumen und das Gewicht zu bestimmen. Das Volumen eines unregelmäßig geformten Körpers bestimmt man aus der Verdrängung von Wasser in einem Meßzylinder. Dann gilt:

$$\text{sp. Gew.} = \frac{\text{abs. Gewicht}}{\text{Volumen}}.$$

Da sich das Volumen selten genau vermessen oder aus der Wasserverdrängung berechnen läßt, bestimmt man das spezifische Gewicht aus dem Auftrieb in Wasser. Dazu wird das Objekt zuerst in Luft gewogen, dann in Wasser getaucht und der Auftrieb bestimmt, wozu sich die zur Bestimmung des spezifischen Gewichts gebaute hydrostatische Waage besonders eignet. Dann gilt:

$$\text{sp. Gew.} = \frac{\text{abs. Gew.}}{\text{abs. Gew.} - \text{Gew. in Wasser}}.$$

Von kleinen, spezifisch nicht zu schweren Objekten, z. B. Edelsteinen, bestimmt man das spezifische Gewicht mit dem Pyknometer. Dazu mischt man spezifisch schwere Flüssigkeiten (bis zu spez. Gew. von 4.8) mit geeigneten Verdünnungsmitteln, bis der Prüfkörper in der Lösung schwimmt, sein spezifisches Gewicht also gleich der Lösung ist. Das spezifische Gewicht der Lösung wird dann durch Wiegen im Pyknometer, einem Glasgefäß von bekanntem Gewicht und Volumen bestimmt.

Der Schmelzpunkt einer festen Substanz wird am genauesten mit speziell dafür gebauten Geräten bestimmt. Bei diesen Geräten wird die Temperatur einer Heizplatte, auf der die Probe liegt, kontinuierlich erhöht. Der Augenblick des Schmelzens wird entweder durch Beobachten mit dem Mikroskop oder aus der Änderung des Lichtdurchgangs der Probe bestimmt. Die Schmelztemperatur kann im unteren Bereich auf einem Thermometer, in höheren Temperaturbereichen mit dem Thermoelement gemessen werden. Schmelzpunktmeßgeräte gibt es für verschiedene Temperaturbereiche, z. B. bis zu 300° C für organische Substanzen oder bis ca. 1000° C für Gläser und Metalle.

Die Bestimmung des Schmelzpunktes kann erstens Aufschlüsse über die Art des Materials geben, zweitens ist diese Eigenschaft ein wichtiges Materialmerkmal von Legierungen, das einen Rückschluß auf die technologischen Fähigkeiten einer bestimmten kulturgeschichtlichen Epoche zuläßt. So kann der Schmelzpunkt von reinem Kupfer (1083° C) durch Zugabe von Zinn auf ca. 750° C gesenkt werden. Bei Loten wird der Schmelzpunkt des Bleis von 327° C auf 183° C durch Zinnzugaben gesenkt. Im präkolumbianischen Amerika wurde in Kolumbien die Gold-Silber-Kupferlegierung Tumbaga zum Guß von Statuetten bevorzugt, da der Schmelzpunkt deutlich unter dem der reinen Metalle liegt. Auch bei Gläsern und Glasuren beschreiben die Erweichungspunkte den Stand der Technologie zur Zeit der Herstellung.

Die *Lichtbrechung* ist ein charakteristisches Merkmal durchsichtiger Körper. Bei der Untersuchung von Kunstwerken interessieren vor allem die Werte von Glas, Glasuren, Pigmenten, Edelsteinen und Halbedelsteinen.

Zur Messung der Lichtbrechung wird der Probekörper in eine Serie von Testflüssigkeiten mit steigendem Brechungsindex getaucht. Dazu gibt es im Chemikalienhandel Testserien für den Bereich von 1,333 (Wasser) bis 2,05 (West-'sche Lösung). Haben der Prüfkörper und die Lösung die gleiche Lichtbrechung, so ist der Prüfkörper kaum mehr zu erkennen. Je größer der Unterschied der Lichtbrechungen von Lösung und Probekörper ist, desto deutlicher zeigt der Probekörper sein Relief.

Diese Methode eignet sich besonders für kleine Bruchstücke von Gläsern oder Pigmentkörner. Für größere Körper, z. B. ebene Gläser oder geschliffene Edelsteine, gibt es spezielle Verfahren, z. B. die Messung mit dem Totalreflektometer oder die Methode der Minimalablenkung.

In der Archäometrie gehören Lichtbrechungsmessungen an Gläsern und Glasuren zu den Routinearbeiten. Weiter liegen Erfahrungen mit Pigmenten, z. B. der Smalte, vor, deren Lichtbrechung sich in Abhängigkeit vom Kobaltgehalt ändert, so daß aus der Lichtbrechung ein Schluß auf die Zusammensetzung möglich ist.

Die Aminosäure-Analyse

Aminosäuren sind meist feste organische Verbindungen, die in Pflanzen und Tieren in sehr verschiedenen Ausbildungsformen vorkommen. Die meisten der weit über 100 bisher nachgewiesenen Aminosäuren kommen frei im Körper vor, ein Teil ist im Eiweiß gebunden.

Der Nachweis von Aminosäuren, vor allem durch die verschiedenen chromatographischen Methoden mit einer anschließenden kolorimetrischen Mengenbestimmung, hat sich in den vergangenen Jahren als eigenes Teilgebiet der Archäometrie entwickelt. Birstein (1975) konnte durch den Nachweis von 17 Aminosäuren im Bindemittel zentralasiatischer Wandmalereien belegen, daß in einem Gebiet mit tierischem Leim, also einem Haut- oder Knochenleim gearbeitet wurde, während an anderen Stellen Pflanzengummi verwendet wurde, bei dem der Nachweis möglich war, daß es sich um Aprikosen- oder Kirschgummi handelte.

Auch Eiweiß und Eigelb lassen sich in Bindemitteln mit Hilfe der Aminosäureanalyse unterscheiden, was für die Bearbeitung von Temperamalereien wichtig ist.

Umfangreiche Arbeiten liegen auch über den Abbau der Aminosäuren in Knochen vor, wobei Knochen verschiedenen Alters und verschiedenen Lagerungsbedingungen untersucht wurden. Die gewonnenen Ergebnisse führten zur Entwicklung einer Methode der Altersbestimmung aminosäure-haltiger Substanzen.

Die Aminosäuren zeigen nämlich die Erscheinung der *Racemisierung,* d. h. die Umwandlung optisch aktiver Substanzen in solche Verbindungen (Racemate), die links- und rechtsdrehende Anteile in gleicher Menge enthalten, wodurch der Drehwert allmählich Null wird. Diese Racemisierung setzt mit dem Tod des Lebewesens ein und geht sehr langsam vor sich, so daß aus dem Grad der Abnahme der optischen Aktivität auf das Alter geschlossen werden kann. Der Zeitraum der optimalen Anwendung dieses Verfahrens liegt zwischen 1000 und 100 000 Jahren. Masters und Bada (1978) haben in einer umfassenden Arbeit Beispiele der Datierung verschiedener Knochen- und Muschelfunde gegeben, wobei auch die Nachweisverfahren genau beschrieben sind.

Masters und Bada wiesen auch auf die Möglichkeit hin, das Alter von Skeletten durch eine Messung der Aminosäure-Racemisierung in den Zähnen zu bestimmen. Da die Racemisierung von der Umgebungstemperatur abhängt, läuft sie im Körper eines Lebewesens sehr rasch ab, so daß die Racemisierung nach dem Tod zu vernachlässigen ist, wenn die Bodentemperatur nicht zu hoch ist, z. B. unter 9° C, wie es bei dem von Masters und Bada untersuchten mittelalterlichen Friedhof in der Tschechoslowakei der Fall war. Die nach diesem Verfahren erhaltenen Werte für die Lebensalter, entsprachen den anthropologischen Alterswerten, wobei sich die hohen Alter sicherer nach der Racemisierungs-Methode bestimmen ließen.

Photographie

Die Photographie findet in der Archäometrie besonders vielfältige Anwendungen. Neben der Dokumentation der Objekte im Makrobereich bei Tageslicht und Kunstlicht, spielt die Untersuchung beim Licht kürzerer und längerer Wellenlängen eine nicht minder wichtige Rolle. Weiter sind es die Verfahren der Mikrophotographie in den verschiedensten Vergrößerungsbereichen, die zur Routinearbeit der Materialanalyse gehören. Weitere spezialisierte Anwendungsgebiete der Photographie im kulturgeschichtlichen Bereich sind die Luftbildphotographie zur Auffindung archäologischer Strukturen im Boden und die Unterwasserphotographie im Bereich der Unterwasserarchäologie, die als archäologisches Arbeitsgebiet ständig an Bedeutung zunimmt.

Es sei nur auf einige neuere Entwicklungen hingewiesen, die inzwischen in die Praxis der Archäologie Eingang gefunden haben. So wurden nach unterschiedlichen Prinzipien arbeitende Geräte zur Aufnahme von Gefäßformen gebaut, die die Arbeit des Zeichnens ersparen. Weiter wurde ein Gerät vorgestellt, das auf photographischem Weg die Darstellungen auf Gefäßen abgewickelt wiedergibt. Bewährt hat sich auch ein Gerät, das Photographien in Strichzeichnungen umsetzt, die bei der Publikation die Darstellungen von charakteristischen Formmerkmalen deutlicher hervortreten lassen.

Auch für die Arbeiten bei Ausgrabungen wurden neue Techniken der photographischen Dokumentation vorgestellt.

Photogrammetrie

Bei der Photogrammetrie wird ein Objekt mit zwei parallel gerichteten Kameras aufgenommen. Projiziert man die beiden Bilder mit Hilfe eines Doppelprojektors, so erhält man ein räumliches Bild des Objekts. Mit Hilfe eines Auswertegerätes können schichtweise Grundrisse und Höhenlinien gezeichnet werden.

Die Hauptanwendung der Photogrammetrie liegt im kulturgeschichtlichen Bereich auf dem Gebiet der Architekturdarstellung. Die Fassaden werden photogrammetrisch aufgenommen und mit Hilfe des Doppelprojektors und des Auswertegerätes in maßgetreue Zeichnungen größter Genauigkeit umgesetzt. Dieses Verfahren wurde auch zur Aufnahme kleinerer Architektureinheiten und Reliefs eingesetzt. Im Ausgrabungsbereich lassen sich flache Formen, etwa Profile, ein mit Platten belegter Fußboden oder ein flaches Natursteinmauerwerk meist zweckmäßiger photographisch dokumentieren, während die Photogrammetrie bei stark reliefierten Formen genauer ist. In Einzelfällen haben photogrammetrische Techniken zur Lösung schwieriger Aufgaben geführt. In Berlin wurde z. B. eine maßgetreue Kopie der Nofretete in der Art hergestellt, daß das Original photogrammetrisch vermessen wurde und die Meßdaten dazu verwendet wurden, aus einem Gipsblock schichtweise die Oberflächenformen auszufräsen.

Verfahren der absoluten Altersbestimmung

Zu den wichtigsten Entwicklungen der Archäometrie gehören die Verfahren zur Bestimmung des absoluten Alters. Die meisten dieser Verfahren wurden erst in den vergangenen 30 Jahren entwickelt und an ihrer Verbesserung wird ständig gearbeitet. Bei ihrer Wertung muß berücksichtigt werden, daß es bei der im Vergleich zu modernen Aufgaben der Technik ausgesprochen geringen wissenschaftlichen Kapazität, einige Jahrzehnte dauert, bis ein neu entdecktes Verfahren seine volle Leistungsfähigkeit erbracht hat. Unter diesem Gesichtspunkt, stellen die Radiokohlenstoff-Methode und das Thermolumineszenzverfahren, ohne die die Archäologie heute nicht mehr auskommt, beachtliche Leistungen dar.

Die derzeit angewandten Datierungsverfahren:

Methode	Entdeckung	Anwendungsgebiet
1. Radiokohlenstoff (^{14}C)	1947	alle organischen Materialien, Kalke, Eisen
2. Fluor-Stickstoff	1844	Knochen
3. Dendrochronologie	1919	einzelne Holzarten (Eiche, Nadelhölzer)
4. Thermolumineszenz	1965	Keramik, Gußkerne
5. Archäomagnetismus	1933	Keramik
6. Spaltspuren	1963	Glas, Keramik
7. Glasschichten	1961	Glas
8. Obsidian-Rinden	1960	Obsidian
9. Uran-Thorium-Methode	1965	Kalk
10. Blei-210	1967	Blei, Bleilegierungen, Bleipigmente
11. Mößbauer-Spektroskopie	1976	Keramik
12. Pollenanalyse	19. Jh.	Ausgrabungsschichten
13. Warvenmethode	19. Jh.	Ausgrabungsschichten
14. Seriation		archäologische Funde

Radiokohlenstoff-Methode

Die Lufthülle der Erde enthält vor allem Stickstoff und Sauerstoff. Treffen Neutronen, die in der Erdatmosphäre durch die Wirkung der kosmischen Strahlung freigesetzt werden, auf Stickstoffkerne, so werden diese in Kohlenstoffkerne des Isotops $^{14}_{6}C$ umgewandelt. Dieses Isotop ist instabil und zerfällt mit einer Halbwertszeit von 5730 ± 40 Jahren.

Entstehung von $^{14}_{6}C$: $^{14}_{7}N + n \rightarrow {}^{14}_{6}C + p$
Zerfall von $^{14}_{6}C$: $^{14}_{6}C \rightarrow {}^{14}_{7}N + \beta$

Da Pflanzen durch die Photosynthese Kohlenstoff als Kohlendioxid aufnehmen und dieser Kohlenstoff durch die Nahrungsaufnahme auch in den tierischen Körper gelangt, findet sich in jedem Lebewesen Kohlenstoff in Form verschiedener Isotope, wobei das Verhältnis der Isotope stets konstant ist. Das Verhältnis des stabilen Kohlenstoffisotops $^{12}_{6}C$ zum radioaktiven Isotop $^{14}_{6}C$ beträgt $10^{12}:1$.

Nach dem Absterben der Lebewesen, wird kein Kohlenstoff mehr aufgenommen, der radioaktive Anteil nimmt durch den Zerfall ständig ab, wodurch das Verhältnis des stabilen zum radioaktiven Kohlenstoff ständig zunimmt.

Aus der radiometrischen Bestimmung des Verhältnisses der beiden Isotopen $^{12}_{6}C$ und $^{14}_{6}C$, ergibt sich das absolute Alter.

Die Zuverlässigkeit der Methode hängt eng mit der Frage zusammen, ob die Produktion von $^{14}_{6}C$ in der Atmosphäre während der uns interessierenden historischen Zeit von einigen 100 000 Jahren konstant blieb. Diese Annahme gilt mit Sicherheit nicht mehr für die vergangenen 100 Jahre, als durch die enorme Zunahme der Verbrennung fossiler Brennstoffe der $^{14}_{6}C$-Gehalt der Atmosphäre verdünnt wurde, während andererseits die Kernwaffenversuche zu einer starken Erhöhung des $^{14}_{6}C$-Gehalts der Luft führten. Da in der Vergangenheit Schwankungen der $^{14}_{6}C$-Gehalte aufgrund einer Schwankung der Intensität der kosmischen Strahlung denkbar erschienen, überprüfte man die Linearität der Alterskurve durch die Datierung von Jahrringen der nordamerikanischen Borstenkiefern, die sich bis in das 6. Jahrtausend v. Chr. auf das Jahr genau auszählen lassen. Daraus ergab sich ein Pendeln der tatsächlichen Alterswerte um die lineare Eichgerade, wodurch eine Korrektur möglich ist, die heute eine Genauigkeit von ± 100 Jahren bei 5000 Jahre alten Proben ermöglicht.

Zur Datierung sind alle organischen und anorganischen Proben geeignet die ^{14}C enthalten. Holz, Leder, Textilien, Reste von Nahrungsmitteln, Knochen sind dafür ebenso geeignet, wie Muschelschalen, Tropfsteine und Eisen, wobei die Einschränkung lediglich in der Probenmenge liegt. Zum Beispiel werden für die Datierung von Eisen aufgrund des geringen Kohlenstoffgehalts Mengen um 1000 g benötigt. Auch in Knochen ist der Kohlenstoffgehalt so gering, daß einige

100 g verarbeitet werden müssen. Bei Holz und den kohlenstoff-reicheren Materialien reichen 5–20 g, häufig sogar kleinere Mengen.

Seit kurzem zeichnet sich eine völlig neue Entwicklung der analytischen Bestimmung des ^{14}C ab, nämlich der Nachweis in Form von 10 MeV $^{14}C^{3+}$-Ionen mit Hilfe von Tandem-Beschleunigern. Dieses Verfahren hat den Vorteil, daß auf Grund der hohen Nachweisempfindlichkeit wesentlich kleinere Probenmengen benötigt werden, bzw. wesentlich ältere Proben, in denen das ^{14}C schon weitgehend zerfallen ist, datiert werden können. Diese Weiterentwicklung war auch Gegenstand der 1st Conference on Radiocarbon Dating with Accelerators, die 1978 stattfand. Dabei wurden für den ^{14}C-Nachweis eine Empfindlichkeit von $9{,}5 \times 10^{-13}$ angegeben, wodurch Proben von weniger als 1 mg in wesentlich kürzeren Meßzeiten datiert werden können. Der Datierungszeitraum erweitert sich beträchtlich bis zu 100 000 Jahre alten Proben.

Fluor-Stickstoff-Methode

Knochen, die im Boden liegen, verändern im Laufe der Zeit ihre Zusammensetzung. Während der Stickstoff, der am Aufbau des Bindegewebes beteiligt ist, abgebaut wird, reichern sich die Elemente Fluor und Uran im Knochen an. Da die Veränderung der Konzentrationen dieser Elemente stark von den Umgebungsbedingungen am Fundort abhängt, sind absolute Datierungen mit einer diskutablen Genauigkeit nicht möglich. Das Verfahren eignet sich lediglich zur Altersabschätzung, etwa zur Klärung der Zusammengehörigkeit einzelner Teile bei Knochenfunden. So wurde von einer Reihe wichtiger prähistorischer Knochenfunde belegt, daß es sich tatsächlich um ein authentisches frühes Fundmaterial und nicht um ein zufällig dazugekommenes Material aus neuerer Zeit handelte. Andererseits konnten für alt gehaltene Knochenfunde, wie der Piltdown-Schädel, für rezent oder für Fälschungen erklärt werden. Die üblichen Gehalte prähistorischer und fossiler Knochen an diesen drei Elementen liegen bei 1–3% Fluor, 50 bis 1000 ppm U_3O_8 und nur Spuren von Stickstoff, während moderne Knochen kein Uran, nur geringe Anteile (ca. 0,01–0,1%) Fluor, aber 4% Stickstoff enthalten.

Auffallend ist vor allem der Rückgang der Stickstoff-Werte während der Lagerung im Boden. Er ist mit einem Abbau der Aminosäuren und einer Änderung der Molekularstruktur optisch aktiver Verbindungen verbunden. Ein zuverlässiges Datierungsverfahren konnte jedoch noch nicht daraus entwickelt werden.

Dendrochronologie

Ein Datierungsverfahren, das bei geringstem Aufwand auf das Jahr genaue Altersangaben erlaubt, ist die Dendrochronologie. Sie beruht auf der Erscheinung, daß Jahresringe von Bäumen in Abhängigkeit von den Wachstumsbedingungen unterschiedliche Breite zeigen. Eine Folge klimatisch unterschiedlicher Jahre, prägt sich also in einer Folge unterschiedlich breiter Jahresringe aus.

Ausgehend von frisch gefällten Bäumen, die die Jahrringbreiten der letzten Jahrhunderte zeigen, konnte man über Balken aus verschiedenen Jahrhunderten, etwa Dachbalken, Fachwerkhölzern, Balken von Weinkeltern, Holzskulpturen und Schiffsplanken eine Chronologie bis in vorchristliche Jahrhunderte erstellen. Da das Klima, das die Breite der Jahresringe bestimmt, in Europa oft recht engräumig schwankt, wurden Chronologien für verschiedene Teilgebiete aufgestellt. Solche Chronologien gibt es bisher am detailliertesten für die Eiche, die erstens häufig verwendet wurde und zweitens sehr deutliche Jahresringe zeigt. Auch bei Nadelhölzern ist die Erstellung von Chronologien weit gediehen, während eine Reihe von Laubhölzern, etwa die Linde, kaum datiert werden kann, da die Jahresringe nicht deutlich genug ausgeprägt sind.

Die Dendrochronologie hat eine Reihe von wichtigen Anwendungsgebieten, vor allem in der Baugeschichtsforschung zur Datierung von Bauphasen. Weiter erhält die Archäologie wichtige Informationen, da Eichenbalken, die zu Befestigungen oder zum Hausbau verwendet wurden, vor allem im feuchten Boden gut erhalten blieben. Umfassende Ergebnisse erzielte man bei der Datierung der Hölzer gesunkener Schiffe. In der Kunstgeschichte spielt die Datierung von

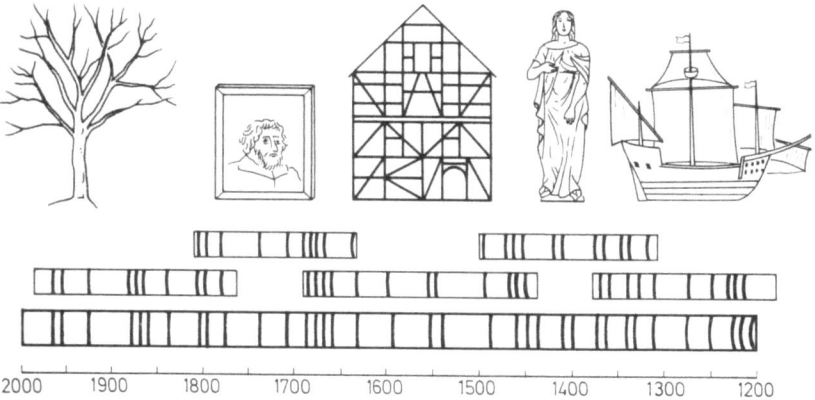

Abb. 32. Aufbau der Jahresringchronologie aus Objekten mit sich überschneidenden Alterswerten

Skulpturen und den Eichentafeln der Malerei eine wichtige Rolle. Wichtig ist dabei, daß aus der Abfolge der Jahresringe nicht nur das Alter abzuleiten ist, sondern auch, aufgrund der klimabedingten Variation der Jahrringbreiten, die ungefähre Herkunft.

Thermolumineszenz-Analyse

Das Prinzip dieses Verfahrens ist die Erscheinung, daß gebrannter Ton beim Erhitzen Licht abgibt, wobei die Menge des abgegebenen Lichtes der Zeit proportional ist, die seit dem Brand verstrichen ist. Ursache dieser Erscheinung ist die Wirkung von Strahlen aus radioaktiven Mineralien im Boden und im keramischen Scherben selbst, sowie der kosmischen Strahlung, die in den Silicatmineralien der Keramik, vor allem den Quarzen und Feldspäten, Veränderungen in der Elektronenhülle der Atome bewirken. Durch die Strahleneinwirkung werden Elektronen von inneren Schalen der Elektronenhüllen auf äußere Schalen gehoben, aus denen sie auf ein Zwischenniveau zwischen zwei Schalen zurückfallen. Führt man der Keramik Energie durch Erwärmen zu, so fallen die Elektronen auf die nächstfolgenden inneren Schalen zurück, wobei Energie in Form von sichtbarem Licht freigesetzt wird. Die Menge des freiwerdenden Lichtes wird gemessen, um daraus das Alter zu berechnen.

Die Meßeinrichtung besteht aus einer auf 500° C aufheizbaren Heizplatte in einem evakuierbaren Ofenraum, einem Photomultiplier zur Messung des abgegebenen Lichtes und einem x-y-Schreiber zur Registrierung der Lichtmenge in Abhängigkeit von der Temperaturerhöhung. Mit dieser Einrichtung wird die vom Scherben seit dem Brand aufgenommene Strahlungsdosis gemessen. Dividiert man die Gesamtdosis durch die jährliche Strahlungsdosis am Fundort, so erhält man das absolute Alter:

$$\text{Alter} = \frac{\text{Gesamtdosis}}{\text{jährliche Dosis}}$$

Die jährliche Dosis am Fundort, die sich aus der Bodenstrahlung, der Eigenstrahlung des Scherbens und der kosmischen Strahlung zusammensetzt, kann mit Hilfe von Dosimetern am Fundort und durch die Analyse des Scherbens erhalten werden.

Aus der Notwendigkeit, für eine präzise Bestimmung des Alters die jährliche Strahlungsdosis genau zu kennen, wird die entscheidenste Einschränkung der Genauigkeit dieses Verfahrens deutlich. Keramiken, bei denen die Umgebungsbedingungen seit dem Brand, also meist die Lagerungsbedingungen im Boden nicht bekannt sind, lassen sich nur noch mit einer Genauigkeit von ± 25% des

Thermolumineszenz-Analyse 149

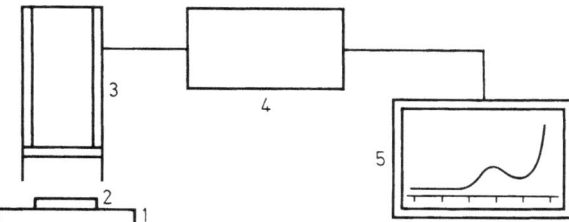

Abb. 33. Thermolumineszenzanalyse: Auf der Heizplatte (1) wird die Keramikprobe (2) erwärmt, wobei Licht freigesetzt wird, das mit einem Photomultiplier (3) gemessen, verstärkt (4) und auf einem Schreiber (5) registriert wird.

absoluten Alters datieren, während bei Bodenfunden aus laufenden Ausgrabungen der Fehler auf ± 5% herabgedrückt werden kann. Die Genauigkeit der Altersbestimmung kann auch durch ungünstige Bodenverhältnisse eingeschränkt werden. Hohe Bodenfeuchtigkeit führt zu einem Verlust radioaktiver Spaltprodukte im Scherben und so zu einer Verringerung der gefundenen Alterswerte.

Anwendbar ist die Thermolumineszenz-Methode vor allem auf Terrakotten, also Tone, die im Bereich von 500–1000° C gebrannt sind. Keramiken, die bei geringerer Temperatur gebrannt sind, ergeben ein scheinbar höheres Alter, da die ursprünglich im Ton vorhandene „Geologische" Thermolumineszenz nicht vollständig ausgetrieben ist. Keramiken, die über 1000° C gebrannt sind, bereiten je nach ihrer Zusammensetzung und der Höhe der Brenntemperatur Schwierigkeiten, da Glasphasen auftreten, die das Thermolumineszenzsignal verändern. Steingut, Steinzeug, Majolika, Fayence und Porzellan lassen sich also nicht datieren. Ein wichtiges Anwendungsgebiet der Thermolumineszenz-Analyse ist die Datierung von Ziegeln von Bauwerken.

Am Rathgen-Forschungslabor wurden zwei Projekte auf diesem Gebiet durchgeführt. Goedicke, Slusallek und Kubelik befaßten sich wie erwähnt mit der Datierung von norditalienischen Villen des 16./17. Jahrhunderts, wobei die für die Erbauung und die Ausführung späterer Umbauten der Baugeschichtsforschung wichtige Ergebnisse brachten. Auch die Datierung der Bauphasen der Spandauer Zitadelle, die vom Mittelalter bis ins 19. Jahrhundert ständig umgebaut und ausgebessert wurde, war mit großer Genauigkeit möglich.

Ein weiteres wichtiges Anwendungsgebiet der Thermolumineszenzanalyse ist die Datierung hohl gegossener *Bronzestatuetten,* die im allgemeinen keine Schwierigkeiten bereitet, da der Tonkern beim Guß durch die Schmelze auf jeden Fall auf Temperaturen um 800–1000° C erhitzt wurde. Kieselige Natursteine, die z. B. an einer Feuerstelle hoch genug erhitzt wurden lassen sich ebenfalls nach diesem Verfahren datieren. Wenig erfolgreich waren bisher Versuche,

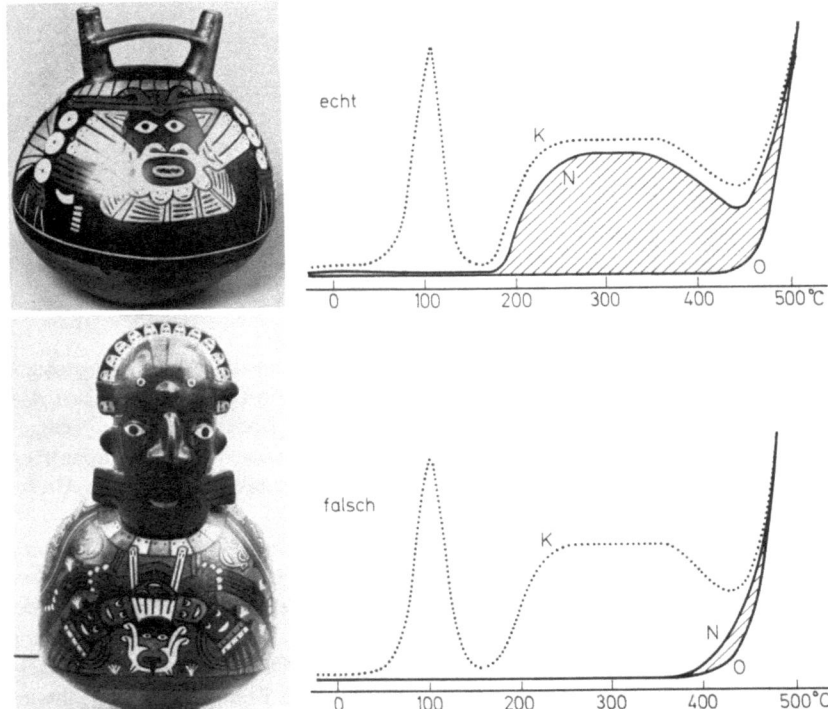

Abb. 34 Thermolumineszenzkurve einer echten und einer gefälschten peruanischen Keramik

das Alter von Laven und vulkanischen Gesteinen zu bestimmen, da hier vor allem durch das Auftreten von Glasphasen Störeffekte auftreten.

Neben der Datierung bietet sich die Thermolumineszenzanalyse auch zur Charakterisierung von Werkstoffen an. Die Lichtabgabe in den verschiedenen Temperaturbereichen, also die Thermoluminenszenzkurve, kennt eindeutige Merkmale. Untersuchungen dieser Art liegen von Huntley und Bailey vor, die die Herkunft von Obsidian-Werkzeugen mit Hilfe der Thermolumineszenz-Merkmale zu bestimmen versuchten. Aforkados, Alexopoulos und Miliotis konnten die Zusammengehörigkeit von Marmorfragmenten aus Thermolumineszenz-Merkmalen belegen.

Archäomagnetismus

Zur Datierung von Keramik ist auch die Bestimmung des Archäomagnetismus geeignet. Grundgedanke dieser Methode ist die Erscheinung, daß sich die Richtungen der beiden Hauptkomponenten des erdmagnetischen Feldes, die Inklination und die Deklination, in den Eisenteilchen der Keramik in der Lage erhalten, wie sie bei der Abkühlung nach dem Brand ausgerichtet waren. Da sich das erdmagnetische Feld ständig ändert, kann aus der Messung der Inklination und Deklination in der Keramik das Alter bestimmt werden; die Lage des erdmagnetischen Feldes bis zurück zur Antike ist bekannt. Voraussetzung für die Genauigkeit der Datierung ist, daß man mindestens eine Ausrichtung des keramischen Objekts – in der Regel ist es die vertikale, wenn man annimmt, daß ein Gefäß aufrecht gebrannt wurde – bekannt ist, um eine der beiden Komponenten zu kennen. Kennt man beide Richtungen, z. B. bei Ziegeln von Brennöfen, dann sind recht präzise Altersangaben möglich. Durch die Einschränkung, daß die Lage des Objekts bekannt sein muß, um genau datieren zu können, was relativ selten der Fall ist und die Genauigkeit der Methode nicht an die der Thermolumineszenz-Analyse heranreicht, hat dieses Verfahren keine weite Verbreitung gefunden.

Die Messung der magnetischen Eigenschaften erfolgt mit Hilfe von Magnetometern nach zwei verschiedenen Systemen. Geeignete Einrichtungen zur Untersuchung kulturgeschichtlicher Objekte sind nur an einigen Forschungsinstituten in den USA, Japan und England vorhanden.

Spaltspuren-Methode

Zur Datierung von Gläsern hat die Spaltspuren-Methode Bedeutung erlangt. Darüber hinaus lassen sich geologische Datierungen von Mineralien auf Keramiken und anderen hoch erhitzten kieseligen Materialien übertragen.

Die Spaltspuren-Methode beruht auf der Erscheinung, daß das Uranisotop ^{238}U neben den üblichen Zerfall durch Abgabe von α-, β- und γ-Strahlen auch in größere Spaltstücke zerfällt, die sich mit hoher Energie vom Ausgangsort wegbewegen. Diese Abspaltung führt zu einer Veränderung der Umgebung, einer Spaltspur, die durch Anätzen mikroskopisch sichtbar gemacht werden kann. Die Zahl der Spaltspuren ist in Abhängigkeit vom Urangehalt ein Maß für das Alter.

Bei älteren Gläsern ist der Urangehalt so gering, daß relativ große Flächen angeschliffen und geätzt werden müssen, um auswertbare Ergebnisse zu erhalten. Mineralien, wie Glimmer, Hornblenden, Zirkon, Apatit, Titanit, die bei gebrannten Objekten (Keramik) das Herstellungsalter, bei Gesteinen das Entstehungsalter angeben, lassen sich datieren, wobei es kaum eine Begrenzung zu hohen Altern hin gibt. Geologische Proben bis über 1 Milliarde Jahre wurden mit dieser Methode ebenso datiert, wie vulkanische Produkte aus der jüngeren erdgeschichtlichen Vergangenheit.

Die wichtigsten Spaltspuren-Datierungen betreffen Uran-Gläser des 19. Jahrhunderts, mittelalterliche Gläser und Glasuren aus Japan und dem islamischen Raum, sowie Mineralproben aus Ausgrabungen in Japan und im Iran.

Alpha-Recoil-Technik

Huang und Walker schlugen 1967 vor, zur Datierung von Keramik die Spuren zu verwenden, die beim α-Zerfall von Uran und Thorium entstehen. Besonders in Glimmern lassen sich diese Spuren durch Ätzen so vergrößern, daß sie aufgrund ihrer charakteristischen Form unter dem Mikroskop erkennbar und auszählbar sind. Voraussetzung ist die Erhitzung des Tones beim Brand auf mehr als 400° C, wodurch Spuren aus der geologischen Vergangenheit ausgelöscht worden sind. In den vergangenen Jahren wurden einige Keramikgruppen nach diesem Verfahren datiert, wobei die erreichten Ergebnisse noch nicht an die Genauigkeit der Thermolumineszenz-Analyse heranreichen.

Zählung von Glasschichten

Eine Datierungsmethode, deren allgemeine Gültigkeit noch umstritten ist, da der Reaktionsablauf unklar ist, ermittelt das Alter von Gläsern aus Boden- und Meeresfunden durch Auszählen der oberflächenparallelen Schichten, die sich als Folge der Verwitterung gebildet haben. Das erstaunliche an diesem Verfahren ist die Übereinstimmung der Zahl der Glasschichten mit der Zahl der Jahre, die seit dem Beginn der Verwitterung, also dem Untergang eines Schiffes oder Einlagerung in den Erdboden, vergangen sind.

Um Beispiele zu nennen: Eine 1935 aus einem 1781 gesunkenen Schiff geborgene, also 154 Jahre im Wasser gelegene Weinflasche zeigte an drei gemessenen Stellen 150, 156 und 170 Schichten. Jährlich wurde also etwa eine Schicht gebildet, ohne daß es dafür eine sinnvolle Erklärung gibt, da gerade bei Funden aus dem Wasser die Umgebungstemperaturen nur in geringen Grenzen schwanken. Weitere Beispiele gibt es von frühen Fenstergläsern und Bodenfunden aus glasierter Keramik, wobei an frühmittelalterlichen Stücken bis zu 1600 Glasschichten unter dem Mikroskop gezählt wurden.

Messung der Obsidian-Rinden

Ein im Prinzip der Zählung von Glaskorrosionsschichten ähnliches Verfahren, ist die Bestimmung des Alters von Obsidian, Feuerstein und verwandten Kieselgesteinen aus der Stärke ihrer Verwitterungsrinde. Dieser Vorgang ist eher verständlich, nachdem es erwiesen ist, daß die Stärke der Verwitterungsrinde tatsächlich im Laufe der Zeit kontinuierlich zunimmt. Das Verfahren läßt zwar keine absoluten Datierungen zu, da die Krustenbildung stark von den Lagerungsbedingungen des Obsidians, vor allem der Bodentemperatur, dem Feuchtigkeitsgehalt und dem pH-Wert des Bodens abhängt, aber die relative Chronologie in Gebieten mit gleichen Bodenarten ist recht sicher.

Die Messung ist vergleichsweise einfach. An einem senkrecht zur Obsidian-Oberfläche angefertigten Dünnschliff wird unter dem Mikroskop bei ca. 1000-facher Vergrößerung die Stärke der Verwitterungsrinde gemessen.

Messungen von Obsidian-Rinden wurden vor allem in Japan, Nord- und Mittelamerika und im Vorderen Orient durchgeführt, wobei Stücke bis zu einem Alter von 15 000 Jahren untersucht wurden.

Uran-Thorium-Methode

Zur Datierung prähistorischer Siedlungsplätze, die vor mehr als 5000 Jahren entstanden, wurde die Uran-Thorium-Methode an Kalkablagerungen aus den archäologischen Schichten angewandt. Diese Ablagerungen, die sich aus kalkhaltigen Wässern als Kalktuff absetzen, enthalten geringe Spuren Uran im Kristallgitter des Kalkspats. Die radioaktiven Spaltprodukte ^{230}Th und ^{231}Pa sind bei der Bildung des Kalktuffs nicht vorhanden, da sie nicht wie das Uran in den kalkhaltigen Wässern transportiert, sondern von Tonmineralien absorbiert werden. Ist das Uran im Kalkspatgitter eingelagert, entstehen durch den radioaktiven Zerfall die genannten Spaltprodukte, so daß das ^{230}Th/^{234}U-Verhältnis ständig zunimmt, bis das radioaktive Gleichgewicht erreicht ist.

Die Genauigkeit dieses Verfahrens wird durch eine Reihe von Faktoren beeinflußt, die mit der Bildung der Kalkschichten zusammenhängen. So können Schichten jünger erscheinen, wenn in dem meist recht porösen Gefüge der Kalktuffe jüngeres Material abgelagert wird. Eine weitere Veränderung der Uran- und Thorium-Gehalte ist auf das Einschwemmen von Fremdmaterial aus der Umgebung zurückzuführen. Schließlich kommt es auch durch die Auslaugung von radioaktivem Material zu Ungenauigkeiten.

Schwarcz hat 1980 von einer Reihe von prähistorischen Fundplätzen, die zum Teil schon früher nach dieser Methode untersucht worden waren, Altersdaten veröffentlicht:

Nahal Zin, Israel	O/M Paläolithikum	46 500 ± 2 900 a
	Lavelloiso-Mousterien	80 000 ± 10 000 a
	Beginn der Kalkablagerung	258 000 ± 66 000 a
Petralona Höhle, Chalkidike,	Deckschichten	69 000 ± 21 000 a
Griechenland	Deckschichten	89 000 ± 8 000 a
	Schichten mit dem Schädel	
	eines Homo erectus	280 000 – 600 000 a
La Chaise, Charente, Frankreich	U/M Paläolithikum	160 000 ± 10 000 a
		145 000 ± 10 000 a
		185 000 ± 10 000 a
Zuttiyeh-Höhle, Gallilea, Israel	Acheuleo-Yabrudian	148 000 a
	Mousterien	95 000 a
Es Skhul Höhle, Karmelberg, Israel	Lavelloiso-Mousterien	79 000 ± 4 000 a
Umm Qatufa Höhle, Judäa,	U/M Paläolithikum	115 000 ± 19 000 a
Jordanien		
Ehringsdorf, DDR	Deckschichten	146 000 ± 30 000 a
	Brandschichten	205 000 ± 90 000 a
Tata, Ungarn	Mousterien	105–120 000 a

Untersuchungen nach dieser (auf Arbeiten von Kaufmann und Broecker 1965 aufbauenden) Methode wurden an archäologischen Fundplätzen in der DDR (Ehringsdorf), Ungarn (Vertesszöllös, Tata), Frankreich (La Chaise, Charente), Griechenland (Petralona-Höhle, Chalkidike) und in Israel durchgeführt.

Blei-210-Methode

Nach diesem Verfahren lassen sich metallisches Blei, Bleilegierungen und Bleiverbindungen, wie Bleipigmente jüngerer Herstellung, datieren. Materialien, die älter als 300 Jahre sind, können derart nicht mehr untersucht werden, da die Halbwertszeit des Bleiisotops ^{210}Pb mit 22 Jahren so kurz ist, daß es nach einigen Jahrhunderten völlig verschwunden ist. Die Bedeutung dieses Verfahrens liegt daher weniger in der Bestimmung des absoluten Alters einer Bleiverbindung, sondern in der Unterscheidung von jungem oder modernem Blei von altem Blei zur Erkennung von Fälschungen.

Grundlage des Verfahrens ist eine Folge von Kernreaktionen der Uran 238-Zerfallsreihe. Eines der Spaltprodukte dieser Reihe ist das Radium-226, aus dem beim weiteren Kernzerfall Blei-210 entsteht, das dann mit der Halbwertszeit von 22 Jahren zu Wismut-210 und Polonium-210 zerfällt. In einem Bleierz ist stets ein Gleichgewicht zwischen dem Radium-226 und den ständig daraus entstehenden und weiter zerfallenden Spaltprodukten vorhanden. Wird das Bleierz aber verhüttet, so geht das Radium in die Schlacke, das Blei-210 in das Metall. Da im Metall nur noch geringste Spuren an Radium-226 vorhanden sind, wird kein Blei-210 mehr gebildet, das aufgrund der kurzen Halbwertszeit rasch abnimmt.

Blei-210-Methode

Nach 22 Jahren ist nur noch die Hälfte, nach 44 Jahren nur noch ein Viertel der ursprünglichen Konzentration vorhanden. Nach 132 Jahren ist es fast vollständig umgewandelt und die Blei-210-Konzentration ist etwa gleich der Konzentration der Radium-226-Spuren. Für altes Blei ist daher ein niedriges ^{210}Pb/^{226}Ra-Verhältnis, für modernes Blei ein hohes ^{210}Pb/^{226}Ra-Verhältnis kennzeichnend. Aus analytischen Gründen ist es einfacher, statt dem ^{210}Pb den Wert für Polonium-210 anzugeben, das aus dem Blei-210 über Wismut-210 mit einer Halbwertszeit von 5 Tagen entsteht. Typische Konzentrationen (nach Keisch 1968) in ppm für Polonium-210 und Radium-226 zeigt die Tabelle 50.

Tabelle 50

Probenalter (Jahre)	Po-210	Ra-226	Po 210/Ra 226
2	1.7 ± 0.3	0.04 ± 0.02	42.5
19	5.2 ± 0.5	0.10 ± 0.02	52
ca 58	2.2 ± 0.2	0.00 ± 0.20	–
87	1.8 ± 0.2	0.12 ± 0.03	15
ca 130	5.3 ± 2.3	3.90 ± 1.40	1.3
ca 230	2.58 ± 0.81	2.70 ± 0.29	0.95
ca 370	2.81 ± 0.57	2.56 ± 0.47	1.09

Einziges Anwendungsgebiet der Blei-210-Methode war bisher die Prüfung der Echtheit von Kunstwerken, vor allem von Gemälden. So konnte auch bei den Fälschungen altniederländischer Malerein durch van Meegeren, durch diese Methode das Bleiweiß als ein modernes Produkt erkannt werden.

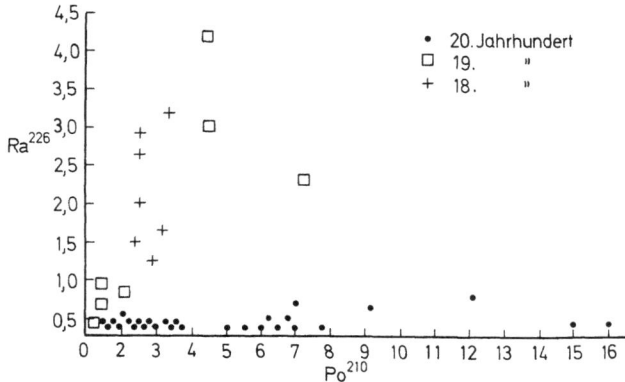

Abb. 35. Die Abhängigkeit des ^{226}Ra/^{210}Po-Verhältnisses vom Alter von Bleiverbindungen (nach Werten von Keisch 1967)

Mößbauer-Spektroskopie

Vor wenigen Jahren wurde vorgeschlagen, auch die Mößbauer-Spektroskopie zur Datierung von Keramik einzusetzen. Mit Hilfe dieses Verfahrens ist es möglich, Aussagen über die Korngröße der Eisenteilchen zu machen. Anhand brasilianischer Keramik konnte gezeigt werden, daß die Eisenteilchen im Laufe der Zeit durch Verwitterungsprozesse immer feinteiliger werden, sodaß die Korngröße ein Maß für das Alter sein kann. Eine Überprüfung dieser Angabe an Berliner Keramik aus der Zeit vom Neolithikum bis in das Mittelalter, hat diese Beobachtung nicht bestätigt. Trotzdem erscheint der Ansatz erfolgversprechend.

Pollenanalyse

Ein Datierungsverfahren, das ohne aufwendige Apparaturen möglich ist und der Archäologie wichtige Anhaltspunkte zur Alterszuordnung von Schichten geliefert hat, ist die Pollenanalyse. Pollen (Blütenstaub) werden von Umsetzungen im Boden nicht in einem solchen Maß betroffen, als daß sie nicht auch nach sehr langen Zeiträumen noch mikroskopisch erkennbar und identifizierbar wären.

Zur Pollen-Chronologie werden Pollenpräparate archäologischer Fundschichten ausgezählt und die Mengenanteile der Pollen der verschiedenen Laub- und Nadelbäume, die sich in ihrer Form klar unterscheiden, bestimmt. Dieses Pollenspektrum vermittelt einen zuverlässigen Eindruck der Baumarten eines Zeithorizonts, wobei das Verhältnis der Baumarten untereinander für bestimmte Phasen der Nacheiszeit ausgesprochen charakteristisch ist. So ist in Mitteleuropa die jüngere Altsteinzeit durch das gemeinsame Vorkommen von Weide, Birke und Kiefer gekennzeichnet. Zu Beginn der Mittelsteinzeit verschwindet die Weide. Von der mittleren Mittelsteinzeit bis zum Beginn der Jungsteinzeit erscheinen nacheinander Ulme, Eiche, Linde, Esche, Erle, Buche und Hainbuche, wobei einzelne Bäume in stärkerer Verbreitung oft nur kurze Zeit vorkommen, z. B. die Ulme von 7000–4000 v. Chr., die Esche nur um 4000 v. Chr. Ein Pollenspektrum kann also oft recht enge prähistorische Zeiträume markieren.

Warven-Methode

Für die prähistorische Forschung brachte die Warven-Methode, auch Bändertonkalender genannt, ebenfalls wichtige Datierungsansätze. Bei den Bändertonen handelt es sich um eiszeitliche Ablagerungen, die in einer charakteristischen jährlichen Folge abgesetzt wurden. Diese Jahresfolge ergab sich aus dem Unterschied der sommerlichen und vorwinterlichen Ablagerungen in Gletscherseen, wobei die Sedimente der sommerlichen Abschmelzphase hell, grobkörnig, sandreich waren, im Gegensatz zu den dunklen, humosen Tonlagen aus der Zeit vor der neuen Frostperiode. In Abhängigkeit von den Sommertemperaturen entstehen Warven-Schichten unterschiedlicher Stärke, so daß ähnlich der Dendrochronologie Warven-Profile von verschiedenen Orten aufgestellt und verbunden werden können.

Die Warven-Methode hat vor allem für den skandinavischen Raum Bedeutung, in dem Chronologien bis zu 15 000 Jahren aufgestellt wurden.

Es gibt eine Reihe weiterer ähnlicher Methoden, die geologische Veränderungen zur Altersgliederung verwenden: die Auswertung von Lößschichten, die kontinuierliche Veränderung von Seehöhen oder des Meeresspiegels, die Verschiebung der Moränengürtel, die Veränderung von Flußterrassen, die Grenze von Schwarztorf- und Weißtorf. Sie sind vor allem für die Vorgeschichtsforschung von Bedeutung.

Seriation

Eine Möglichkeit der Aufstellung relativer Chronologien bietet die Seriation, ein Verfahren, bei dem Fundstücke durch *eine größere Zahl von Merkmalen charakterisiert* werden, um aus der Aneinanderreihung von Ähnlichkeiten zu einer zeitlichen Abfolge zu gelangen. Es handelt sich also um einen Sortierprozess, der am zweckmäßigsten mit den Methoden der modernen Datenverarbeitung durchgeführt wird.

Nach diesem Verfahren wurden vor allem prähistorische Fundkomplexe untersucht, die Gebrauchsgegenstände mit Merkmalen enthalten, die sich in kurzen Zeiträumen geändert haben. Mit Hilfe der Seriation ist es gelungen, Kombinationstabellen aufzustellen, die die chronologische Folge der Veränderung der Merkmale wiedergibt und in dieser Reihenfolge die Fundplätze ordnet.

Methoden der archäologischen Prospektion

Vor allem die der geophysikalischen Prospektion nach Bodenschätzen verwandten Techniken haben in den vergangenen Jahrzehnten verstärkt Eingang in die Archäologie gefunden. Sie erlauben es, im Boden verborgene Altertümer zu lokalisieren. Die wichtigsten, hier kurz zu charakterisierenden Verfahren, sind:

1. Die Luftbildarchäologie
2. Die Magnetometrie
3. Die Widerstandsmessung
4. Die elektromagnetischen Methoden
5. Prospektionsmethoden in der Unterwasserarchäologie

Luftbildarchäologie

Auf die Mitte des 19. Jahrhunderts gehen Vorschläge zurück, archäologische Stätten aus der Luft aufzunehmen. Bereits 1907 wurde in der „Archaeologia" ein eindrucksvolles Luftbild des Stonehenge von Salisburg in England gezeigt, dem in den folgenden Jahren Aufnahmen italienischer und ägyptischer Baureste der Antike folgten. Seit 1930 werden systematisch Flüge zur Dokumentation archäologischer Plätze ausgeführt. Seither verstärkt sich auch die Bedeutung der Luftbildarchäologie zum Auffinden noch nicht bekannter und vom Boden aus kaum sichtbarer archäologischer Strukturen. Es hatte sich nämlich gezeigt, daß sich im Boden verborgene Baureste, wie Mauern oder Grabwälle, unter bestimmten Umständen deutlich vom umgebenden Boden oder Bewuchs abheben. So können geringfügige Erhöhungen bei schräger Sonnenbestrahlung ein Schattenbild erzeugen, dessen Umfang erst aus der Luft als eine künstliche Struktur erkennbar ist. Auch zeichnen sich Bodenverfärbungen aus der Luft deutlich ab, wodurch zum Beispiel aufgeschotterte Straßenzüge sichtbar werden. Charakteristische Merkmale liefert die Bodenfeuchtigkeit, die nach Regenfällen zu gut erkennbaren Unterschieden der Bodenfarbe führt. Schließlich tragen eine Reihe von Bewuchsmerkmalen zur Auffindung von archäologischen Resten bei, da über Mauerresten, Steinstrukturen und Gräben Feldfrüchte und Getreide entweder besser oder schlechter wachsen. In der Farbe, der Höhe und der Standfestigkeit der Pflanzen sind entsprechende Unterschiede zum umgebenden Bewuchs photographisch registrierbar.

Magnetometrie

Zu den wichtigen Verfahren der Suche nach archäologischen Resten im Boden gehört die Magnetometrie. Dazu wird mit Magnetometern das magnetische Feld an der Erdoberfläche gemessen und registriert, wobei Anomalien erkennbar werden, die mit archäologischen Strukturen zusammenhängen können (aber auch andere Ursachen, z. B. eine Veränderung der Gesteinsarten haben können).

Gut zu lokalisieren sind Reste aus gebranntem Ton, die den thermo-remanenten Magnetismus als Folge der Ausrichtung der magnetischen Bezirke in Richtung des erdmagnetischen Feldes beim Brand, aufweisen. Weiter sind Unterschiede der Art des Erdbodens, z. B. gefüllte Gräben, magnetometrisch nachweisbar. Solche „Störungen" unterscheiden sich durch Unterschiede der Suszeptibilität des Bodens.

Bei der Suche nach archäologischen Resten im Boden, geht es also um das Erkennen magnetischer Anomalien bei der Vermessung des erdmagnetischen Feldes. Dazu eignen sich Magnetometer die auch sehr geringe Unterschiede der Intensität des erdmagnetischen Feldes registrieren. Der zweckmäßigste Gerätetyp ist das Protonenmagnetometer, das als Meßeinrichtung eine Spule hat, die um ein Gefäß mit Wasser oder Alkohol gewickelt ist. Fließt durch die Spule ein schwacher Strom, so entsteht im Gefäß ein Magnetfeld, das die Protonen der Flüssigkeit veranlaßt, sich in der Richtung des Feldes auszurichten. Schaltet man den Strom ab, so wirkt das erdmagnetische Feld auf die Protonen, die eine Kreiselbewegung ausführen und in der Spule einen Strom erzeugen, aus dessen Frequenz die Intensität des erdmagnetischen Feldes abgeleitet werden kann.

Geräte, die sich zur Messung auf archäologischen Fundstellen eignen, sind tragbar, widerstandsfähig und einfach zu bedienen. Ihr Preis liegt bei ca. 5000 DM.

Daneben gibt es kommerziell vertriebene Magnetometer, die nach anderen Prinzipien arbeiten und für spezielle Aufgaben geeignet sind. Es gibt auch Magnetometer die hinter Flugzeugen geschleppt oder unter Wasser zu benützen sind.

Die Unzahl von Meßdaten, die bei einer magnetometrischen Prospektion anfallen, müssen mit Rechenprogrammen ausgewertet werden.

Widerstandsmessung

Der Erdboden leitet den elektrischen Strom, wobei die Leitfähigkeit von der Bodenart, der Feuchtigkeit und dem Salzgehalt bestimmt wird. Störungen der Leitfähigkeit oder des elektrischen Widerstandes können mit Meßgeräten registriert und in Karten festgehalten werden, wodurch Veränderungen, die auf archäologische Störkörper im Boden zurückgehen, lokalisiert werden können.

Zur Widerstandsmessung gibt es eine Reihe von Techniken, die zur geophysikalischen Prospektion und zur Lagerstättensuche entwickelt wurden und die sich ohne besondere Abwandlung zur Suche archäologischer Strukturen eignen.

Die beiden wichtigsten Verfahren sind die Wenner-Methode und die Schlumberger-Methode. Bei der Wenner-Methode werden in gleichen Abständen vier Elektroden in einer Linie in den Boden geschlagen und dann bei der Prospektion längs eines Profils ständig versetzt. Der Widerstandswert des Bodens wird aus dem Strom bestimmt, der zwischen den beiden äußeren Elektroden, an die eine Spannung angelegt wird, und den beiden inneren Elektroden, den Meßsonden, fließt.

Bei der Schlumberger-Methode bleiben die Meßsonden an einem festen Platz, die Elektroden werden immer weiter davon entfernt. Dadurch wird erreicht, daß der Strom immer tiefere Erdschichten durchfließt, so daß auch Aufschlüsse über die Verhältnisse im tieferen Untergrund erhalten werden.

Die Fachliteratur führt noch weitere Elektrodenanordnungen an, z. B. quadratische Anordnungen oder unterschiedliche Abstände der Elektroden. Als Ergebnis der Messungen erhält man in jedem Fall eine Karte mit Linien gleicher Widerstände, auf denen sich Anomalien durch ihre Formmerkmale abzeichnen. Die Kosten für die Meßeinrichtung liegen unter DM 1000,–.

Elektromagnetische Methoden

Die wohl bekannteste Methode der physikalischen Prospektion, ist die Anwendung elektromagnetischer Erscheinungen zur Lokalisierung von Metallfunden mit Hilfe der sog. Metalldetektoren. Ihre Wirkung beruht auf der Messung von Magnetströmen zwischen zwei Spulen, die so angeordnet sind, daß im normalen Zustand kein Strom zwischen ihnen fließt. Befindet sich aber ein metallischer Körper in der Nähe, so wird ein zusätzliches elektromagnetisches Feld aufgebaut, das bewirkt, daß Strom aus der Sendespule zur Empfängerspule gelangt. Die Energie wird in ein akustisches oder optisches Signal umgesetzt und so der Metallkörper im Boden angezeigt. Metalldetektoren werden heute im Bereich von wenigen hundert bis einige tausend Mark angeboten, wobei es Unterschiede in der Tiefenwirkung und der Art der Anzeige gibt.

Geräte, die elektromagnetische Effekte zwischen zwei Spulen ausnützen, sind auch geeignet, größere Strukturen im Boden zu lokalisieren, wobei aus der ankommenden Spannung Rückschlüsse auf die Tiefenlage der Störungen möglich sind.

Prospektionsmethoden in der Unterwasserarchäologie

Die Suche nach versunkenen Schiffen, antiken Hafenanlagen oder Einzelobjekten unter Wasser hat sich in den vergangenen Jahren durch die Entwicklung der Tauchtechniken verstärkt. Dazu wurden auch die an der Erdoberfläche üblichen Prospektions- und Dokumentationstechniken modifiziert.

Die Unterwasserarchäologie benützt zum Auffinden von Objekten, die am Meeresgrund von Sand, Schlamm oder Korallenbewuchs weitgehend überdeckt sind, eine Reihe physikalischer Ortungsverfahren, die den archäologischen Prospektionsverfahren ähnlich sind. Zur Lokalisierung von gesunkenen Schiffen eignen sich magnetometrische Verfahren. Auch größere Terrakottamengen, z. B. eine Amphorenladung, können durch den Eisenoxidgehalt der Keramik gefunden werden. Die Wirkungsweise der in der Unterwasserarchäologie verwendeten Protonenmagnetometer entspricht den bei der archäologischen Prospektion beschriebenen Geräten. Das Meßgerät wird entweder über den Meeresgrund oder in einer bestimmten Wassertiefe hinter einem Schiff geschleppt, in dem die Registriereinrichtung aufgebaut ist, so daß eine festgestellte Anomalie sofort markiert werden kann.

Weiter werden zur Auffindung von metallischen Gegenständen am Meeresboden Metalldetektoren verwendet, die vom Taucher über den Meeresboden bewegt werden können. Geräte dieser Art werden von verschiedenen Firmen kommerziell vertrieben.

Eine zweite Möglichkeit, gesunkene Schiffe oder Baustrukturen am Meeresboden zu lokalisieren, ist der Einsatz von Sonaren. Sonare, die senkrecht oder schräg nach unten Hochfrequenz-Schallsignale abgeben und den reflektierten Schall registrieren, reagieren auf Unterschiede der Schallabsorption des Meeresbodens. Zur Prospektion wird ein bestimmtes Gebiet des Meeres in Schleifen von ca. 500 m Abstand abgefahren, so daß aus dem Vergleich der Schreiberaufzeichnung mit der Fahrstrecke jede Anomalie festgelegt werden kann. Zur Ergänzung dieses Verfahrens dienen heute Unterwasserfernsehkameras und Tauchboote.

Unterwasserarchäologische Prospektionen führen heute eine größere Zahl spezialisierter Institute aus. Durch die Verbesserung der Tauchtechniken konnten vor allem im Mittelmeerraum Funde von höchster archäologischer Bedeutung gemacht werden. Unterwasserarchäologie wird nicht nur im Meer betrieben, sondern auch in Binnenseen. Wichtige Funde wurden in den mittel- und norditalienischen Seen gemacht.

Archäometrie-Laboratorien

1979 veröffentlichte die European Science Foundation (1, Quai Lezay-Marnesia, F 67000 Strasbourg) ein dreibändiges Verzeichnis von wissenschaftlichen Einrichtungen, die auf dem Gebiet der Archäometrie arbeiten: „Archaeology, Natural Science and Technology: The European Situation". Es informiert darüber, welche Techniken der Archäometrie an den verschiedenen Instituten angewandt werden. Insgesamt sind 694 Anschriften (davon 125 deutscher Einrichtungen) genannt, die jedoch zum überwiegenden Teil nur sehr am Rande mit der Archäometrie zu tun haben. In den Berliner Beiträgen zur Archäometrie, Band 1, 1976, sind 37 wichtigsten Archäometrie-Laboratorien aufgeführt und kurz charakterisiert. Die folgende Liste enthält einige wesentliche deutsche Institutionen:

Rathgen-Forschungslabor, Schloßstr. 1, D-1000 Berlin 19
Arbeitsgruppe Archäometrie, Freie Universität Berlin, Takustr. 34/36, D-1000 Berlin 33
Deutsches Bergbaumuseum Bochum, Voedestr. 28, D-4630 Bochum
Labor für Feldarchäologie, Colmantstr. 14–16, D-5300 Bonn
Römisch-Germanisches Museum, Ernst-Ludwig-Platz 2, D-6500 Mainz
Max-Planck-Institut für Kernphysik, Postfach 103980, D-6900 Heidelberg
Württembergisches Landesmuseum, Schloß, D-7000 Stuttgart
Institut für Technologie der Malerei, Am Weissenhof 1, D-7000 Stuttgart
Archäochemisches Labor, Institut für Urgeschichte, Schloß, D-7400 Tübingen
Doerner-Institut, Barerstr. 29, D-8000 München 2
Bayerisches Landesamt für Denkmalpflege, Pfisterstr. 1, D-8000 München 1
Meisterschule für Technologie und Konservierung, Akademie der Bildenden Künste, Schillerplatz 3, A-1010 Wien
Museum für Völkerkunde, Neue Hofburg, A-1014 Wien

Fachzeitschriften

Berliner Beiträge zur Archäometrie. Rathgen-Forschungslabor, Berlin
Archäologie und Naturwissenschaften. Römisch-Germanisches Zentralmuseum Mainz
Archäophysika. Landschaftsverband Rheinland, Bonn
Archäographie. Verlag Dokumentation Saur KG, Pullach bei München
Informationsblätter zu Nachbarwissenschaften der Ur- und Frühgeschichte. Rudolf Habelt Verlag, Bonn
Maltechnik-Restauro. Callwey-Verlag, München
Arbeitsblätter für Restauratoren. Arbeitsgemeinschaft des Technischen Museumspersonals, Bamberg

Archaeometry. Research Laboratory, Oxford
Studies for Conservation. IIC London
National Gallery Technical Bulletin. National Gallery, London
PACT. Council of Europe, Strasbourg
Journal of the American Institute for Conservation. AIC, Washington
Ancient TL. Washington University, Washington
Masca-Journal. University of Pennsylvania, Philadelphia
Journal of Field Archaeology. Boston University, Boston
Journal of the Canadian Conservation Institute. National Museums Canada, Ottawa

Revue d'Archéométrie. Université de Rennes
Annales du Laboratoire de Recherche des Musées de France. Musées Nationaux, Paris
Bulletin de l'Institut Royal du Patrimoine Artistique. Institut Royal, Brüssel
Bulletin des Centraal Laboratoriums. Central Laboratorium, Amsterdam
Science for Conservation (Japan). Tokyo National Research Institute, Tokio

Literatur

Bibliographien 164 – Fachbücher 164 – Allgemeine Beiträge 164 – Der Ergebnisse der Archäometrie 165 – Fälschungen 176 – Anwendung der Analysenverfahren zur Untersuchung kulturgeschichtlicher Objekte 177 – Datierung 180 – Prospektionsmethoden 182

Bibliographien

1932–1942 in den Technical Studies in the Field of Fine Arts. 450 Abstracts
1943–1952 Abstracts of Technical Studies in Art and Archaeology. Freer Gallery of Art Occasional Papers, Washington 1955, 1399 Abstracts
1955–1965 IIC – Abstracts. IIC London. 5400 Abstracts
Seit 1966 Art and Archaeology Technical Abstracts. Institut of Fine Arts, New York University. Jährlich 2 Bände mit ca. 2000 Abstracts
Bleck, R.-D.: Bibliographie zur archäologisch-chemischen Literatur. 3 Bände, Beihefte zu „Alt-Thüringen", Weimar (5846 Zitate)
Bleck, R.-D.: Chemie in der Konservierung. 3 Bände (1124 Zitate) Neue Museumskunde, Beilage, Jg. 11, H. 3, 1968; Jg. 12, H. 1, 1969; Jg. 12, H. 2, 1969
Gaudel, P.: Bibliographie der archäologischen Konservierungstechnik. 2. Aufl. Verlag Bruno Hessling Berlin, 1969 (1803 Zitate)
Forbes, R. J.: Bibliographia Antiqua Philosophia Naturalis. Leiden 1940–1952 (13 240 Zitate)

Nach Material- oder Themengruppen geordnete Bibliographien erscheinen regelmäßig in den Art and Archaeological Abstracts und in den Berliner Beiträgen zur Archäometrie.

Fachbücher

Aitken, M.: Physics and Archaeology. Clarendon Press, Oxford 1974
Beck, C. W.: Archaeological Chemistry. Advances in Chemistry Series, 138, Amer. Chem. Soc. 1974
Brothwell, D., Higgs, E. (Hrsg.): Science in Archaeology. Thames and Hudson, London 1971
Carter, C. W. (Hrsg.): Archaeological Chemistry. Advances in Chemistry Series, 171, Amer. Chem. Soc. 1978
Levy, M. (Hrsg.): Archaeological Chemistry. Univ. of Pennsylvania Press, Philadelphia, 1967
Tite, M. S.: Methods of Physical Examination in Archaeology. Seminar Press, London und New York, 1972

Allgemeine Beiträge

Bleck, R. D.: Archäometrie. Ausgr. und Fund *21*, No. 1–4, 1976
Brandt, A. Ch., Riederer, J.: Die Anfänge der Archäometrie-Literatur im 18. und 19. Jahrhundert. Berl. Beitr. Archäom. *3*, 161–174, 1978

Knoll, H.: Archäometrie. Nachr. aus Chemie u. Technik 24, No. 6, 116–120
Riederer, J.: Der gegenwärtige Stand der Archäometrie. Berl. Beitr. Archäom. 1, 33–98, 1976
Riederer, J.: Archäometrie. Berliner Museen, Beiheft 1976, 1–16
Rottländer, R. C. A.: Probleme der Archäometrie: Eine neue Wissenschaft im Werden. Mitt. Ges. f. Anthrop. Ethnol. u. Urgesch. 4, No. 3, 138–148, 1974/76

Die Ergebnisse der Archäometrie

Gold

Cesareo, R., v. Hase, F. W.: Analisi di ori etruschi del VII Sec. A. C. con un strumento portatile che impiega la tecnica della fluorescenza X eccitata da radiosotopi. Appl. of Nucl. Meth in the Field of Works of Art, 259–296, 1976
Goedicke, Ch.: Tabelle der Metallanalysen. In: Naumann, Antiker Schmuck, Katalog der Staatlichen Kunstsammlungen Kassel, S. 75, 1980
Grierson, P., Oddy, W. A.: Le titre du tari sicilien cu milieu du XIe siècle a 1278. Rev. Numism., 6e Ser., Bd. 16, 123–134, 1979
Hartmann, A.: Prähistorische Goldfunde aus Europa. Gebr. Mann Verlag, Berlin 1970
Kent, J. P. C., Oddy, W. A., Hughes, M. J., Coleman, R. F., Wilson, A., Gordus A. A.: Analyses of Merovingian gold coins. Roy. Numism. Soc. Spec. Publ. 8, 69–109, 1972
Kowalski, H., Reimers, P.: Zerstörungsfreie Analyse mittelalterlicher Goldmünzen. Eurisotop Brüssel, 1971, 23 S.
Lucas, A., Harris, J. R.: Ancient egyptian materials and industries. London 1962
Oddy, W. A.: Gilding and tinning in anglo-saxon England. Aspects of Early Metallurgy, London 1977, 129–134
Otto, H.: Die chemische Untersuchung des Goldringes von Gahlsdorf und seine Beziehung zu anderen Funden. Jahresschr. Focke Mus. Bremen, 1939, 48–62
Painter, K. S.: Gold and silver in the roman world. Aspects of Early Metallurgy, London 1977, 135–155
Reimers, P., Bodenstedt, F.: Zerstörungsfreie Bestimmung der Legierungsbestandteile altgriechischer Goldmünzen. Appl. of Nucl. Meth. in the Field of Fine Arts, Rom 1976, 69–75
Riederer, J.: Bibliographie zu Material und Technologie kulturgeschichtlicher Goldobjekte. Berl. Beitr. Archäom. 3, 175–191, 1978
Riederer, J.: Material und Herstellungstechnik altamerikanischer Goldobjekte. 1. Intern. Symp. Edelmetalltechnologie Stuttgart 1980

Silber

Cope, L. H.: The metallurgical analysis of roman imperial coinage. Roy. Numism. Soc. Spec. Publ. No. 8, 3–47, 1972
Gibbons, D. F., Ruhl, K. C., Shepherd, D. G.: Techniques of Silversmithing in the Hormizd II Plate. Ars Orientalis 11, 163–176, 1979
Gibbons, D. F., Ruhl, K. C.: The metallurgical technique of the silver ‚plate with figures', Gupta period. Ars Orientalis 11, 177–182, 1979
Gordus, A.A.: Neutron activation analysis of coins and coin-streaks. Roy. numism. Soc. Spec. Publ. No. 8, 127–148, 1972
Hopper, R. J.: The attic silver mines in the fourth century B. C. Annual Brit. School Athens 48, 200–245, 1953

Hopper, R. J.: The Laurion mines: a reconsideration. Annual Brit. School Athens *63*, 293–326, 1968
Ippel, A.: Guß- und Treibarbeit in Silber. Berlin 1937 (Winckelmann-Programm 97)
Meyers, P., van Zelst, L., Saire, E. V.: Major and trace elements in Sassanian silver. Archaeol. Chem., Adv. in Cem. Ser. *138*, 22–33, 1974
Mishara, J., Meyers, P.: Ancient Egyptian silver: a review. Recent Adv. in Science and Technology of Materials *3*, 29–46, 1974
Riederer, J.: Bibliographie zu Material und Technologie kulturgeschichtlicher Silberobjekte. Berl. Beitr. Archäom. *5*, 1980
Riederer, J.: Metallurgische Untersuchung ostgotischen Trachtenzubehörs. In V. Bierbrauer: Die ostgotischen Grab- und Schatzfunde in Italien. Spoleto 1975

Kupfer, Bronze, Messing

Vorgeschichte

Junghans, S., Sangmeister, E., Schröder, M.: Kupfer und Bronze in der frühen Metallzeit Europas. Gebr. Mann Verlag, Berlin 1968, 5 Bände (22 000 Analysen)
Otto, H., Witter, W.: Handbuch der ältesten vorgeschichtlichen Metallurgie in Mitteleuropa. Barth Verlag, Leipzig 1952, 222 S. (1374 Analysen)
Pittioni, R.: Ergebnisse und Probleme des urzeitlichen Metallhandels. Österr. Akad. Wiss., Phil. Hist. Kl. *224*, 5. Abh., 1–31, 1964

Ägypten und Vorderer Orient

Moorey, P. R. S.: Catalogue of the ancient persian bronzes in the Ashmolean Museum. Oxford 1971
Riederer, J.: Die naturwissenschaftliche Untersuchung der Bronzen des Ägyptischen Museums Stiftung Preussischer Kulturbesitz, Berlin. Berl. Beitr. Archäom. 35–42, 1978 (525 Analysen)
Riederer, J.: Kupfergeräte aus Habuba Kabira und Mumbaqat. MDOG *108*, 23–24, 1976

Griechenland und Rom

Briese, E., Riederer, E.: Metallanalysen römischer Gebrauchsgegenstände. Jahrb. Röm. Germ. Zentralm. Mainz *19*, 83–88, 1972 (40 Analysen)
Craddock, P. T.: The composition of copper alloys used by the Greek, Etruscan and Roman civilizations. 1. The Greeks before the Archaic period. Journ. Archaeol. Sci. *3*, No. 2, 93–113, 1976
Craddock, P. T.: The composition of the copper alloys used by the Greek, Etruscan and Roman civilizations. 2. The Archaic, Classical and Helenistic Greeks. Journ. Archaeol. Sci. *4*, No. 2, 103–123, 1977
Craddock, P. T.: Europe's earliest brasses. Masca Journal *1*, No. 1, 4–5, 1978
Riederer, J.: Metallanalysen römischer Sesterzen. Jahrb. Numism. u. Geldgesch. *24*, 73–98, 1974 (198 Analysen)
Riederer, J.: Metallanalysen römischer Bronzen. 6. Tagung über antike Bronzen, Berlin 1980
Riederer, J.: Metallanalysen sardischer Bronzen. In: Thimme, J.: Kunst Sardiniens, Karlsruhe 1980, S. 156–160

Literatur 167

Mittelalter und Renaissance

Riederer, J.: Die Zusammensetzung der Bronzegeschütze des Heeresgeschichtlichen Museums im Wiener Arsenal. Berl. Beitr. Archäom. *2*, 27–40, 1977 (254 Analysen)
Riederer, J.: Der Beitrag der Metalluntersuchung am Rathgen-Forschungslabor zur Kunst- und Kulturgeschichte. Jahrb. Preuss. Kulturbesitz *15*, 105–115, 1978
Werner, O.: Analysen mittelalterlicher Bronzen und Messinge. Archäol. u. Naturw. *1*, 144–120, 1977 (367 Analysen)

Indien

Riederer, J.: Zur Metallanalyse der Statuetten. In: Uhlig, H.: Das Bild des Buddha, Berlin 1979, 63–68 (37 Analysen)
Werner, O.: Spektralanalytische und metallurgische Untersuchungen an indischen Bronzen. E. J. Brill-Verlag, Leiden, 1972, 268 S. (305 Analysen)

Ostasien

Gettens, R. J.: Technical Studies. In: The Freer Chinese Bronzes, Bd. II, Washington 1969 (97 Analysen)
Meyers, P., Holmes, L. L.: Elemental composition of chinese bronzes: An interim report. XX Intern. Symp. on Archaeom., Paris 1980
Riederer, J.: Metallanalysen chinesischer Spiegel. Berl. Beitr. Archäom. *2*, 6–16, 1977 (63 Analysen)

Südamerika

Bönsch, C., Riederer, J.: Metallanalysen südamerikanischer Geräte und Waffen aus Kupfer und Bronze. Berl. Beitr. Archäom. *2*, 41–49, 1977 (164 Analysen)

Nordamerika

Riederer, J., Bandi, H. G.: Die metallurgische Untersuchung bronzener Schuppenpanzer der Eskimos. Berl. Beitr. Archäom. *2*, 17–26, 1977

Afrika

Werner, O.: Metallurgische Untersuchungen der Benin-Bronzen des Museums für Völkerkunde Berlin. Baessler-Archiv, N. F. *18*, 71–153, 1970 (154 Analysen)
Werner, O.: Über die Zusammensetzung von Goldgewichten aus Ghana und anderen westafrikanischen Messinglegierungen. Baessler-Archiv, N. F. *20*, 367–443, 1972 (153 Analysen)
Werner, O.: Westafrikanische Manillas aus deutschen Metallhütten. Erzmetall *29*, No. 10, 447–453, 1976
Werner, O.: Metallurgische Untersuchungen der Benin-Messinge des Museums für Völkerkunde Berlin. Baessler Archiv, N. F. *26*, 333–439, 1978

Eisen

Untersuchungen zur Technologie des Eisens. 6 Beiträge von Pleiner, Naumann und Thomasen in „Ausgrabungen in Haithabu" Bericht 5, 1971
Zahlreiche Aufsätze im Archiv für Eisenhüttenwesen, Verlag Stahl-Eisen, Düsseldorf
Becker, G.: Hartlötverfahren bei der Herstellung römischer Schwertklingen. Die Umschau *67*, 143–144, 1963

Morton, F.: Analysen von Eisenschlacken aus der römischen Niederlassung in der Lahn bei Hallstadt, sowie von Eisenerzen aus der weiteren Umgebung von Hallstadt. Germania 30, 106–109, 1952

Roesch, K.: 3500 Jahre Stahl. Deutsches Museum, Abh. u. Ber. 47, No. 2, 1–51, 1979

Straube, H., Tarmann, B., Plöckinger, E.: Erzreduktionsversuche in Rennöfen norischer Bauart. Kärntner Museumsschriften 25, 1–44, 1964

Blei, Zinn

Carbon, H. J.: X-ray fluorescence analysis of pewter: english and scottish measures. Archaeometry 19, 2, 147–155, 1977

Hughes, M. J.: The analysis of roman tin and pewter ingots. Aspects of Early Metallurgy, London 1977, 41–50

Löhberg, K.: Untersuchung eines Bleirohrs vom Magdalensberg (Kärnten). Kärntner Museumsschriften 40, 18–25, 1966

Löhberg, K.: Bericht über ein Bleirohr vom Zugmantel-Kastell. Saalburg-Jahrbuch 24, 75–76, 1967

Löhberg, K.: Untersuchungen an einem Bleirohr der römischen Kuranlage zu Badenweiler, Landkreis Mülheim. Badische Fundberichte 23, 199–203, 1967

Löhberg, K.: Untersuchung einer Verbundstelle von Bleirohren vom Magdalensberg (Kärnten). Kärntner Museumsschriften 47, 7–13, 1969

Oddy, W. A.: Gilding and tinning in anglo-saxon England. Aspects of Early Metallurgy, 129–134, 1977

Bleiisotopen

Barnes, I. L., Shields, W. R., Murphy, T. J., Brill, R. H.: Isotopic analysis of Laurion lead ores. Amer. Chem. Soc. Adv. of Chem. Ser. 138, 1–10, 1974

Brill, R. H., Barnes, I. L., Adams, B.: Lead isotopes in some ancient egyptian objects. Rec. Adv. in Sci. and Techn. of Mater., Plenum Press, New York und London, 9–27, 1974

Brill, R. H., Shields, W. R.: Lead isotopes in ancient coins. Spec. Publ. Roy. Numism. Soc. 8, 279–303, 1972

Stein

Allen, R. O., Luckenbach, A. H., Holland, C. G.: Application of instrumental neutron activation analysis to a study of prehistoric steatite artifacts and source materials. Archaeometry 17, No. 1, 69–83, 1975

Bautsch, H. J., Kelch, H.: Mineralogisch-petrographische Untersuchung an einigen in der Antike als Baumaterial verwendeten Gesteinen. Geologie 9, 691–700, 1960

Conforto, L., Felici, M., Monna, D., Serva, L., Taducci, A.: A preliminary evaluation of chemical data (trace element) from classical marble quarries in the mediterranean. Archaeometry 17, No. 2, 201–213, 1975

Meyers, P., van Zelst, L.: Neutron activation of limestone objects: a pilot study. Radiochim. Acta 24, No. 4, 197–204, 1977

Marmor

Coleman, M., Walker, S.: Stable isotope identification and turkish marbles. Archaeometry 21, 1, 107–112, 1979

Craig, H., Craig, V.: Greek marbles, determination of provenance by isotopic analysis. Science 176, No. 4033, 401–403, 1972

Germann, K., Brühl, H., Eilert, E., Gast, R.: Geowissenschaftliche Methoden zur Herkunftsbestimmung von Marmoren in Thessalien. Informationsblätter zu Nachbarwissensch. der Ur- und Frühgeschichte 7, Gr. Petrographie 7, 1–7, 14, 1976

Germann, K., Holzmann, G., Winkler, F. J.: Determination of marble provenance: limits of isotopic analysis. Archaeometry 22, No. 1, 99–106, 1980

Holzmann, G.: Massenspektrometrische Herkunftsbestimmung von Marmor. Informationsblätter zu Nachbarwissenschaften der Ur- u. Frühgeschichte 7, Gr. Physik, 8, 1–8, 10, 1976

Manfra, L., Masi, U., Turi, B.: Carbon and oxygen isotope ratios of marbles from some ancient quarries of western Anatolia and their archaeological significance. Archaeometry 17, No. 2, 215–221, 1975

Riederer, J., Hoefs, J.: Die Bestimmung der Herkunft der Marmore von Büsten der Münchener Residenz. Die Naturwissenschaften 67, H. 9, 446–451, 1980

Petrographie von Steinbeilen

Hope Sanderson, H. A.: A petrographical review of some thin sections of stone axes. Bull. Geol. Soc. Great Britain 33, 85–100, 1970

Scholz, G. F.: Mineralogisch-petrographische Untersuchungen an Steinwerkzeugen des Neolithikums von Thüringen. Ausgrabungen und Funde 13, No. 6, 286–294, 1968

Sedgley, J. P.: Some problems connected with the petrographic examination of stone artifacts. Science and Archaeology, No. 2 und 3, 10–12, 1970

Steinbruchgeschichte

Goedicke, H.: Some remarks on stone quarrying in the Egyptian Middle Kingdom (2060–1786 BC). Journ. Amer. Research Center in Egypt 3, 43–50, 1964

Röder, J.: Die antiken Tuffsteinbrüche der Pellenz. Bonner Jahrb. 157, 213–271, 1957

Roeder, J.: Zur Steinbruchgeschichte des Rosengranits von Assuan. Arch. Anz. 80, No. 3, 467–551, 1965

Obsidian

Bennett, R. B., D'Auria, J. M.: Application of energy dispersive X-ray fluorescence spectroscopy to determining the provenience of obsidian. Intern. Journ. Appl. Radiat. Isot. 25, No. 8, 361–371, 1974

Bird, J. R., Russell, L. H., Scott, M. D., Ambrose, W. R.: Obsidian characterization with elemental analysis by proton induced X-ray emission Anal. Chem. 50, No. 14, 2082–2084, 1978

Hallam, B. R., Warren, S. E., Renfrew, C.: Obsidian in the western mediterrane an: characterization by neutron activation and optical emission spectroscop. Proc. Prehist. Soc. 42, 85–111, 1976

Huntley, D. J., Bailey, D. C.: Obsidian source identification by thermoluminescence. Archaeometry 20, 2, 159–170, 1978

Nielson, K. K., Hill, M. W., Mangelson, N. F., Nelson, F. W.: Elemental analysis of obsidian artifacts by proton induced X-ray emission. Anal. Chem. 48, No. 13, 1947–1950, 1976

Taylor, E.: Advances in obsidian glass studies. Noyes press, Park Ridge, N. J., 1976

Edelsteine

Gure, D.: Notes on the identification of jade. Oriental Art 3, 115–120, 1950

Harbottle, G., Sayre, E. V.: Turquoise sources and source analysis: Meroamerica and the southwestern U. S. A. In: Earle and Ericson: Exchange systems in Prehistory. New York, 1978

Riederer, J.: Die mineralogische Bestimmung der Gemmen des ägyptischen Museums.
Tosi, M.: The problem of turquoise in protohistoric trade on the Iranian Plateau. Stud. Paletn., Paleoanthrop. Paleont e Geol. del Quatern. 2, 147–162, 1974
Tosi, M.: Gedanken über den Lasursteinhandel des 3. Jahrtausends v. u. Z. im iranischen Raum. Acta Antiqu. Acad. Scient. Hung. 22, 33–43, 1974

Mörteluntersuchung

Bleck, R. D., Hennig, E.: Mörteluntersuchungen an mittelalterlichen Bauwerken in Thüringen. Ein Beitrag zur mittelalterlichen Baugeschichte. Ausgr. und Funde 13, No. 5, 229–235, 1968
Hennig, E., Bleck, R. D.: Untersuchungen an altem Mörtel. Bauzeitung 23, No. 7, 378–379, 1969

Glas

Bezborodow, M. A.: Chemie und Technologie der antiken und mittelalterlichen Gläser. Philipp von Zabern, Mainz 1975, 327 S. (762 Analysen, 554 Literaturhinweise)
Caley, E. R.: Analysis of ancient glasses, 1790–1937. New York 1962

Keramik
Unglasierte Keramik

Goedicke, Ch., Kubelik, M., Slusallek, K.: Primi resultati della datazione di alcune ville palladiane con la termoluminescenza. Proc. Palladio-Tagung, Vicenca 1980
Hampe, R., Winter, J.: Bei Töpfern und Töpferinnen in Kreta, Messenien und Zypern. Philipp von Zabern, Mainz 1962
Hampe, R., Winter, J.: Bei Töpfern und Zieglern in Süditalien, Sizilien und Griechenland. Philipp von Zabern, Mainz 1965
Riederer, J.: Zum gegenwärtigen Stand der naturwissenschaftlichen Untersuchung antiker Keramik (ca. 600 Literaturhinweise) Mitt. DAI Kairo, 1981
Shepard, A. O.: Ceramics for the archaeologist. Washington 1965, 414 S.
Winter, A.: Die antike Glanztonkeramik. Philipp von Zabern, Mainz 1978, 58 S.

Glasierte Keramik
Antike

Hedges, R. E. M., Moorey, P. R. S.: Pre-islamic glazes at Kish and Niniveh in Iraq. Archaeometry 17, 25–43, 1975
Hedges, R. E. M.: Pre-islamic glazes in Mesopotamia-Nippur. Archaeometry 18, 209–213, 1976
Noble, J. V.: The technique of Egyptian Faience. Amer. Journ. Archeol. 73, No. 4, 435–439, 1969
Schulz, E. M.: Keramische Untersuchung babylonischer Emaillen. Wiss. Zeitschr. Hochsch. Arch. Bau. Weimar. 12. No. 1, 21–26, 1965

Islam

Allan, J. W., Llewellyn, L. R.: History of so-called Egyptian faience in Islamic Persia. Investigations into Abu'l'Qasim's treatise. Archaeometry 14, Pt. 2, 165–173, 1973
Arias, C., Berti, G., Liverani, G.: X-ray analysis of the monochrom glazes of egyptian pottery of XI-XII cent. Faenza, LIX, 33–44, 1973

Pernicka, E., Malissa, H., Krejsa, P.: Analytisch-chemische Untersuchungen an glasierter islamischer Keramik. Teil 1: Untersuchungen mit der Mikrosonde. Berichte der Oesterreichischen Studien-Gesellschaft für Atomenergie, No. 2838, 21 S., 1977

Ostasien

Young, W. J.: Discussion of some analyses of chinese underglaze blue and underglaze red. Far Eastern Ceram. Bull. 1949, No. 8, S. 1

Malerei
Bücher über die Gemäldeuntersuchung

Hours-Miedan, M.: A la découverte de la peinture par les méthodes physiques. Arts et Métiers Graphiques, Paris 1957
Mairinger, F.: Die Untersuchung von Kunstwerken mit sichtbaren und unsichtbaren Strahlen. Bildhefte der Akad. Bild. Künste Wien *8/9*, 96 S., 1977
Nicolaus, K.: Gemälde, untersucht – entdeckt – erforscht. Klinkhardt und Biermann, Braunschweig 1979, 276 S.

Maltechnik

Brachert, T.: Die beiden Felsengrottenmadonnen von Leonardo da Vinci. Maltechnik – Restauro *83*, 9–24, 1977
Filedt Kok, J. P.: Underdrawing and other technical aspects in the paintings of Lucas van Leyden. In: Lucas van Leyden Studies (Nederl. Kunsth. Jaarb. 2) 1978, 1–184
Sonnenburg, H. v.: Beobachtungen zur Arbeitsweise Tintorettos. Maltechnik – Restauro *80*, 133–143, 1974
Sonnenburg, H. v.: Maltechnische Gesichtspunkte zur Rembrandtforschung. Maltechnik – Restauro *82*, 9–24, 1976
Sonnenburg, H. v.: Rubens' Bildaufbau und Technik. I. Bildträger, Grundierung und Vorskizzierung. Maltechnik – Restauro *85*, 77–100, 1979. II. Farbe und Auftragstechnik. Maltechnik – Restauro *85*, 181–203, 1979

Material und Technik verschiedener Gebiete
Antike

Filippakis, S. E., Perdikatsis, B., Assimenos, K.: X-ray analysis of pigments from Vergenia, Greece (second tomb). Stud. in Conserv. *24*, 54–58, 1979
Noll, W.: Anorganische Pigmente in Vorgeschichte und Antike. Fortschr. Miner. *57*, No. 2, 203–263, 1979
Riederer, J.: Recently identified egyptian pigments. Archaeometry *16*, 102–109, 1974

Europäische Malerei

van Asperen de Boer, J. R. J., Filedt Kok, J. P.: Scientific examination of early Netherlandish painting. Nederl. Kunsth. Jaarb. Bd. 26, 1976
Kühn, H.: Untersuchungen zu den Pigmenten und Malgründen Rembrandts, durchgeführt an den Gemälden der Staatlichen Kunstsammlungen Dresden. Maltechnik – Restauro *86*, 25–33, 1976 und 87, 223–234, 1977
Kühn, H.: Die Pigmente in den Gemälden der Schack-Galerie. Katalog der Schack-Galerie, München 1969
Richter, E. L., Härlin, H.: The pigments of the Swiss 19th century painter Arnold Böcklin. Stud. in Conserv. *19*, 83–87, 1974

Asiatische Malerei

Huntington, J. C.: The technique of Tibetan paintings. Stud. in Conserv. *15*, No. 2, 122–133, 1970

Riederer, J.: Technik und Farbstoffe der frühmittelalterlichen Wandmalereien Ostturkistans. Beitr. z. Indienforschung, 1977, 353–423, 1977 (Waldschmidt – Festschr.)

Yamasaki, K., Emoto, Y.: Pigments used on Japanese paintings from the protohistoric period through the 17th century. Ars Orientalis *11*, 1–14, 1979

Pigmentanalyse
Kreide

Gettens, R. J., Fitzhugh, E. W. und Feller, R. L.: Calcium carbonate whites. Stud. in Conserv. *19*, 157–184, 1974

Huntit

Barbieri, M., Calderoni, G., Cortesi, C., Fornaseri, M.: Huntite, a mineral used in antiquity. Archaeometry *16*, No. 2, 211–220, 1974

Riederer, J.: Recently identified Egyptian pigments. Archaeometry *16*, No. 1, 102–109, 1974

Bleiweiß

Gettens, R. J., Kühn, H., Chase, W. T.: Lead White. Stud. in Conserv. *12*, No. 4, 125–139, 1967

Keisch, B., Callahan, R. C.: Lead isotope ratios in artist's lead white: a progress report. Archaeometry *18*, No. 2, 181–193, 1976

Kühn, H.: Bleiweiß und seine Verwendung in der Malerei. Farbe und Lack *73*, 99–105, 209–213, 1967

Kühn, H.: Trace elements in white lead and their determination by emission spectrum and neutron activation analysis. Stud. in Conserv. *11*, No. 4, 163–168, 1966

Blei-Zinn-Gelb

Jacobi, R.: Über den in der Malerei verwendeten Farbstoff der alten Meister. Angew. Chem. *54*, 28–29, 1941

Kühn, H.: Lead – tin yellow. Stud. in Conserv. *13*, 7–33, 1968

Kühn, H.: Blei-Zinn-Gelb und seine Verwendung in der Malerei. Farbe und Lack *73*, Nr. 10, 938–949, 1967

Ocker

Reindell, I., Riederer, J.: Infrarotspektrographische Untersuchungen von Farberden aus persischen Ausgrabungen. Berl. Beitr. Archäom. *3*, 135–142, 1978

Riederer, J.: Infrarotspektrographische Untersuchung der gelben und roten Eisenoxidpigmente. Deutsche Farbenzeitschrift, No. 12, 569–577, 1969

Grünspan

Kühn, H.: Grünspan und seine Verwendung in der Malerei. Farbe und Lack *70*, 703–711, 1964

Kühn, H.: Verdigris and copper resinate. Stud. in Conserv. *15*, 12–36, 1970

Azurit

Gettens, R. J., Fitzhugh, E. W.: Azurite and blue verditer. Stud. in Conserv. *11*, No. 2, 54–61, 1966

Smalte

Mühletaler, B., Thissen, J.: Smalt. Stud. in Conserv. *14,* 47–61, 1969
Riederer, J.: Die Smalte. Deutsche Farbenzeitschrift, No. 9, 386–395, 1968

Ägyptisch-Blau

Bayer, G., Wiedemann, H. G.: Ägyptisch Blau, ein synthetisches Farbpigment des Altertums, wissenschaftlich betrachtet. Sandoz. Bull. *40,* 20–39, 1976
Chase, W. T.: Egyptian Blue as a pigment and a ceramic material. Science and Archaeology, 1971, 80–90

Zinnober

Gettens, R. J., Feller, R. L., Chase, W. T.: Vermillion and Cinnabar. Stud. in Conserv. *17,* No. 2, 45–69, 1972

Bindemittelanalyse

Birstein, V. J.: On the technology of central Asian wall paintings: the problem of binding media. Stud. in Conserv. *20,* 1, 8–19, 1975
Ewald, F.: Studien zur Altersbestimmung von Ölgemälden durch Schmelzversuche an Farbschichten. Fette, Seifen, Anstrichmittel *65,* No. 4, 358–368, 1963
Johnson, M., Packard, D.: Methods used for the identification of binding media in italian paintings of the fifteenth and sixteenth centuries. Stud. in Conserv. *16,* 145–164, 1971
Jones, P. L.: Some observations on methods for identifying proteins and paint media. Stud. in Conserv. *7,* 10–17, 1962
Keck, S., Peters, T.: Identification of protein – containing media by quantitative amino acid analysis. Stud. in Conserv. *14,* No. 2, 75–82, 1969
Martin, E.: Some improvements in techniques of analysis of paint media. Stud. in Conserv. *22,* 63–67, 1977
Maschelein-Kleiner, L.: An improved method for the thin layer chromatography of media in tempera paintings. Stud. in Conserv. *19,* No. 4, 207–211, 1974
Preusser, F.: Differentialthermoanalyse – eine neue Methode der Gemäldeuntersuchung. Maltechnik–Restauro *85,* 54–60, 1979

Dendrochronologie

Eckstein, D., Bauch, J.: Dendrochronologie und Kunstgeschichte – dargestellt an Gemälden holländischer und altdeutscher Malerei. Mitt. Deut. Dendrol. Ges. *67,* 234–243, 1974

Holz

Grosser, D.: Holzbestimmungen. In Hrouda: Methoden der Archäologie, 298–326, 1978
Grosser, D.: Holzanatomische Untersuchungsverfahren an kunstgeschichtlichen, kulturgeschichtlichen und archäologischen Objekten. Maltechnik-Restauro *80,* 68–86, 1974
Grosser, D., Graessle, E.: Die in der Tafelmalerei und Bildschnitzerei verwendeten Holzarten und ihre Bestimmung nach mikroskopischen Merkmalen. Teil II. Europäische Laubhölzer. Maltechnik-Restauro *82,* 40–54, 232–252, 1976
Schweingruber, F. H.: Prähistorisches Holz. Die Bedeutung von Holzfunden aus Mitteleuropa für die Lösung archäologischer und vegetationskundlicher Probleme. Academia Helvetica, No. 2, 5–100, 1976

Papier

Barrandon, J. N., Irigoin, J.: Papiers de Hollande et papiers d'Angoumois de 1650 á 1810. Leur differenciacion au moyen de l'analyse par activation neutronique. Archaeometry 21, 1, 101–106, 1979

Karayannis, M. I., Vassilaki-Grimani, M., Grimanis, A. P.: Determination of trace elements in old Venetian paper samples by neutron activation analysis. Appl. of Nucl. Meth. in the Field of Works of Art, 151–162, 1976

Wiedemann, H. G., Müller, U. G., Bayer, G.: Old egyptian papyrus investigated by thermoanalytical methods. 5. Int. Conf. Therm. Anal. 1977, 373–375

Textilien, Farbstoffanalysen

Maschelein-Kleiner, L., Znamensky-Festraets, N., Maes, L.: Les colorants des tapisseries tournaisiennes au XVe siècle. Etude comparative de trois fragments de la bataille de Roncevaux. Bull. Inst. Roy. Patr. Artist. 10, 126–140, 1967/68

Saltzmann, M.: The identification of dyes in archaeological and ethnographical textiles. Arch. Chem., Adv. of Chemistry Ser. 171, 172–188, 1978

Schweppe, H.: Untersuchung alter Textilfärbungen. Die BASF 26, 29–36, 1976

Wachs

Kühn, H.: Detection and identification of waxes, including punic wax, by infrared spectroscopy. Stud. in Conserv. 5, 71–80, 1960

Kühn, H., Büll, R.: Wachs als Beschreib- und Siegelstoff. Hoechster Beiträge zu Kenntnis der Wachse, Bd. 1, Beitr. 9, 1968

Pinkus, G.: Das Wachs der Flora-Büste. Chemiker-Zeitung 32, 277–284, 1910

Rathgen, F.: Über die Untersuchung des Wachses der Florabüste. Chemiker-Zeitung 34, 305–306, 1910

White, R.: The application of gas chromatography to the identification of waxes. Stud. in Conserv. 23, 57–68, 1978

Bernstein, Harze

Beck, C. W., Gerving, M., Wilbur, E.: The proveniance of archaeological amber artifacts. Art and Arch. Techn. Abstr. Suppl. 6, No. 2 und 3, 1967 (754 Zitate)

Beck, C. W., Greenlie, J., Diamond, M. P., Macchiarulo, A. M., Hannenberh, A. A., Hauck, M. S.: The chemical identification of baltic amber at the celtic oppidium Staré Hradisko in Moravia. Journ. of Archaeol. Sci. 5, No. 4, 343–354, 1978

Mills, J. S., White, R.: Natural resins of art and archaeology, their sources, chemistry and identification. Stud. in Conserv. 22, 12–31, 1977

Rottländer, R. C. A.: Die Chemie des Bernsteins. Chemie in unserer Zeit 8, No. 3, 78–83, 1974

Rottländer, R. C. A.: On the formation of amber from pinus resin. Archaeometry 20, 1, 35–52, 1970

Ostasiatischer Lack

Garner, H.: Technical study of oriental lacquer. Stud. in Conserv. 8, No. 3, 84–98, 1963

Kenjo, T.: Zahlreiche Aufsätze in „Science for Conservation" (japan.)

Nakasato, T.: Zahlreiche Aufsätze in „Science for Conservation" (japan.)

Riederer, J.: Die Gewinnung von Urushi und die Herstellung von Lackarbeiten in Japan. Berl. Beitr. Archäom. 3, 135–142, 1978

Elfenbein

Baer, N. S., Majewski, L. J.: Ivory and related materials in art and archaeology: an annotated bibliography. Art and Arch. Techn. Abstr. *8*, No. 2 und 3, 1970/71 (411 Zitate)

Baer, N. S., Jochsberger, T., Indictor, N.: Chemical investigations of ancient Near Eastern archaeological ivory artefacts. Fluorine and nitrogene composition. Archaeol. Chem., Adv. of Chem. Ser. 171, 150–171, 1978

Newesely, H.: Biogene Materialien als Objekte archäometrischen Interesses. Archäol. und Naturw. *1*, 81–84, 1977

Newesely, H.: A propos du vieilissement de l'ivoire. XX. Intern. Symp. d'Archéometrie, Paris 1980

Knochen
Chemische Analyse

Brätter, P., Geßner, H., Hermann, B., Lausch, J., Rösick, U.: Zur Charakterisierung menschlicher Knochen durch aktivierungsanalytisch bestimmte Spurenelementverteilungsmuster. 4. Jahrest. Deut. Ges. Med. Phys., 1973, 9 S.

Jarcho, S.: Lead in the bones of prehistoric lead glaze potters. Amer. Antiqu. *30*, 94–96, 1964

Lambert, J. B., Szpunar, C. B., Buikstra, J. E.: Chemical analysis of excavated human bone from Middle and Late woodland sites. Archaeometry *21*, No. 2, 115–130, 1979

Rottländer, R. C. A.: Variation in the chemical composition of bone as an indicator of climatic change. Journ. Archaeol. Sci. *3*, 83–88, 1976

Waldron, H. A., Mackie, A., Townshend, A.: The lead content of some romano – british bones. Archaeometry *18*, No. 2, 221–227, 1976

Wessen, G., Ruddy, F. H., Gustafson, C. E., Irwin, H.: Trace element analysis in the characterization of archaeological bone. Archaeol. Chem., Adv. in Chem. Ser. 171, 99–108, 1978

Knochenbestimmung
Anthropologie

Aner, U.: Zur anthropologischen Untersuchung eisenzeitlicher Urnenfriedhöfe. Inf. bl. zu Nachbarw. *3*, 1972, Gr. Anthrop. 2, 1–2, 9

Schidetzky, J.: Bibliographien zur prähistorischen Anthropologie. Archäol. u. Naturw. *1*, 49–52, 1977 (39 Literaturzitate)

Ziegelmayer, G.: Anthropologische Untersuchungen. In: Hrouda: Methoden der Archäologie, 208–249, 1978 (160 Literaturzitate)

Tierknochen

Boessneck, J.: Osteoarchäologie. In: Hrouda: Methoden der Archäologie 250–279, 1978 (113 Literaturzitate)

Ekke, W. G.: Knochen und Zähne von Großsäugern. Ihre Bergung und Auswertung. Inf. bl. zu Nachbarw. *4*, 1973, Gr. Zoologie, 5, 1–5, 7

Pflanzenuntersuchung

Hopf, M.: Botanik und Vorgeschichte. Jahrb. Röm. Germ. Zentralm. Mainz *4*, 1–22, 1957

Hopf, M.: Zu den Anfängen des Ackerbaues im Vorderen Orient. In: Hrouda: Methoden der Archäologie, 280–297, 1978

Willerding, U.: Untersuchung und Auswertung von Pflanzenresten aus prähistorischen Mineralboden-Siedlungen. Inf. bl. zu Nachbarw. 3, 1972, Gr. Botanik, 5, 1–5, 18

Organische Gefäßinhalte

Condamin, J., Formenti, F., Metais, M. O., Michel, M., Blond, P.: The application of gas chromatography to the tracing of oil in ancient amphorae. Archaeometry 18, No. 2, 195–201, 1976

Condamin, J., Formenti, F.: Détection du contenu d'amphores antiques (huiles, vin), étude méthodologique. Revue d'Archéometrie 2, 43–58, 1978

v. Endt, D. W.: Amino-acid analysis of the contents of a vial excavated at Axum, Ethiopia. Journ. Archaeol. Sci. 4, No. 4, 367–376, 1977

Rottländer, R. C. A.: Food identification of samples from archaeological sites. Archaeo-Physika 10, 260–267, 1979

Rottländer, R. C. A., Schlichtherle, H.: Gefäßinhalte. Eine kurz kommentierte Bibliographie. Archaeo-Physika 7, 61–70, 1980

Specht, W.: Spurenkundliche Befunde an archäologischen Untersuchungsproben als Forschungs- und Interpretationshilfen. Berl. Beitr. Archäom. 2, 73–84, 1977

Phosphat-Analyse

Bleck, R. D.: Anwendungsmöglichkeiten phosphatanalytischer Untersuchungen im Bereich der Ur- und Frühgeschichte. Ausgr. und Funde 21, No. 6, 259–268, 1976

Bleck, R.: Zur Durchführung der Phosphatmethode. Ausgr. und Funde 10, 213–218, 1965

Kiefmann, H. M.: Die Phosphat-Methode – neue Erkenntnisse über eine Prospektionsmethode der Siedlungs- und Kulturlandschaftsforschung. Inf. bl. zu Nachbarw. 6, 1975, Gr. Chemie 4, 1–4, 16

Fälschungen

Allgemeine Arbeiten

Fleming, J.: Authenticity in Art. Inst. of Physics, London 1975, 164 S.

Riederer, J.: Die Erkennung von Fälschungen mit naturwissenschaftlichen Methoden. Fälschung und Forschung, Essen 1976, 187–199

Riederer, J.: Die Echtheitsprüfung von Kunstwerken am Rathgen-Forschungslabor. Kunst und Fälschung 1, 24–42, 1979

Gemälde

Roßmann, E.: Naturwissenschaftliche Untersuchung der Wandmalereien im Chorbogen der Marienkirche zu Lübeck, anläßlich des Lübecker Bilderfälscherprozesses. Deutsche Kunst und Denkmalpflege, 99–105, 1955

Metall

Driehaus, J.: Fälschungen ur- und frühgeschichtlicher Metallgegenstände. Inf. bl. zu Nachbarw. 3, 1972, Gr. Metallurgie, 3, 1–3, 9

Hartmann, A.: Zur Erkennung von Fälschungen antiken Goldschmucks. Arch. Anz. 1975, H. 2, 300–304, 1975

Otto, H.: Die chemischen Untersuchungen von gefälschten Bronzen aus mitteldeutschen Museen. Wiss. Zeitschr. Martin Luther Univ. Halle Wittenberg, Ges.-Sprachw. Reihe 7, 203–250, 1957/58

Riederer, J.: Die Erkennung von Fälschungen kunst- und kulturgeschichtlicher Objekte aus Bronze und Messing durch naturwissenschaftliche Untersuchungen. Berl. Beitr. Archäom. 2, 85–104, 1977

Schweizer, F., Meyers, P.: Authenticity of ancient silver objects: a new approach. Masca Journal 1, No. 1, S. 9, 1978

Keramik

Aitken, M. J., Moorey, P. R. S., Ucko, P. J.: The authenticity of vessels and figurines in the Hacilar style. Archaeometry 13, No. 2, 89–141, 1971

Fleming, S. J., Moss, H. M., Joseph, A.: Thermoluminescent authenticity testing of some „Six Dynasties" figures. Archaeometry 12, No. 1, 57–65, 1970

Fleming, S. J.: Thermoluminescent authenticity testing of a Pontic amphora. Archaeometry 12, No. 2, 129–131, 1970

Fleming, S. J., Jucker, H., Riederer, J.: Etruscan wall paintings on terracotta: a study in authenticity. Archaeometry 13, No. 2, 143–167, 1971

Fleming, S. J., Sampson, E. H.: The authenticity of figurines, animals and pottery facsimiles of bronzes in the Hui Hsien style. Archaeometry 14, No. 2, 237–244, 1972

Fleming, S. J.: Thermoluminescent authenticity study and dating of Renaissance terracottas. Archaeometry 15, No. 2, 239–248, 1973

Fleming, S. J.: Thermoluminescence and glaze studies of a group of T'ang Dynasty ceramics. Archaeometry 15, No. 1, 31–52, 1973

Shaplin, P. D.: Thermoluminescence and style in the authentication of ceramic sculpture from Oaxaca, Mexico. Archaeometry 20, No. 1, 47–54, 1978

Anwendung der Analysenverfahren zur Untersuchung kulturgeschichtlicher Objekte

Untersuchung im sichtbaren, infraroten und ultravioletten Licht

Bridgeman, C. F., Gibson, H. L.: Infrared luminescence in photographic examination of paintings. Stud. in Conserv. 8, 77–83, 1963

Delbourgo, S.: La lumière de sodium et ses applications au Laboratoire du Musee du Louvre. Bul. Lab. Louvre 2, No. 2, 41, 1957

Koller, M., Mairinger, F.: Bemerkungen zur Infrarotuntersuchung von Malereien. Maltechnik – Restauro 83, No. 1, 25–32, 1977

Mairinger, F.: Untersuchungen von Kunstwerken mit sichtbaren und unsichtbaren Strahlen. Inst. f. Farbenlehre und Farbenchemie an der Akad. d. Bild. Künste Wien, 1977

Nicolaus, K.: Infrarotuntersuchungen von Gemälden. Maltechnik – Restauro 82, No. 2, 83–101

Rorimer, J. J.: Ultraviolet rays and their use in the examination of works of art. New York 1931

Wehlte, K.: Gemäldeuntersuchungen im Infrarot. Maltechnik 2, 52, 1955

Wehlte, K.: Fluoreszenz – Untersuchungen von Gemälden. Maltechnik 2, 34, 1957

Mikroskopie und Elektronenmikroskopie

Hanlan, J.: The scanning electron microscope and microprobe. Applications to conservation and historical research. ICOM Comm. for Conserv. 4th Meeting, Venedig 1975, 75/4/3, 1–6

Röntgen und Radiographie

Ankner, D.: Röntgenuntersuchungen an Riegseeschwertern – Ein Beitrag zur Typologie. Archäologie und Naturwissenschaften *1*, 269–459, 1977

Driehaus, J.: Archäologische Radiographie. Rheinland Verlag, Düsseldorf 1968

Gilardoni, A., Ascani Orsini, R., Taccani, S.: X-rays in art. Physics – techniques – applications. Gilardóni, Mandello Lario, 1977

Harris, J. E.: X-raying the pharaos. Scribner's, 1973

Hellwig, F.: Die röntgenographische Untersuchung von Musikinstrumenten. Maltechnik-Restauro *84*, 103–115, 1978

Meyers, P.: Application of X-ray radiography in the study of archaeological objects. Adv. Chem. Ser. *171*, 79–98, 1978

Tomographie

Bashmakova, L. I.: An approch to tomography. ICOM Comm. f. Conserv. 4th Triennal Meeting, Venedig, 75/4/9, 1–8

Groen, C.: The use of tomography in analysis of maritime archaeological material. Papers of the 1st South Hem. Conf. on Marit. Archaeol. 144–145, 1978

Xerographie

Heinemann, S.: Xeroradiography: A new archaeological tool. Amer. Antiqu. *41*, No. 1, 106–111, 1976

Betagraphie

Boutaine, J. L.: Betagraphie et techniques connexes dans l'examen des documents graphiques. Appl. of Nucl. Meth. in the Field of Works of Art, 459–477, 1976

Gammaradiographie

Toishi, K.: The radiography of the great Buddha at Kamakura. Stud. in Conserv. *10*, No. 2, 47–52, 1965

Elektronen-Emissions-Radiographie

Bridgeman, Ch. F., Keck, S., Sherwood, H. F.: The radiography of paintings by electron emission. Stud. in Conserv. *3*, No. 4, 175–182, 1958

Neutronen-Autoradiographie

Sayre, E. V., Lechtman, H. N.: Neutron activation autoradiography of oil paintings. Stud. in Conserv. *13*, N. 4, 161–185, 1968

Taylor, K. K., Cotter, M. J., Sayre, E. V.: Neutron activation technique for conservation examination of paintings. Bull. Amer. Inst. Conserv. *15*, No. 2, 93–102, 1975

Mikroanalyse

Ballczo, H., Mauterer, R.: Zerstörungsfreie Ultramikroanalyse archäologischer Fundstücke. Fresen. Z. Anal. Chem. *295*, 36–44, 1979

Spektrographie

Barker, H.: Spectrographic and X-ray diffraction methods in the museum laboratory. Appl. of Science in Examin. of Works of Art, Boston, 1965, 218–221

Breech, F., Young, W. J.: The laser microprobe and its application to the analysis of works of art. In: Appl. of Science in Exam. of Works of Art, Boston 1965, 230–237

Hughes, M. J., Cowell, M. R., Craddock, P. T.: Atomic absorption techniques in archaeology. Archaeometry *18*, 1, 19–37, 1976

Otto, H.: Die Anwendung der Spektralanalyse für kulturhistorische Fragen. Spectrochim. Acta *1*, No. 5, 381–399, 1940

Röntgenfluoreszenzanalyse

Ankner, D.: L'application de l'analyse en fluorescence X au Römisch Germanisches Nationalmuseum à Mayence. PACT *1*, 47–60, 1977

Hall, E. T.: A portable X-ray spectrometer for the analysis of archaeological material. In: Bishay: Recent Advances in Science and Technology of Materials, Bd. 3, 205–220, 1974

Lahanier, Ch.: L'application des méthodes de fluorescence X à l'archéologie au laboratoire de recherche des musées de France. PACT *1*, 101–1O9, 1977

Riederer, J.: X-ray fluorescence at the Rathgen Research Laboratory in Berlin. PACT *1*, 174–180, 1977

Schweizer, F.: X-ray fluorescence analysis of museum objects: a new instrument. Appl. of Nucl. Meth. in the Field of Works of Art, 227–245, 1976

Aktivierungsanalyse

Gilmore, G. R.: Activation analysis and archaeometry. Proc. Anal. Div. Chem. Soc. *13*, No. 4, 99–103, 1976

Hancock, R. G. V.: Low flux multielement instrumental neutron activation analysis in archaeometry. Anal. Chem. *48*, No. 11, 1443–1445, 1976

Harbottle, G.: Activation analysis in archaeology. Radiochem. *3*, 33–72, 1976

Lux, F., Braunstein, L.: Aktivierungsanalytische Gemäldeuntersuchungen. Zeitschr. Anal. Chem. *221*, 235–254, 1966

Meyers, P.: Activation analysis methods applied to coins. Spec. Publ. Roy. Numism. Soc. *8*, 183–193, 1972

Sayre, E. V.: The development of nuclear methods for the study of works of art. Appl. of Nucl. Meth. in the Field of Works of Art, 31–41, 1970

Magnetische Resonanzspektroskopie

Beck et al.: Nuclear magnetic resonance spectrometry in archaeology. Adv. in Chem. Ser. *138*, 226–235, 1974

Ikeya, M.: Electron spin resonance as a method of dating. Archaeometry *20*, No. 2, 159–170, 1978

Lanford, W.: Glass hydration: a method of dating glass objects. Science *196*, No. 4293, 975–976, 1977

Laursen, T., Lanford, W.A.: Hydration of obsidian. Nature *276*, No. 5684, 153–156, 1978

Chromatographie

Schweppe, H.: Nachweis von Farbstoffen auf alten Textilien. Archäometrie-Tagung, Reiß-Museum Mannheim, 1974
Stolow, N.: The application of gas chromatography in the investigation of works of art. Appl. of Science in Examin. of Works of Art, Boston 1965, 172–183

Massenspektrometrie

Friedmann, A. M., Lerner, J.: Sparc source mass spectroscopy in archaeological chemistry. Adv. in Chem. Ser. 171, 70–78, 1978

Mößbauer-Spektroskopie

Gangas, N., Kostikas, A., Simopoulos, A.: Mössbauer spectroscopy as an analytical technique in archaeology. Appl. of Nucl. Meth. in the Field of Works of Art 447–458, 1976
Keisch, B.: Mössbauer effect studies in the fine arts. Archaeometry 15, 1, 79–104, 1973

Physikalische Eigenschaften

Thomsen, R.: Metallographische Untersuchung an drei wikingerzeitlichen Eisenäxten aus Haithabu. Ausgrab. in Haithabu, Bericht 5, 30–57, 1971

Aminosäure-Analyse

Birstein, V. J.: A study of organic components of paints and grounds in central Asian and Crimean wall paintings. ICOM Comm. for Conserv. 4th meeting, 75/1/10, 1–9, 1975
Masters, P. M., Bada J. L.: Amino acid racemization dating of bone and shell. Adv. in Chem. Ser. *171*, 117–138, 1978

Datierung

Fachbücher

Berger, R., Suess, H. E.: Radiocarbon Dating. Univ. of Calif. Press, Berkeley und Los Angeles, 1979, 787 S.
Fleming, S.: Dating in Archaeology. Dent & Sons, London 1976, 272 S.
Fletcher, J.: Dendrochronology in Europe. Oxford 1977, 356 S.
Franke, H. W.: Methoden der Geochronologie. Springer-Verlag, Berlin-Heidelberg-New York, 1969
Fritts, H. C.: Tree Rings and Climate. Academic Press, London-New York-San Francisco, 1976, 567 S.
Hollstein, E.: Mitteleuropäische Eichenchronologie. Verlag Philipp von Zabern, Mainz 1980
Michael, H. N., Ralph, E. K.: Dating techniques for the archaeologist. MIT Press, Cambridge, Mass. 1971
Schlette, F.: Wege zur Datierung und Chronologie der Urgeschichte. Akademie-Verlag, Berlin, 1975, 186 S.
Taylor, E.: Advances in Obsidian Glass Studies. Noyes Press, Park Ridge, N. J., 1976
Zeuner, F. E.: Dating the past. Methuen & Co, London 1958

Literatur

Aufsätze

Radiokarbon-Methode
Vollständige Bibliographie in Berger und Suess: Radiocarbon Dating

Fluor-Stickstoff-Methode
Oakley, K. P.: Analytical methods of dating bone. In: Brothwell und Higgs: Science in Archaeology, S. 35–45

Dendrochronologie
42 Zitate bei Grosser: Dendrochronologische Altersbestimmungen. In: Hrouda: Methoden der Archäologie, 125–138

Thermolumineszenz-Analyse
Ausführliche Bibliographie bei Fleming: Dating in Archaeology und Aitken: Physics and Archaeology

Aforkados, G., Alexopoulos, K., Miliotis, D.: Using artificial thermoluminescence to reassemble statues from fragments. Nature 250, No. 5461, S. 47, 1974

Huntley, D. J., Bailey, D. C.: Obsidian source identification by thermoluminescence. Archaeometry 20, No. 2, 159–170, 1978

Archäomagnetismus

Becker, H.: Archäomagnetismus und magnetische Datierung. In: Hrouda: Methoden der Archäologie. 133 Literaturzitate in Aitken: Physics and Archaeology

Spaltspurenmethode

Wagner, G. A.: Altersbestimmung und Urananalyse alter Objekte mittels Spaltspurenuntersuchungen. Appl. of Nucl. Meth. in the Field of Works of Art, 505–513, 1976

Alpha-Recoil-Technik

Garrison, E. G., McGimsey, C. R. III, Zinke, O. H.: Alpha-recoil tracks in archaeology and ceramic dating. Archaeometry 20, 39–46, 1978

Glasschichten

Brill, R. H., Hood, H. P.: A new method for dating ancient glass. Nature 189, 12–14, 1961

Newton, R. G.: Some problems in the dating of ancient glass by counting the layers in the weathering crust. Glass Technol. 7, 22–25, 1966

Newton, R. G.: The enigma of the layered crusts on some weathered glasses, a chronological account of the investigations. Archaeometry 13, 1–9, 1971 (15 Literaturzitate)

Obsidianrinden

Ausführliche Bibliographie in Taylor: Advances in obsidian glass studies

Uran-Thorium-Methode

Cherdyntsev, V., Senina, N., Kuzmina, E.: Die Altersbestimmung des Travertin von Weimar-Ehringsdorf (Über das Alter des Riss-Würm-Interglazials). Abh. Zent. Geol. Inst. Paläont. 23, 7–14, 1975

Hennig, G. J., Bangert, U., Freundlich, J., Herr, W.: Uranium series dating of calcite formations in caves: recent results and a comparative study on age determinations via

Th-230/U-234, C-14, Thermoluminescence and ESR. XX. Intern. Symp. on Archaeometry, Paris 1980

Kaufmann, A., Broecker, W.: Comparison of Th^{230} and C^{14} ages for carbonate materials from Lakes Lahontan and Bonneville. J. Geophys. Res. 70, 4039–4054, 1965

Schwarcz, H. P., Goldberg, P. D., Blackwell, B.: Uranium series dating of archaeological sites in Israel. Israel Journ. Earth Sci. 1979

Schwarcz, H. P.: Absolute age determination of archaeological sites by uranium series dating of travertines. Archaeometry 22, 1, 3–24, 1980

Blei 210-Methode

Keisch, B., Feller, R. L., Levine, A. S., Edwards, R. R.: Dating and authenticating works of art by measurement of natural alpha emitters. Science 155, No. 3767, 1238–1242, 1967

Keisch, B.: Discriminating radioactivity measurements of lead: new tool for authentication. Curator 11, No. 1, 41–52, 1968

Mößbauer-Spektroskopie

Danon, J., Enriquez, C. R., Mattievich, E., Beltrao, M. da C. M. C.: Mößbauer study of ageing effects in ancient pottery from the mouth of the Amazonas river. J. Phys. C 6–866, 1976

Pollenanalyse

Dimbleby, G. W.: Pollen Analysis. In: Science and Archaeology (Hrsg. Brothwell und Higgs), 167–177, 1969

Groschopf, P. R., Hauff, P. R., Kley, A.: Pollenanalytische Datierung württembergischer Kalktuffe und der postglaziale Klimaablauf. Jahresh. Geol. Landesamt Baden-Württemberg 2, 72, 1952

Overbeck, F.: Pollenanalyse als Datierungsmittel. Schriften Naturw. Ver. Schlesw. Holst. 29, 50, 1959

Straka, H.: 50 Jahre Pollenanalyse. Umschau 66, 426, 1966

Seriation

Graham, I., Galloway, P., Scollar, I.: Model Studies in seriation techniques. Proc. Amer. Conf. on Computer Appl. in Archaeology, 18–26, 1975

Goldmann, K.: Erfahrungen mit der chronologischen Seriation. Inform. bl. zu Nachbarw. 5, 1974, Gr. Datenverarb. 6, 1–6, 4

Prospektionsmethoden

Luftbildarchäologie

Deuel, L.: Flug ins Gestern. C. H. Beck-Verlag, München 1969 (ca. 270 Literaturzitate)

Scollar, I.: Archäologie aus der Luft. Rheinland-Verlag, Düsseldorf 1965

Sonstige Prospektionsmethoden

Aitken: Physics and Archaeology (42 Literaturzitate) Tite: Methods of Physical examination in Archaeology (45 Literaturzitate)

Unterwasserarchäologie

Bass, G. F. (Hrsg.): Taucher in die Vergangenheit. C. J. Bucher-Verlag, Luzern und Frankfurt/M., 1972, 320 S. (mit umfassender Bibliographie)
Throckmorton, P.: Versunkene Schiffe – gehobene Schätze. Archäologen am Meeresgrund. Albert Müller-Verlag, Rüschlikon-Zürich, Stuttgart, Wien 1976
UNESCO: Unterwasserarchäologie. Hans Putty Verlag, Wuppertal 1973, 312 S.

Sachregister

Achat 59
Ägyptisch Blau 9, 81–83
Ägyptisch Grün 81
Aktivierungsanalyse 11, 129
Alpha-Recoil-Technik 152
Altersbestimmung 144
Aluminiumoxid 60
Amethyst 59
Aminosäuren 95, 141
Amphibolit 54
Anatas 79, 131
Andesit 54
Anthropologie 93
Antimon 31
Antimonoxid 62
Aquamanile 37
Archäomagnetismus 151
Arsen 92
Asphalt 81
Atacamit 26
Atomabsorptionsspektralanalyse 12, 27, 121
Ätzung 46
Aufglasur 69
Auflichtmikroskop 111
Augustale 18
Auripigment 80, 83
Aventuringlasur 70
Azurit 9, 26, 81, 83

Bänderton 156
Bariumoxid 60
Barytgelb 80
Barytweiß 80
Basalt 54
Baugeschichte 57, 58, 147, 149
Beinschwarz 82
Berggold 13
Bergkristall 59

Berliner-Blau 9, 83
Bernstein 91, 132
Betaradiographie 87, 117
Bienenwachs 89
Bindemittel 85, 104, 135
Birke 156
Biskuitporzellan 71
Blattgold 20
Blech 20, 27, 131
Blei 50, 92, 154
Blei 210 – Methode 51, 101, 105, 139, 154
Bleibronze 30, 50
Bleiglasur 93
Bleiglanz 50
Bleiisotopen 28, 51, 65, 84, 135
Bleioxid 63
Bleipigmente 80, 81, 123, 154
Bleistannat 61, 123
Bleivergiftung 92, 93
Bleiweiß 80, 83, 85, 114, 133
Blei-Zinn-Gelb 80, 83, 123, 131
Blutgruppe 93
Braunstein 62
Brenntemperatur 68, 136
Brinellhärte 139
Bronze 26
Bronzefälschung 98
Brünieren 46
Buche 86, 156
Buntsandstein 54
Burgsandstein 54

Carnaubawachs 89
Chalzedon 59
Chinarot 70
Chromatographie 88, 134
Chromgelb 80, 83
Chromgrün 81

Sachregister

Chromoxidgrün 81
Chromoxidhydratgrün 81, 83
Chromrot 80, 83
Chrysokoll 26, 81
Chrysopras 59
Cochenille 88
Coelinblau 81
Craquelé 105
Craqueléglasur 70

Damaszieren 46
Debye-Scherrer-Aufnahme 79, 131
Dendrochronologie 86, 147
Diatretglas 62
Dichte 140
Differentialthermoanalyse 77, 136
Diffraktometrie 131
Dilatometrie 73, 136
Diorit 54
Draht 19, 98
Drehen 23
Drehscheibe 66
Dünnschichtchromatographie 134
Dünnschliff 54, 73, 111, 153
Durchlichtmikroskopie 111

Edelkastanie 86
Edelsteine 58
Eiche 86, 147, 156
Einlegeglasur 70
Eisen 44, 101, 145
Eisenoxidgelb 80
Eisenoxidrot 80
Eisenoxidschwarz 81
Eisenspat 45
Eisglas 62
Elefant 91
Elektronenmikroskop 89, 112
Elektronenradiographie 87, 117
Elektrum 11
Elfenbein 91
Elfenbeinschwarz 82
Email 62
Emissionsspektralanalyse 12, 27, 123
Engobe 68
Erdfarben 80
Erle 156
Esche 86, 156
Eskimo 44

Fadenglas 62
Fälschung 96
Fahlerze 26
Farbe 107
Farbhölzer 135
Farbkarten 107
Farblack 80, 83
Faserstoffe 88, 112
Fayence 69
Fett 95, 132
Feuerstein 56, 58
Feuervergoldung 20
Fibeln 24
Firnis 110
Flachglas 62
Flammenphotometrie 121
Flora-Büste 90
Fluor-Stickstoff-Methode 92, 146
Formtechnik 66
Frittenporzellan 71

Gabbro 54
Galmei 26, 53
Gammaradiographie 116
Gaschromatographie 89, 134
Gefäßinhalte 95
Gemäldefälschungen 103, 155
Gemmen 58
Geschlechtsbestimmung 93
Geschütze 30
Gewürzwein 95
Ginster 88, 135
Gips 80, 133
Glas 59, 60, 151
Glasur 68–70, 72, 77
Glasmalerei 63
Glaspasten 59
Glasschichten 152
Glimmerschiefer 54
Glocken 39, 47
Gneis 54
Gold 11
Goldamalgam 20
Goldfälschungen 98
Goldrubinglas 61
Goniometer 131
Grabplatten 37
Granit 54
Granulation 20

Gravieren 23
Grünblauoxid 81
Grüne Erde 81, 83
Grünsandstein 54
Grünspan 81, 83
Guinier-Aufnahmen 131
Gummigutt 80
Gußeisen 46
Gußkern 100, 149

Hafnerware 68
Hämatit 45
Härte 139
Hartlöten 49
Halbedelstein 58
Harz 90, 132
Heliotrop 59
Hohlglas 62
Holz 85, 145
Hochofenprozeß 45
Hornstein 59
Huntit 62

Indigo 81, 83, 88
Indisch-Gelb 80
Infrarotes Licht 108
Infrarotreflektographie 108
Infrarotspektralanalyse 85, 132
Inglasur 69
Ionensonde 128
Irdenware 66
Isotopenanalyse 135

Jade 59
Jarosit 82
Jaspis 59

Kadmiumgelb 80, 83
Kadmiumgrün 81, 83
Kadmiumrot 80
Kadmiumselenid 61
Kadmiumsulfid 61
Kalkstein 54, 59
Kalktuff 153
Kamelwolle 88
Karmin 80
Karneol 59
Kasseler Braun 81
Keramik 65, 148, 151, 152
Keramikbemalung 66

Keramikbrand 68, 69, 72
Keramikfälschungen 101
Keramikglasur 68, 69, 72
Kermes 88
Kernresonanzspektroskopie 132
Kiefer 86, 156
Knochen 92, 143, 146
Knochenporzellan 71
Knochenveränderung 92
Kobaltblau 81
Kobaltgelb 80
Kobaltgrün 81
Kobaltviolett 81
Kohlenstoffisotope 56, 135, 145
Krankheiten 93
Krapp 80, 88
Kreide 80
Kreuzdornbeeren 88, 135
Kristallglasur 70
Kupfer 26
Kupferresinat 83

Lack 90
Lärche 86
Lampenruß 82
Lapis lazuli 59
Laufglasur 70
Leder 145
Letternmetall 50
Lichtbrechung 141
Lichtmikroskop 111
Limonit 45
Linde 86, 156
Lithopone 80
Löten 53, 141
Lötzinn 53
Lüsterglasur 70
Luftbildarchäologie 158
Luppe 46

Magnetit 45
Magnetkies 45
Magnetometrie 159
Mahagoni 86
Majolika 69
Malachit 26, 81, 83, 133
Mammut 92
Manganblau 81
Manganoxid 62
Manganschwarz 81

Sachregister

Manganviolett 81
Marmor 54, 55, 110, 150
Marmorfälschungen 103
Massenspektrometrie 134
Massicot 80, 123
Mattglasur 70
Mennige 80, 83
Mergel 54
Messing 26, 54, 100
Metalldetektoren 160
Metallographie 47, 101
Meteoreisen 45
Mikrochemie 120
Mikrophotographie 112
Mikroskop 111
Mikrosonde 128
Millefioriglas 62
Mineralblau 81
Mise en couleur 21
Mittelalter 37, 83
Mohsche Härte 139
Molassesandstein 54
Mörser 39
Mörtel 57
Mößbauer-Spektroskopie 77, 85, 136, 156
Muffelfarben 69
Mumie 81
Münzen 12, 17, 25, 33, 97
Munsell-Atlas 107
Muschel 145

Nadelhölzer 86, 147, 156
Nahrungsmittelreste 95
Narwal 91
Naßchemie 120
Natriumlicht 107
Neapelgelb 80, 83, 123, 131
Netzglas 62
Neusilber 54
Neutronenaktivierungsanalyse 11, 129
Neutronenautoradiographie 118
Nickeltitangelb 80
Niello 21
Nil-Kiesel 59
Nußbaum 86

Obsidian 56, 58
Obsidianrinden 153
Obstbaumhölzer 86

Ocker 80, 81, 83
Öl 95, 132
Olivenöl 95
Onyx 59
Orgelpfeifen 52
Orseille 88
Osteo-Archäologie 94
Ozokerit 89

Palaeobotanik 93
Palaeozoologie 93
Papier 87
Papierchromatographie 134
Pappel 86
Papyrus 87
Paraffin 89
Paratacamit 81, 133
Patina 99, 100
Pergament 87
Permanentgrün 81
Pflanzenschwarz 82
Phasenkontrastmikroskop 112
Phosphatanalyse 95, 121
Phosphor 44
Photogrammetrie 143
Photographie 142
Photonenaktivierung 129
Phtallocyaningrün 81
Pigmentanalyse 79, 103, 129
PIXE-Technik 127
Plasma 59
Platin 21
Polarisationsmikroskop 112
Polarographie 128
Pollenanalyse 156
Porphyr 54
Porzellan 71
Pottasche 60
Preßglas 62
Preußisch-Blau 81
Punisches Wachs 90
Punzieren 23
Purpur 88
Pyrit 45

Quarz 60, 63
Quecksilberdampflampe 110
Quecksilbervergiftung 92
Querschnittuntersuchung 111

Racemisierung 142
Radiokohlenstoffmethode 105, 145
Radiometrie 139
Raseneisenerz 49
Rasterelektronenmikroskop 113
Reale 18
Realgar 80
Relbunium 89
Renaissance 38, 56
Rennfeuerprozeß 45
Resonanzspektroskopie 132
Roheisen 45
Röntgendurchleuchtung 113
Röntgenfeinstrukturanalyse 12, 129
Röntgenfluoreszenzanalyse 11, 125
Roteisenstein 59
Rotguß 40
Ruß 82
Rutil 79, 131

Safran 88
Sandstein 54
Sarder 59
Sauerstoffisotope 56, 135
Schafwolle 89
Scharfeuerfarben 69
Schiffe 147
Schlacken 49
Schlumberger-Methode 160
Schmelzpunkt 140
Schmiedeeisen 46
Schmuck 97
Schwämmeldekor 70
Schwarzlot 63
Schwefelisotope 135
Schweinfurter Grün 81
Schweißen 49
Schilfsandstein 54
Seifengold 13
Seladonporzellan 71
Sepia 81
Seriation 156
Serpentin 55
Sesterzen 34, 35, 36
Siegel 89
Sigillaten 76
Silber 22, 98
Silbergelb 63
Skelettuntersuchung 94, 118
Smalte 9, 81, 83

Soda 60, 90
Spaltspuren 151
Spektralphotometrie 121
Speisereste 95
Spezifisches Gewicht 140
Spiegel 41, 43
Splintholz 86
Stahl 46
Stearin 90
Stein 54
Steinbeil 55
Steingut 70
Steinzeug 70
Stereomikroskop 111
Stickstoff 92, 140
Straumanis-Aufnahme 131
Streiflicht 107
Strontiumgelb 80
Sykomore 86

Tafelglas 62
Talg 90
Tanne 86
Tari 18
Taufbecken 37
Tauschieren 46
Teak 86
Terpentin 90
Terrakotta 66
Textilien 88
Textilfarbstoffe 88, 132
Thermoanalyse 85, 136
Thermolumineszenzanalyse 56, 101, 148
Thermogravimetrie 136
Titanweiß 80, 83
Todesursachen 92
Tomographie 117
Ton 54, 65
Totalreflektometer 141
Trachyt 54
Treiben 27
Tropfstein 145
Tuff 54
Tumbaga 11, 17, 22, 141
Türkis 59
Türzieher 37

Überfangglas 62
Ulme 86, 156
Ultramarin 9, 81, 135

Sachregister

Ultramarinviolett 81
Ultramikroanalyse 120
Ultraviolettes Licht 103, 110
Umbra 81
Unterglasur 69
Unterwasserarchäologie 161
Uran 61, 93, 146
Uran-Thorum-Methode 153

Vergolden 20
Verzinnen 53
Vickers-Härte 139
Vischer-Werkstatt 40

Wachs 89, 132
Waffen 40, 42, 49, 55, 139
Walrat 89
Warvenmethode 156
Wasserzeichen 87, 117
Wau 88, 135
Weichporzellan 71
Weide 86, 156
Wein 95
Wenner-Methode 160

Werkzeug 43, 44, 55, 139
Westsche Lösung 141
Widerstandsmessung 160
Wikinger 49
Wolle 88
Wulsttechnik 66

Xeroradiographie 116

Zeder 86
Ziehen 19
Zink 53
Zinkblende 54
Zinkgelb 80
Zinkgrün 81
Zinkweiß 80, 83
Zinn 52
Zinnbarren 52
Zinnbronze 30, 52
Zinnober 80, 83, 135
Zinnoxid 62
Zinnstein 52
Zypresse 86

Ortsregister

Aachen 53
Ägypten 12, 14, 23, 29, 55, 58, 64, 67, 73, 82
Afrika 26, 42
Alaska 44
Anatolien 47
Augsburg 40
Bangladesh 41
Belgien 82
Benin 42, 43
Burma 41
Byzanz 15
Carrara 56
China 41
Cornwall 26, 52
Costa Rica 17
Cypern 26
Donauraum 13
Ecuador 44
Elba 26
England 22, 50
Erzgebirge 22, 26, 52
Frankreich 26, 154
Gallien 22
Ghana 43
Griechenland 12, 15, 26, 58, 73, 83, 154
Haithabu 47, 50
Harz 22, 26, 50, 53
Hymettos 55
Indien 41, 64, 82
Innsbruck 40
Irland 14
Israel 154
Italien 22
Japan 64, 152
Java 41
Jordanien 154
Jugoslawien 22
Kambodscha 41

Kärnten 22, 50
Kleinasien 22, 26, 53
Kolumbien 17
Kykladen 26, 103
Kreta 26
Ladakh 41
Laurion 22, 50
Libanon 91
Limes 47
Luristan 30
Magdalensberg 47
Mazedonien 22
Mesopotamien 29, 65
Mexiko 17
Mittelamerika 16
Naxos 55
Nepal 41
Nordafrika 58
Nordamerika 58
Nürnberg 40
Olympia 32
Österreich 26, 73
Ostsee 91
Paros 55
Pentelikon 55
Persien 152
Peru 17, 42, 88
Pompeji 82
Portugal 52
Rom 12, 15, 24, 33, 64, 83
Salzburg 28
Sardinien 22, 26, 32, 50, 53
Schlesien 53
Schwarzwald 28
Siam 41
Siebenbürgen 13, 22
Sinai 26
Sizilien 18
Slowenien 50

Ortsregister

Spanien 22, 50, 52, 53
St. Lawrence-Inseln 44
Südamerika 12, 16, 77
Sutton Hoo 18
Syrien 15
Tibet 41

Tirol 28
Toscana 52
Tschechoslowakei 142
Türkei 58
Ungarn 154
Venedig 64

Naturwissenschaften

Organ der Max-Planck-Gesellschaft zur Förderung de
Wissenschaften
Organ der Gesellschaft Deutscher Naturforscher und
Ärzte

Herausgeber: H. Autrum, München; F. L. Boschke, Heidelberg

Beirat: H. Brockmann, A. Butenandt, M. Eigen,
E. O. Fischer, L. Jaenicke, K. Lorenz, H. Maier-Leibnitz
G.-M. Schwab, J. Schwartzkopff, R. Thauer

1913 wurden **Die Naturwissenschaften** als interdiszipli näre Zeitschrift der deutschen Forschung gegründet. Inzwischen haben **Die Naturwissenschaften** weltweit Bedeutung erlangt. Zu ihren Autoren zählen auch Forscher aus anderen Ländern. Die Zeitschrift gehört zu der meistzitierten wissenschaftlichen Zeitschriften unserer Tage. Kritische Übersichten über Entwicklungen bestimmter Forschungsbereiche bilden das Kernstück der Zeitschrift.

Neugewonnene Resultate, deren Aussagen über einen engeren Fachbereich hinausgehen, werden rasch als kurze Originalmitteilungen veröffentlicht.

Wichtige Literatur aus aller Welt wird rezensiert.

Unter der Überschrift „Neue Aspekte" werden aktuelle Erkenntnisse mitgeteilt und kommentiert, die andernorts publiziert wurden oder von Kongressen bekannt geworden sind.

Fachgebiete:
Astronomie, Biochemie, Biologie, Biophysik, Botanik, Chemie, Genetik, Geologie, Geophysik, Histologie, Kristallographie, Medizin, Metallurgie, Mineralogie, Mikrobiologie, Morphologie, Ökologie, Pflanzenphysiologie, Physik, Physikalische Chemie, Physiologie, Verhaltensforschung, Virologie, Zellforschung, Zoologie, Zytologie.

Springer-Verlag
Berlin
Heidelberg
New York

Bezugsbedingungen und Probeheft auf Anforderung.

G. Habermehl

Gift-Tiere und ihre Waffen

Eine Einführung für Biologen, Chemiker und Mediziner
Ein Leitfaden für Touristen

2., neubearbeitete und erweiterte Auflage. 1977. 36 Abbildungen, 6 Farbtafeln, 21 Tabellen. IX, 150 Seiten
DM 24,80
ISBN 3-540-08461-4

Inhaltsübersicht:
Coelenterata (Hohltiere). Cnidaria (Nesseltiere). – Mollusca (Weic tiere), Gastropoda (Schnecken) und Toxoglossa (Giftzüngler). – Arthropoda (Gliederfüßler). – Echinodermata (Stachelhäuter). – Pisces (Fische). – Amphibia (Amphibien). – Reptilia (Kriechtiere). Heloderma (Krustenechsen, Gila Monster). – Therapeutische Ve wendung von Tiergiften. – Anmerkungen für Terrarienfreunde. – Bildtafeln. – Übersetzung der medizinischen Fachausdrücke. – Sachverzeichnis. – Liste der Institute, die Antivenine herstellen.

Aus den Besprechungen:
"Auf knapp 120 Seiten wird ein großer und interdisziplinärer Wissensbereich (Zoologie, organische Chemie, Toxikologie, Pharmakologie, Allgemeinmedizin) systematisch abgehandelt, vo dem die Ärzte durchschnittlich wohl eher nur fragmentarische Kenntnisse haben. Das Buch wendet sich als Einführung an Biologen, Chemiker und Mediziner. Es ist außerdem als Leitfaden fu Touristen gedacht. ...Ihm seien besonders die allgemeinen Ausführungen der als Übersicht gedachten "Einleitung" zum Studiu empfohlen. Das Voranstellen des präventiven Gedankens (Verha tensmaßregeln zum Verhüten von Unfällen mit Gifttieren) ist wic tig. Man kann sich aber eben nur bei genauer Kenntnis der Gefahr (Morphologie, Vorkommen, Verbreitung, Lebensweise, grundsä liche Einstufung des toxikologischen Risikos usw.) richtig verhalte Hierzu liefert das Buch die wertvollen Grundlagen. ...Die Übersetzung der medizinischen Fachausdrücke ist bestimmt eine groß Hilfe. ...Der Stoff ist auf den heutigen Wissensstand aufgearbeite Der wissenschaftlich Interessierte findet wertvolle Hinweise auf neue entwicklungsgeschichtliche Zusammenhänge, die sich aus dem Studium der Biosynthese chemischer Verbindungen der tierischen Gifte ergeben. Im medizinisch-therapeutischen Sektor wird Gewicht auf neue Methoden gelegt, unter Weglassung oder Warnung vor denjenigen mit mehr mythologischem und volksme zinischem Charakter.
Zwölffarbige Bildtafeln vermitteln optische Engramme einer Aus wahl wichtiger Gifttiere. Wertvoll sind die "Anmerkungen für Terrarienfreunde", die auch dem Nicht-Tierhalter gute Hinweise über Lebensverhalten und Umgang mit gewissen Gifttieren gebe Die Form als "Taschenbuch" mit resistentem Einband ermöglic leicht die Mitnahme im Reisegepäck."
Zeitschrift für Unfallmedizin und Berufskrankhei

Springer-Verlag
Berlin
Heidelberg
New York

MIX
Papier aus verantwortungsvollen Quellen
Paper from responsible sources
FSC® C105338

If you have any concerns about our products,
you can contact us on
ProductSafety@springernature.com
In case Publisher is established outside the EU,
the EU authorized representative is:
**Springer Nature Customer Service Center GmbH
Europaplatz 3, 69115 Heidelberg, Germany**

Printed by Libri Plureos GmbH
in Hamburg, Germany